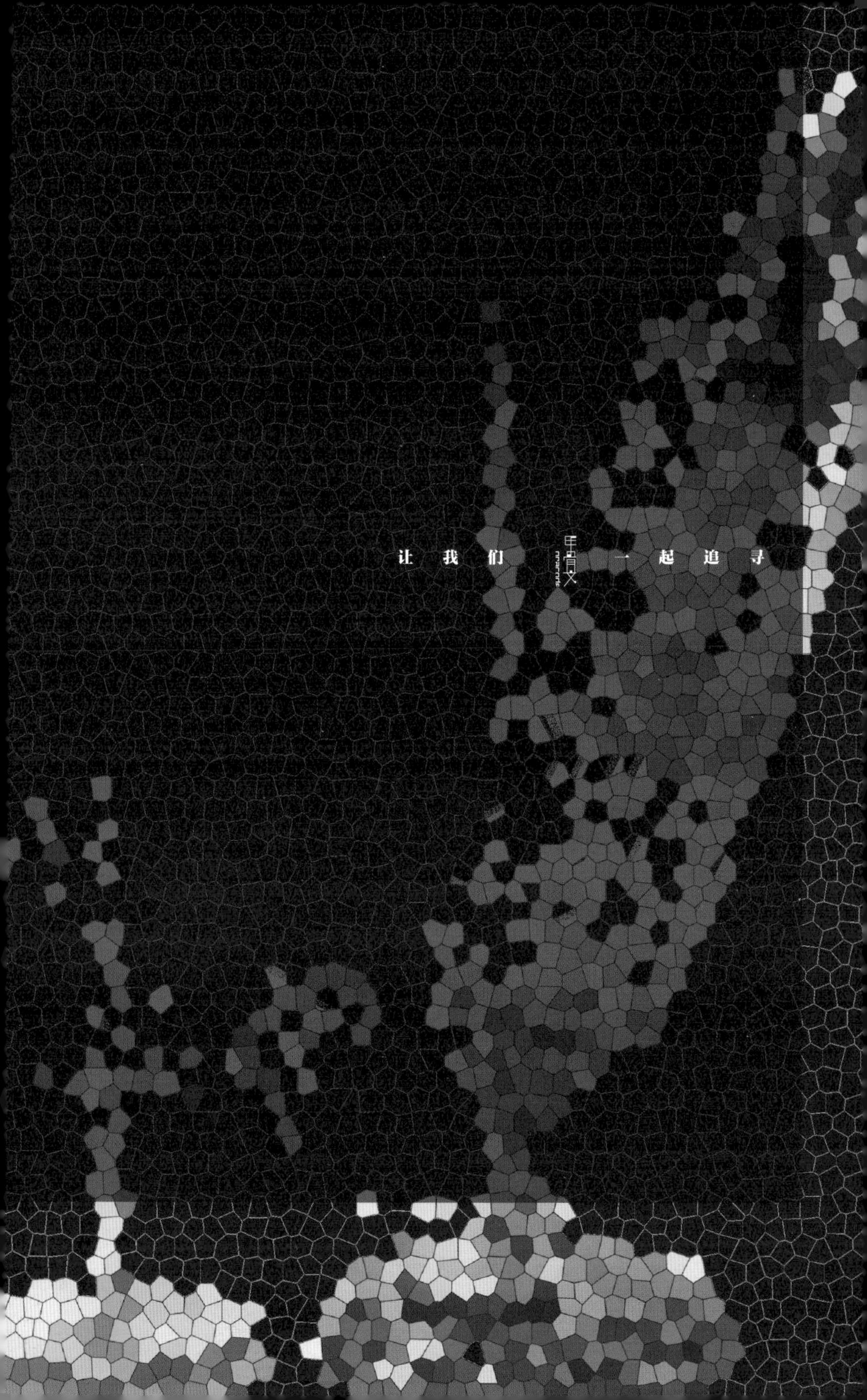

让我们 甲骨文 一起追寻

The Clockwork Universe: Isaac Newton, the Royal Society, and the Birth of the Modern World
By Edward Dolnick

Published by arrangement with ICM/Sagalyn acting in association with ICM Partners
Through Bardon-Chinese Media Agency

本简体中文版翻译由台湾远足文化事业股份有限公司 / 八旗文化授权

I S A A C N E W T O N ,

THE 机械宇宙 CLOCKWORK

T H E R O Y A L S O C I E T Y ,

UNIVERSE

A N D T H E B I R T H O F
T H E M O D E R N W O R L D

艾萨克·牛顿、皇家学会与现代世界的诞生

〔美〕爱德华·多尼克(Edward Dolnick)/著

黄珮玲/译

社会科学文献出版社
SOCIAL SCIENCES ACADEMIC PRESS (CHINA)

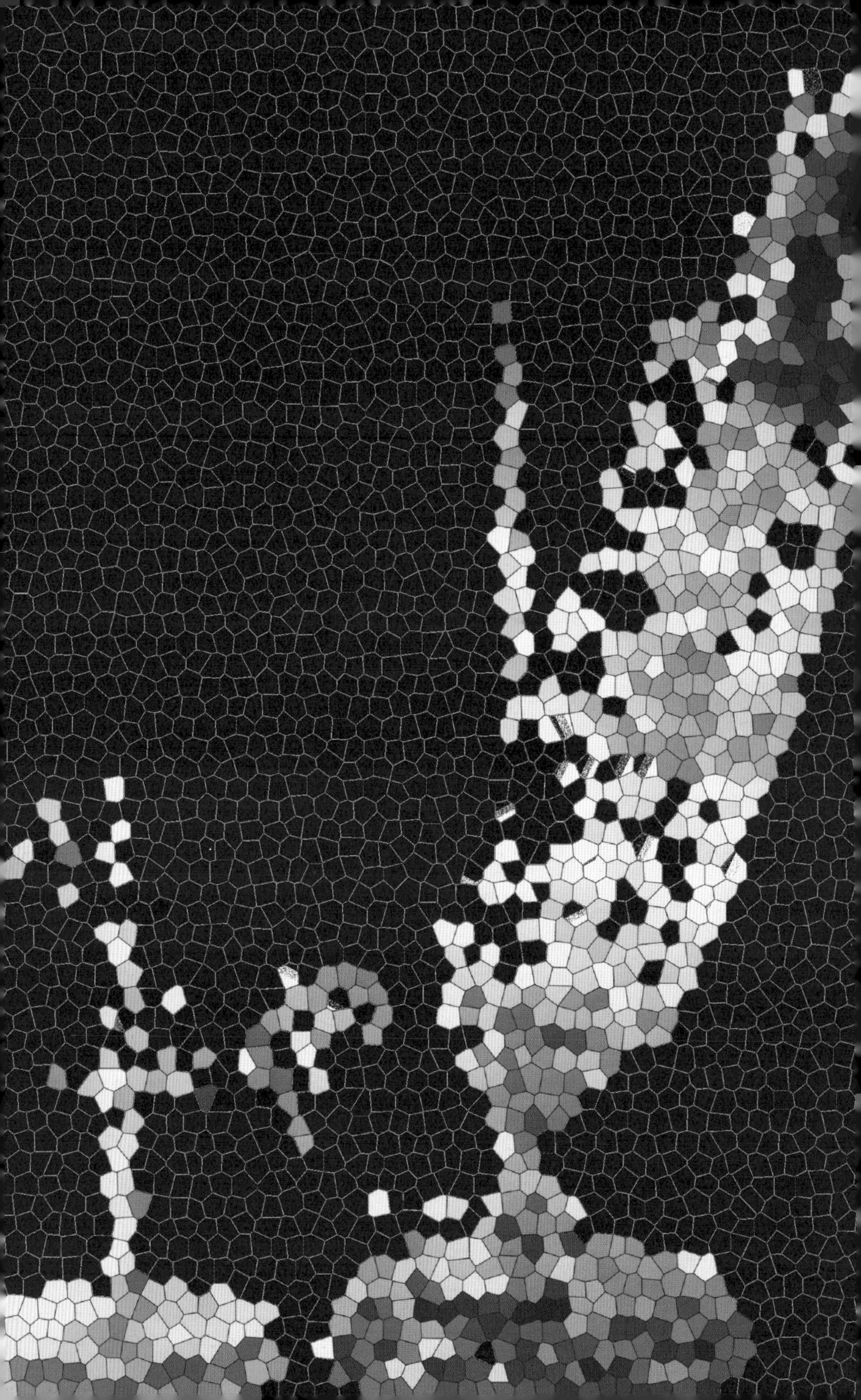

献给琳恩

宇宙不过就像一只大钟表。

——伯纳德·德·丰特奈尔[①]

（Bernard de Fontenelle，1686 年）

① Bernard de Fontenelle, *Conversations on the Plurality of Worlds* (London, 1803), p. 10. 译者注：伯纳德·德·丰特奈尔（1657～1757 年）是一位法国数学家，常与伏尔泰相提并论却更受到同时代人爱戴。曾撰写有关数学史以及阐述自身数学和科学理念的论文。他曾主张古代神谕并不具有超自然的效果，充其量不过是祭司们欺骗人心的伎俩。当然，为了避免与教会的冲突，他另外注明，神谕是上帝允许存在的，并可能是魔鬼在背后操纵神谕。他也提出现代人比古人的心灵更加成熟的看法。伯纳德曾为牛顿和莱布尼茨撰写讣闻。

目　录

第二部分　希望与怪兽

第三部分　曙光乍现

年 表

- 1543 年　哥白尼出版《天体运行论》（*On the Revolutions of the Celestial Spheres*），提出行星绕行太阳而非地球的主张。
- 1564 年　威廉·莎士比亚出生。
- 1564 年　伽利略出生。
- 1571 年　约翰尼斯·开普勒出生。
- 1600 年　莎士比亚写下《哈姆雷特》。
- 1609 年　开普勒出版有关行星绕行太阳路径的第一定律与第二定律。
- 1610 年　伽利略运用望远镜观测天象。
- 1616 年　莎士比亚去世，塞万提斯也在同一天过世。
- 1618～1648 年　三十年战争。
- 1619 年　开普勒出版了他的第三定律，说明行星轨道之间的相互关系。
- 1630 年　开普勒去世。
- 1633 年　宗教裁判所审判伽利略。
- 1637 年　笛卡儿宣称："我思，故我在"（I think, therefore I am），并在同一本书中提出统筹几何的概念。
- 1642～1651 年　英国内战。
- 1642 年　伽利略去世。

xiv

- 1642 年　艾萨克·牛顿出生。
- 1646 年　戈特弗里德·莱布尼茨出生。
- 1649 年　英国国王查理一世被斩首。
- 1660 年　英国皇家学会正式成立。
- 1664 ~ 1666 年　牛顿的“奇迹岁月”（miracle years）。他发明了微积分，并计算月球引力。
- 1665 年　瘟疫袭击伦敦。
- 1666 年　伦敦发生大火。
- 1674 年　列文虎克透过他的显微镜，发现了一个隐藏着“小动物”（little animals）的世界。
- 1675 年　牛顿成为英国皇家学会会员。
- 1675 ~ 1676 年　莱布尼茨的“奇迹岁月”，他独立于牛顿之外发明了微积分。
- 1684 年　莱布尼茨出版微积分论文。
- 1684 年　哈雷（Halley）到剑桥造访牛顿。
- 1687 年　牛顿出版《原理》（*Principia*）一书[①]，提出“世界体系”。
- 1696 年　牛顿离开剑桥到伦敦。
- 1699 ~ 1722 年　牛顿和莱布尼茨，以及双方的支持者，针对微积分展开争辩。两名天才都宣称对方剽窃自己的想法。
- 1704 年　经过 30 年的沉默后，牛顿出版微积分论文。

---

① 译者注：作者此指《自然哲学的数学原理》（*Philosophiae Naturalis Principia Mathematica*）。

- 1705 年　　牛顿获授爵位。
- 1716 年　　莱布尼茨去世。牛顿继续抗争，宣称自己先发明微积分。
- 1727 年　　牛顿去世。

前　言

鲜有时代像 17 世纪晚期一般让人开始梦想秩序完美的世界，后来的历史学家称之为“天才的时代”（Age of Genius），却很少提及这也是个“骚动的时代”（Age of Tumult）。莎士比亚的世纪到了尾声，自然和超自然仍然密不可分。疾病是上帝命定的惩罚。天文学尚未与占星术分家，天空中仍弥漫着征兆。

闪烁的火苗和忽明忽暗的灯笼是仅有的人造光源。除非月亮露脸，否则夜晚不但漆黑而且危险。小偷和强盗横行街头，警察要到遥远的未来才会出现。敢冒险外出的胆子大的人要自己提着灯笼，或是聘请一个火炬手（Linkboy）① 手持用油脂浸泡过的绳子绕成的火把，照亮路面。当时的谋杀率之高，为今日的 5 倍。[1]

即使是大白天，城市也摆脱不了阴暗和肮脏，煤烟所到之处一片乌漆墨黑。[2] 当时的伦敦是世界上最伟大的城市之一，也是学习新事物的中心，但套用一名历史学家的话来说，它是一个“恶臭、泥泞、满地肮脏的大都市”。[3] 城市的街道堆满了成山的人为垃圾，垃圾上还有屠夫们丢弃的屠宰场污物。

无知使事情变得更糟。把蔬菜从农村运送到城市的驳船会在回程时满载着人类的污水，以为农地施肥。[4]1599 年，莎士比亚和支持他的投资者兴建了环球剧场（Globe Theatre），漂亮的新建筑物可以容纳至少 2000 人，但没有一间厕所。[5] 这样

① 译者注：昔日受雇在夜间执火把为行人照明的人。

的卫生状况经过一个多世纪后，还是没有任何改善。法王路易十四在1715年过世之前颁布了一条新的规则，要求每周清扫一次凡尔赛宫走廊上的粪便。[6]

无论皇宫贵族或是贩夫走卒，没有人洗澡。穷人是因为无法选择，富人则是缺乏意愿。①（医生的解释是，水会打开毛细孔，招来感染与瘟疫，满布油脂和污垢的皮囊才能隔绝疾病。）几乎所有人都饱受蠕虫、跳蚤、虱子和臭虫之苦。科学很快会彻底改变世界，但促成现代世界来临的心灵还困在又痒又臭又脏的身体里。

在众所瞩目的历史舞台上，我们所见尽是危机和灾难。德国在这个世纪初遭逢后来我们所称的三十年战争。这个平淡无奇的战争名称掩盖了这场宗教战争所带来的种种恐怖行径，一批又一批烧杀掳掠的军队接踵而至，随之而来的则是饥荒和疾病。一场内战也撼动了英国。1649年的伦敦，震惊的群众看着皇室刽子手高举斧头砍下国王的头颅。17世纪50年代席卷了整个欧洲的瘟疫，于1665年来到了英国。

在暗处，即将改写世界的事件仍旧无人注意。很少有人知道，更少有人关心，有一小群受好奇心驱使的人，正研究着天空，并在笔记本上涂写着方程式。

人类早就认识到大自然大致运行的模式——昼夜交替、月有阴晴圆缺、星星构成人们所熟悉的星座、四季更迭。但是人

① 作者注：历史学家儒勒·米什莱（Jules Michelet）用“一千年没人洗澡”来描述中世纪。Ashenburg, *The Dirt on Clean*, p. 12. 阿什伯格认为米什莱夸大了，她给出了4世纪时的准确数据。译者注：儒勒·米什莱（1798～1874年），有“法国史学之父”美誉的历史学家。

类也注意到，没有两天是相同的。“人类知道太阳会升起，”一如阿尔弗雷德·诺思·怀特海（Alfred North Whitehead）① 写道，“却捉摸不住风向。”[7] 人类援引这类“自然法则”时心知肚明这并非全然正确的规则，却更像是有例外存在、需要额外诠释的经验法则与指导方针。

然后，在17世纪的某个时间点上，一个新的想法诞生了，它认为自然世界并不只遵循草率的模式，而是依照精确的、正式的、有数学规律的法则在运行。虽然它看起来很随意，有时甚至是混乱的，但宇宙其实是一个结构复杂并且运行完美的钟表式机械装置。

宇宙大大小小的环节都受到精心安排。上帝不仅创造了世界，设计了各种功能，他还持续不懈地监督着。他让群星运行，并照顾每一个角落。他为地球选择了完美的自转率和理想的地壳厚度。

自然的法则尽管无所不包，条例却很少，上帝的操作手册里只有一两行字。比方说，当艾萨克·牛顿了解到引力是如何作用的，他所宣告的不是一项新发现，而是适用在所有事物上的“普世定律”（universal law）。这条定律让月球围绕地球转动，让箭镞射向天空，让苹果从树上掉下，而且这条定律精准量化，不适合用一般的字眼来描述。17世纪的科学家们坚信，上帝是一名数学家。上帝用数学符号撰写他的律法，科学家的

xviii

① 译者注：阿尔弗雷德·诺思·怀特海（1861～1947年），英国数学家与哲学家，是20世纪英美最重要的思想家之一。怀特海早期致力于数学逻辑的研究，后来由数学转向自然科学乃至哲学的领域，创立历程哲学，专门从事于理论的形而上学研究。他所著《科学与现代世界》、《历程与实在》以及与学生罗素合著的《数学原理》均影响深远。本句原文为“Men expected the sun to rise, but the wind bloweth where it listeth”。

任务是找到解开符码的钥匙。

我的关注重点主要放在故事的高潮，尤其是牛顿于1687年提出的引力理论。但牛顿惊人的成就是建立在笛卡儿、伽利略和开普勒等巨头的研究工作之上的，这些人已经破译了一部分甚至是全部的上帝的宇宙密码。我们会检视他们的突破性成就和所犯的错误。

所有这些思想家有两项共同的特色，即他们是天才，并且绝对相信宇宙是用无懈可击的数学设计出来的。本书接下来要说的就是一群科学家如何解读上帝心意的故事。

第一部分

混乱的局势

1. 伦敦，1660 年

外地人刚进城若碰巧看到一群热切交谈的人消失在托马斯·格雷欣（Thomas Gresham）① 的豪宅门后，可能会发现自己搞不清状况。这些戴着假发和亚麻领结、身着及膝马裤的绅士是谁？这个时间要参加音乐会或派对还太早，也不像是要观看斗牛赛或拳击赛。

马车夫叫喊的声音、发臭的垃圾、漫天飞扬的尘土，伦敦各方面都让人难以招架，但这些谜一样的男士却似乎不以为意。这么说来，他们一定是伦敦当地人，因为初来乍到的人在这个规模巨大的城市根本连路都没办法走好。格雷欣家中的这群人看起来有点像是要来看戏的——在清教徒失势，奥利弗·克伦威尔（Oliver Cromwell）② 的头颅被立在威斯敏斯特大厅门前杆上的当下，剧院已经重新开张。但若真是如此，怎么不见女性观众呢？也许这间位于时髦街道上的豪宅内藏着绅士的赌博俱乐部？又或者是高级妓院？

即使是透过沾满煤灰的窗口偷看一眼可能也无济于事。在一片喧嚣中，有个人似乎依着某种模式在桌面上洒粉。站在他

---

① 译者注：托马斯·格雷欣是英国女王伊丽莎白一世时期的铸币局长，在 1558 年发表“劣币驱逐良币”（Bad money drives out good）的看法，解释当公众对货币供给缺乏信心时，他们会将成色佳的“良币”窖藏起来，只使用或转让成色较差的“劣币”。此一见解称为格雷欣法则。

② 译者注：奥利弗·克伦威尔（1599～1658 年）为英国国会议员，带领清教徒对抗腐败的英王查理一世，之后主导以清教徒为主的圣徒国会统治英国。1658 年逝世后葬于威斯敏斯特教堂，1660 年保皇党势力重新取得政权，挖出其尸首示众。

身旁的另一名男子手中握有小小的、黑黑的、正在抽动着的东西。

4 世人最终会知道这些神秘男子的身份。他们称自己为自然哲学家，联合起来想要弄清楚从鸽子到行星以及万事万物是如何运作的。他们唯一的共同点就是对事物的好奇心。站在团体中间的是身形高大瘦削、贵族出身的罗伯特·波义耳（Robert Boyle）①，他父亲是英国最富有的人之一。[1] 波义耳维持着三间豪华私人实验室的运作，各自位于他名下不同的住所中。[2] 性情温和、不谙世事的波义耳花了很多时间思考自然的奥秘、神的荣耀以及治疗他身上真真假假无穷病痛的居家治疗之法。

波义耳和罗伯特·胡克（Robert Hooke）② 焦孟不离。驼背的胡克个性急躁——“矮小的身材，总是显得很苍白”[3]——但他孜孜不倦又聪明智慧，并且可以制造出任何东西。他担任波义耳的助手，组装设备和设计实验已经有五年的时间。相较于亲切和善的波义耳，胡克脾气暴躁，口齿更是犀利。胡克总是率先构思出新点子，挑战他的主张等于是跟他终身作对，但

① 译者注：罗伯特·波义耳（1627～1691 年）在科学研究上的兴趣广泛，举凡生物、物理和化学等自然科学中的问题都有涉猎，像气压计，动物呼吸，血液循环，光，物质如何燃烧、沸腾及凝固等。他首先运用严谨的科学方法进行化学研究，并呼吁正确定义化学元素，使他获得“现代科学之父”的美名。波义耳也是皇家学会的创始人，并通过学会发表他的理论。

② 译者注：罗伯特·胡克（1635～1703 年）在牛津大学做工友时因为好学受到波义耳赏识，不仅被收为助理，更被大力推荐进入注重学历和工作经历的英国皇家学会。日后胡克所发明的第一部真空吸引器帮助波义耳证明了有名的“波义耳定律”。胡克的成就还包括发明了复式显微镜，并以此显微镜发现了细胞。胡克也是第一位用发条来调节手表的人、第一位用“摆动”来测量地球重力的人。他还发明了许多仪器，并证明了“氧”在呼吸作用及燃烧时所扮演的角色。

是少有人会质疑他的一双巧手。胡克最近变出一个可以抽光空气的玻璃容器。如果我们在容器中放入蜡烛、老鼠或是人会发生什么事？

胡克最亲近的朋友是像小鸟般瘦小、极为多才多艺的克里斯托弗·雷恩（Christopher Wren）。他的想法源源不绝，就像是魔术师从指尖变出硬币一样。后人都知道雷恩是英国历史上最著名的建筑师，但早在投身建筑业之前，他就已经是著名的天文学家和数学家了。任何事都难不倒这位富有魔力的人。早期雷恩被崇拜者宣称为“奇迹青年”（miracle of youth）[4]，而他竟一路活跃到 91 岁逝世时为止。雷恩制造出望远镜、显微镜和气压计，修改了潜水艇的设计，建造了一个透明的蜂箱（借以观察蜜蜂），发明了用木头手臂连接两支笔用来复写的小器械，还主持兴建了圣保罗大教堂（St. Paul's Cathedral）。

5

将这群天才、不适应社会的古怪人一把抓的是正式名称为伦敦皇家自然知识促进学会（The Royal Society of London for the Improvement of Natural Knowledge）的皇家学会（The Royal Society）。这是世界上第一个正式的科学组织。这个崭新的概念出现时，“科学”这个词甚至还不存在。早期这段日子里，几乎所有启人疑窦的科学问题要不就是引发茫然的眼神响应，要不就是激起热切的争论——火为什么燃烧？山如何升高？岩石为何落下？

英国皇家学会的成员们不是世界上最早的科学家。早在此之前，科学巨人们包括笛卡儿、开普勒和伽利略等人都已经交出了不朽的成绩。但是，那些科学先锋在很大程度上也都是孤独的天才。随着英国皇家学会的兴起——当然也要接受艾萨克·牛顿这个超级例外——早期科学发展的故事里，相互合作远多于孤独的沉思。

牛顿没有参加学会最早的会议，但他注定有一天将担任学会主席。（他会以独裁的方式治理学会。）公元 1660 年，他还只是一名郁郁寡欢的 17 岁少年，备受煎熬地在母亲的农场工作。不久之后，他将启程开始他在剑桥的大学生涯，但即使在那里，他也是默默无名。随着时间的推移，他将成为第一个科学名人，如同他那个时代的爱因斯坦。

没有人搞得懂牛顿这个人。作为一个奇特的历史人物，牛顿“这人的脾气是我所知道最可怕、谨慎、可疑的”[5]，一个同时代的人这么说他。他一生对自己的生活守口如瓶、独来独往，从未与人发生亲密关系，一直到他 84 岁过世为止。他就像高度紧张的偏执狂，总是在疯狂的边缘摇摇欲坠，也曾一度陷入疯狂。

6 牛顿在个性上与皇家学会的其他成员相去甚远。但是，所有早期的科学家都有着共同的心灵景观。他们飘摇在两种世界之间，一个是他们出生成长的中世纪，另一个则是他们只能窥见一角的新世界。这是一群聪明智慧、雄心勃勃、充满困惑与矛盾的人。他们一方面相信天使、炼金术和魔鬼，另一方面也相信宇宙遵循着精确的数学法则运行。

假以时日，他们会推开通往现代世界的大门。

2. 撒旦的魔爪

正当17世纪的科学家们开始着手找出主宰宇宙的永恒法则时，他们自身却处在一个朝不保夕的世界。死亡不只经常来袭，并且随意取人性命。① “任何感冒的症状都可能是陷入发烧的前兆，”一名历史学家这么说，“而最单纯的割伤也可能会造成致命的感染。”[1] 儿童的死亡率极高，其他人也好不到哪儿去。即使是贵族，预期寿命也只有三十岁左右。[2] 常见二十多岁、三十多岁、四十多岁的成年人意外死亡，身后留下绝望的家人。

伦敦疾病盛行，死亡人数已然超过出生人数，只能靠不断涌入的新移民掩饰这令人难过的事实。[3] 所谓的医学知识几乎不存在，医生对病人造成的伤害可能还大过医治他们。生病的人能有的选择就是郎中们满柜的药方。有个治疗痛风的配方要人“用黄瓜、芸香和杜松烹煮小狗”。[4]1699年年底，皇家学会还争辩着“喝下约一品脱的牛尿”对健康的好处。

绝大多数人能做的是悲哀地听天由命。“我不幸失去我亲爱的孩子强尼，他在上周因为发烧去世，”一个名为萨拉的妇女在1717年的一封信中写道，“这为我带来极大的痛苦，但这是我们必须接受的不幸。”[5]

---

① 作者注：为了方便起见，我在书中使用“科学家”（scientist）这个词，尽管所谓的科学家是到了19世纪才为人所用。在17世纪，尚未出现固定的词汇方便人们称呼这些研究者，有时他们被称为“自然哲学家”（natural philosophers）或者是“名家”（virtuosos）。

人在死亡面前无分贵贱。很多时候，有钱人的遭遇更差，因为他们更可能请来医生。1685 年查理二世中风，他的医生“折磨着他”，后来有位历史学家写道，“就像是对待被送上火刑柱烧死的印第安人”。[6] 首先，皇室医生们为他放了两量杯的血液，接着，他们为他灌肠、吃泻药，再加上一剂喷嚏粉，然后又为他放了一量杯的血液，国王的病情仍旧没有起色。他们用鸽粪和珍珠粉末配制的药膏为国王搓脚，在国王理光的头颅与赤裸的双足上使用烧红的烙铁。种种手段都未产生效果，国王陷入抽搐的状态。医生为国王奉上主要成分是“40 滴人类头骨萃取物的药水”。四天后，查理去世了。

致命的瘟疫和大火最能激发人类的恐惧，两者以不同的方式迅速夺走大量人命。瘟疫在受害者间无声传播，这就是它恐怖的难解之处。“是什么原因造成这次瘟疫在国内此处盛行而非他处呢?”一名惶恐的作家于瘟疫流行之初提出这样的疑问，“又是什么原因让瘟疫在同一个城市或城镇中，仅散布至某个地区、某间房子呢? 而居住在同一个屋檐下，为什么仅有一人，而非所有人都染上瘟疫呢?”[7]

9 火灾就不这么神秘了。人们害怕火灾完全是因为它一视同仁，无情地夺走大量人命。在拥挤、狭窄的城市，满是木造建筑又以烛火照明，不可避免地会发生火烫的煤块从炉子上落下，或是蜡烛翻倒在窗帘或稻草上之类的事情。星星之火足以燎原，火势一旦超出控制，蔓延之势好比一波波不断袭来的海啸。绝望的受害者只能沿着一条接着一条蜿蜒的巷道逃生，从这个街角到那条街道，试图逃脱不断追来、越来

骷髅之舞，1493 年。

越强大的火势。

这些古老的敌人激发的恐惧从未消失，因为每个人都知道，不能相信暂时的平息可以维持到最后。也没有人认为火灾和瘟疫是自然灾害，好比今日我们看到地震和火山爆发一般。17 世纪的人们真心敬畏上帝。自然灾害传递神圣的讯息，警告有罪的人类改弦更张，避免愤怒不耐的上帝进一步的处罚。即使在今天，保险理赔也将地震和洪水视为“天灾”（acts of God）。在 17 世纪甚至更早之前，我们的祖先就已经援引相同的说法，不过他们是怀着恐惧和敬畏谈论奥秘的神意的。 10

* * *

在那严峻的时代，宗教谈论惩罚远远胜过提供慰藉。不管是思索宇宙的科学家和知识分子，还是普通人，对上帝的恐惧形塑了他们思考的各个面向。研究世界就是思索上帝的计划，而这是一项艰巨的工作。

今天，人们在绊到脚或是打翻了饮料时脱口而出“该死的”（damn）、“下地狱”（hell）并不算过分，但对我们的祖先而言，被罚入地狱（being damned to hell）的景象是生动可怕的。“被告知死亡后是什么等待着他们让人持续生活在恐惧之中，”历史学家莫里斯·克莱因（Morris Kline）①写道，“神职人员重申，几乎每个人死后都会下地狱，并极尽可能详细描述等待在永恒地狱的狰狞而难以忍受的折磨。人们深受沸腾的硫黄和烈焰的烧身之苦，不因身形毁耗而停止，这样的折磨无穷无尽。这样的上帝不是救世主，而是人类苦难的根源，他握有权力建造地狱、使用酷刑并将之加诸人类身上。只有他的一小部分牧羊能获得青睐。基督徒被要求花时间默想永恒的诅咒，好为他们死亡后的生活做好准备。”[8]

知道未来将发生的点点滴滴的上帝，已经决定谁会得救，谁又会受到惩罚。他不会改变心意。一个人的一生无论正直或堕落都不会改变上帝的任何判决，否则就意味着卑微的人可以指挥全能的上帝。

11 1662年，皇家学会的章程正式获得通过。同年，一本叫作《末日》（*The Day of Doom*）的书出版，以诗文的方式解释上帝律法。这本书获得巨大反响（成为美国的第一本畅销书），它简单扼要地论及像是婴儿遭受地狱烈焰惩罚这类的事情：

---

① 译者注：莫里斯·克莱因（1908～1992年），美国数学史学家、数学哲学家。

走了，走了，别再拖延，
基督不会怜惜你的哭泣：
要哭就到地狱去哭，
在那里永远哀鸣。

孩子们熟读这些诗文。最终，这些论点被认为太过残酷不适合广泛流传。但是，它们一直盛行到18世纪。1741年年底，乔纳森·爱德华兹（Jonathan Edwards）① 在他最有名的一场题为“落在愤怒之神手中的罪人”（Sinners in the Hands of an Angry God）的布道中，厉声谴责新英格兰地区的教徒们。“上帝拉着你进地狱，就像人手持蜘蛛或是惹人厌的虫子丢进火里，上帝厌恶人类的情绪被可怕地激起：射向你的愤怒之眼让你烈火缠身；你在他眼中一文不值只能被丢进火里；看到你就脏了他的眼；我们在他眼中比起最可恨的毒蛇还要可恶千倍。”

这就是标准的教条。与人类的脆弱相比，上帝是全能的，承认这一点是敬拜上帝的开始。“心惊胆战地过日子对我来说是最好的。”[9] 约翰·多恩（John Donne）② 这么宣称。再小的罪恶都会引发上帝的愤怒并挑起灵魂痛苦的内疚。1662年，也就是皇家学会的章程正式获得通过的那一年，19岁的艾萨克·牛顿为他此生迄今所犯下的罪恶列出了一份清单。这份理应详尽的清单上列出了58条项目，当中混杂着他的

① 译者注：乔纳森·爱德华兹（1703～1758年）是美洲殖民时期著名的神学家和哲学家。

② 译者注：约翰·多恩（1572～1631年）为17世纪著名文人，文风寓意深远，引经据典，迥异于时代。曾任圣保罗大教堂首席主教。

12 思想和行为，因为两者一样罪孽深重。其中有一两条项目特别引人注意，如——“威胁我的父亲和母亲史密斯女士（这里指牛顿的继父和母亲）要放火将房子连同他们一起烧掉”[10]——但列表上所有的项目几乎都很寻常。“在星期天制作老鼠夹。”“捶了我妹妹一拳。”“自己有毛巾还拿威尔福德的毛巾来用。”“有不洁的想法、话语、行为和梦。”“在星期天晚上制作糕点。”这些罪恶对我们来说都不算什么，但它们在牛顿的眼里，却是极为可耻地背叛了他自己和他的上帝。

不过至少在这种自我撕裂的作为上，牛顿一点也不特殊。17 世纪的作家和神学家艾萨克·沃茨（Isaac Watts）——他长大后会撰写像是《欢乐世界》（*Joy to the World*）这类的赞美诗——年轻时首度展现他的才华是在离合诗①的创作上。他所做的诗开头是这样的：

我是卑鄙肮脏的土块（I am a vile polluted lump of earth），

自从我出生以来一直就是如此（So I've continued ever since my birth），

虽然耶和华每天赐给我恩典（Although Jehovah grace does daily give me），

怪物撒旦却注定要欺骗我（As sure this monster Satan will deceive me），

---

① 译者注：所谓离合诗，指的是诗文中各行的开头或结尾字母或其他特定处的字母能组合成词或句的一种诗体。以本页艾萨克·沃茨的诗文为例，各行的开头字母恰好组成“ISAAC”，也就是艾萨克自己的名字（Isaac）。

因此，主啊，从撒旦的魔爪下拯救我吧（Come therefore，Lord，from Satan's claws relieve me）。[11]

他的第二首诗也阐述了类似的想法，并在诗文中隐藏了他的名字沃茨（Watts）。

13

3. 世界末日

经过17世纪50年代和60年代的长期酝酿，愤怒的上帝带来的恐惧日益严重。每一个基督徒都知道《圣经》，还有《圣经》中提到的审判日。问题不在于世界末日是否真会来临，而在于世界末日多快会降临。答案则似乎是，很快。

几乎没有人相信进步的概念。（即便是用他们的发现开创现代世界的科学家们也不相信进步这件事。）相反的，几乎人人都持有的信念是，自从亚当和夏娃被逐出伊甸园，世界已经分崩离析。现在看来，世界崩解的脚步加快了。人不分贵贱，从学术讲座到内容让人尖叫的小册子，都在指出天启（Apocalypse）将近的迹象。

在某个时间点上，这表示可能发生在任何时候，有位历史学家在他的摘要里写道："号角响起，万物停止运作，月色转为血红，星星像枯叶坠落，地球伴随着可怕的雷击与闪电陷入火光之中。"[1] 在这种混乱之中，无论圣人或罪人，死去之人都将从墓地升起，接受无法上诉也无法赦免的审判。我们祖先认为这些都是事实，而非夸大的言论。这是神意，注定会发生。

14 关于末日何时到来的争论激烈又广泛。在今日，只有电视传教士和《纽约客》（*New Yorker*）杂志的漫画会使用像是"末日将近！"（the end is nigh!）这般的警语。但是在17世纪，这却是一件迫切的事情。解读《圣经》上的预言是市场主流，比起现代人钻研股市的起伏更显攸关重大。

以前也曾出现几波类似的末日恐惧，但没有明确的原因就不知所踪地消沉了。这并不能给人们提供任何安慰。“这段时间有关基督再临的书籍大量出现，”一位著名的历史学家指出，“皇家学会的成员也醉心于此。”[2] 他们有条不紊地展开研究，寻找隐藏在《圣经》经文里的含义或是巧妙地处理某段神圣经文引用的数字。①

许多学者和科学家都针对一个特定的数字提出了警告——1260 年——在《圣经》中有几处不同的地方都出现了这个数字。②他们认为在过去的某个时刻，时钟已经启动。从那时算起，1260 年后世界末日即将来临。困扰皇家学会这群最为强大有力的心灵的问题是，倒计时始于何时？公元 400 年是经常被引用的日期，那是发生“大叛教”（great apostasy）③的时代，真正的基督教被破坏殆尽。[3] 无须艾萨克·牛顿的数学天赋也能算出，从公元 400 年起算，1260 年后就是公元 1660 年。

耶稣自己曾提及末日来临前的迹象。在橄榄山，门徒们问他：“你的降临和世界末日有什么征兆呢？”[4]

15

地上满是战争和苦难，天空一片混乱，耶稣这样回答说：

---

① 作者注：克里斯托弗·雷恩的父亲，一位对数学也具有浓厚兴趣的著名牧师，用不同的观点看待《启示录》。他将罗马数字，由大到小依序列出，得出“MDCLXVI”的结果，指向 1666 年，表示这“可能预示着某种不祥的事件，也许就是最后末日”。Adrian Tinniswood, *His Invention So Fertile: A Life of Christopher Wren*, p. 17.

② 作者注：他们引用的段落，如《启示录》第 11 章第 3 节：“我要使我那两个见证人，穿着毛衣，传道一千二百六十天。”学者认为每一天代表一年。

③ 译者注：叛教一词来自希腊文，意指“反抗”。耶稣基督死后不久，早期基督团体内部即产生叛变，造成最初由十二使徒带领的基督教会消失，取而代之的各个教派皆仅持有部分的真理，甚至时常掺杂异教思想或是教义。没有完整的福音代表来自神的权力，人就不能执行教会内的教仪。

“民要攻打民，国要攻打国；必有饥荒、瘟疫、地震。”然后，经历过更多的苦难，“日头就变黑了，月亮也不放光，众星要从天上坠落”。

而现在，天上和人间，危险的迹象比比皆是。通奸者、亵渎上帝的人，还有不信教者将伦敦变成现代的巴比伦。清教徒长期严厉的执政才刚刚结束，这类轻率的行为几乎是不可避免的。1649 年查理一世被送上断头台后，剧院关门大吉，圣诞节的庆祝活动也被禁止，在婚礼上跳舞也被取缔。

1660 年皇权复兴后，全国上下民情全然改观。查理一世认真固执。查理二世则机智好动，随时准备要再打一场网球、再赌一局桥牌或是追求另一名宫廷贵妇。宫廷的生活是出了名的放纵，自国王以降，人人都陷溺在无穷无尽的性放纵游戏中。[5]［这位“快乐国王”（Merrie Monarch）包养了大量情妇，但在其统治早年，他还保有某种忠诚，限制自己一次只能拥有一名情妇。］有钱有势的人行径大多如此，那是个玩世不恭和放纵的时代。

无法避免的结果是，许多人忽略了毁灭的预言或是嘲笑这类的警告和悲叹。但就像是派对上听到远方传来的大声疾呼，不对劲的征兆破坏了节庆的气氛。上帝是不容轻慢的。1662 年，英国乡下传来消息，有人亲见几名妇女生下了怪异的畸形儿。同时，一颗明亮的星星神秘地出现在夜空之中。来自英格兰南部的白金汉郡的报告称，那里天降血雨。天空歪斜，一如耶稣曾警告的。

接着，在 1664 年的秋天，欧洲和英国当地都看到天际有彗星划过。在 17 世纪人们的心中，这是项恶兆。［如同 disgrace（耻辱）或是 disfavor（不利），disaster（灾难）一词也源自 dis 和 astrum，后者在拉丁文中表示星星或彗星。］天空不同于地表，是一个秩序与和谐的领域。人们恐惧彗星这个不祥的入侵者已有几千年。“这太可怕、太可怕了，它在民众心中产生极大的恐惧，”1528 年一名彗星目击者写道，“有些人因恐惧而亡，还有一些人病倒……这是颗血红色的彗星，它的末端看上去像是手握大刀，刀锋尾部有三颗星星，要来对付我们。无论从这颗彗星光芒的任何一方来看，都能见到大批的斧头、刀和血淋淋的剑，在此之中则是一张有着扭曲胡须和头发的丑陋人脸。”[6]

彗星是来自宇宙的警告、上帝不悦的征兆，类似于闪电，但更持久。“每一天、每一小时、每一刻，人类的罪恶像浓烟升起……逐渐形成彗星，”马丁·路德的追随者解释说，“最后被天庭炙热的怒火点燃。”[7]

彗星在消失之前会在天顶悬挂数日，令人不安。没有人知道它们去了哪里？又是为了什么？夜复一夜，所有人可以做的就是查看天空，看看可怕的来访者是否又出现，并猜测它可能预示着何种灾难。

17

1664 年，最新出现的彗星拒绝消失。令人害怕的景象从 11 月一直持续到 12 月。12 月 17 日，国王查理二世和凯瑟琳王后等到深夜，以求目睹奇观。民众的情绪比以往任何时候都更悲观。1 月，彗星附近的幻影让人们开始耳语——天空中漂浮着“棺材，它导致了群众极大的焦虑”。[8]

皇家学会的成员、占星家约翰·盖布利（John Gadbury）警告说：“这颗彗星预示着疾病传播、可怕的飓风和暴风雨。”[9] 另一位占星家则预见“将许多人送进坟墓的死亡”。

1665 年 3 月，第二颗彗星出现。

切身相关的自然世界似乎也跟着不安。传闻和预兆随着令人担忧的景象而起——成群的苍蝇涌进房屋、蚂蚁瘫痪道路、青蛙堵塞沟渠[10]——并变得越来越耸人听闻。英国就像古代埃及激怒了神。即使是受过良好教育的人也跟着迷信的乡下人一样饱受惊吓，运用想象力窃窃私语传递吓人的最新消息。西班牙大使的报告指出，在伦敦诞生了“一只形状和颜色都很吓人的畸形怪物，一半红色一半黄色，胸口有张人类的脸，有着牛的腿、人的脚、狼的尾巴、山羊的乳房、骆驼的肩膀，长长的身体，还有颗长了马耳朵的肿瘤式的头颅。上帝向人类展示这种可怕的奇观作为灾难的先兆”。[11]

18

在这群人当中最重要的是该时代最伟大的科学家艾萨克·牛顿，他也和所有其他人一样，狂热地相信人们生活在世界末日的阴影中。每一个时代都有其视而不见的矛盾。希腊人谈论正义却蓄奴。十字军传递和平福音①的方式是策马消灭异教徒。而17世纪的人则认为，宇宙就像是钟表式的机械装置，完全依照自然的法则运行，上帝会到世间行神迹并惩罚罪人。

对这些怪物和血雨之类的事情，很多早期的科学家倾向于不多加理会，但他们把详细研读《圣经》当作一项紧迫的任务，以便能够确定世界末日来临之前人们还剩多少时间。今日众所周知的化学之父罗伯特·波义耳不仅研究英语《圣经》，还涉足希腊文、希伯来文和迦勒底人的版本，以求找出《圣经》隐藏的意义。[12]牛顿自己则拥有30多种不同译文与语言版本的《圣经》，他不断地仔细阅读和比较它们。

《圣经》中的每一个字都有意义，就像自然世界中一草一

---

① 译者注：原文为“the gospel of the Prince of Peace”，意指基督的福音。

木都提供理解上帝旨意的线索一样。《圣经》不是一部可以依照个人品位诠释的文学作品，而是意义固定的密码，需要细心又聪明的分析者来解码。牛顿投入了数千小时——这跟他用在理解引力或光的秘密上的时间相当——寻找所罗门圣殿尺寸中隐藏的讯息，还有试图对比《启示录》的预言和后来发生的战役与革命。“第四只野兽（在《启示录》里）……非常惊人而可怕，有着钢铁巨齿，将一切撕咬成碎片，再用脚践踏残渣，”牛顿写道，“指的就是罗马帝国。”[13]

* * *

几乎所有人都同意世界末日临近了，争论在于世界末日会以何种方式出现。有一派人认为，全球性的洪水将淹没世界，就像挪亚方舟的故事；另一派人则认为大火会吞噬一切。当预言中的1666年到来，恐惧的浪潮越演越烈，因为666也是撒旦的数字。当瘟疫在1665年席卷英国时，恐惧变成了恐慌，因为这是末日预言的前一年，而死亡马车也果真开始将人载往众多的坟墓。

20

4. 死亡包围着街道

一千多年以来，每当上帝对他创造出来的人类失去耐心时，瘟疫就会席卷整个欧洲。数百年间，大约每隔十年或二十年，这些疾病就以一种可怕的节奏出现又消失。1347～1350年那场夺走两千万人性命的瘟疫是最致命的。在那三年期间，大约有三分之一到一半的欧洲人死亡。

英国人口受此冲击要四个世纪的时间才能恢复。在佛罗伦萨，坟墓里的尸体堆得“就像是千层面中层层夹藏的乳酪”，[1] 受到惊吓、觉得反胃的观察家写道。幸存者只能坐视瘟疫造成的毁坏。“哦，幸福的后人，”意大利诗人彼特拉克（Petrarch）①写道，“将不会遇到这样深层的悲哀，并将我们的证言当作故事对待。”[2]

这就是鼠疫，通过啃咬了受感染鼠只的跳蚤传染给人类的一种疾病，尽管几个世纪以来没有人知道这就是病因。在瘟疫 21 全面暴发之间的空档，几乎每年都有少数人得病，但疫情很少失去控制。17世纪中叶的英国已经幸免于瘟疫袭击好几十年。这段时间瘟疫摧毁了一个又一个欧洲城市，但是伦敦自1625年以来不再有疫情传出。

不过，没有城市能置身事外，因为瘟疫的传播跟随着船

---

① 译者注：弗兰齐斯科·彼特拉克（Francesco Petrarca，1304～1374年），富有人文主义精神的意大利诗人，与但丁、薄伽丘齐名为14世纪三大作家。以拉丁语作叙事诗，鼓吹古典文化，被视为欧洲人文主义之父，享有桂冠诗人美誉。

舶、军队和商人——任何在不知不觉中带来了老鼠和跳蚤的交通工具与旅客。英国在 17 世纪开始致富，其大部分财富来自贸易。船舶从世界各地将茶、咖啡、丝绸、瓷器、香烟和糖带往英国熙熙攘攘的港口。在此期间，17 世纪 50 年代和 60 年代的欧洲则只能眼睁睁看着瘟疫横行整个大陆，先是意大利和西班牙，再来是德国。1663 年和 1664 年，瘟疫摧毁了荷兰。

1664 年圣诞节，英国笼罩在一片平静之中——伦敦有一人死于瘟疫，2 月再添上一条人命，4 月到了则有两人死亡。1665 年 4 月 30 日，塞缪尔·皮普斯（Samuel Pepys）① 在他的日记中首度提到瘟疫。当时皮普斯是一名刚过 30 岁的年轻人，正在皇家海军展开他的文官生涯。这份终将成为世界珍宝的日记其实只是私人的记录。有关瘟疫的第一次记录其实只是描述他一次愉快的晚宴和自身经济状况后的想法。他在检视过自己的记账本后，"极其喜悦地"发现此时正是自己这辈子最有钱的时候。接着他记下自己的观察："城里人面对疾病怀有巨大的恐惧，人们耳语说有两三户人家已经被隔离。愿上帝保佑我们。"[3]

阅读这首次记录、预言般的段落很难不让人耳畔飘扬起恐怖电影的背景音乐。面对摆在眼前的灾难，皮普斯提到的 22

① 译者注：塞缪尔·皮普斯（1633～1703 年）是英王查理二世及詹姆斯二世在位期间的海军部首席秘书，亦曾任下议院议员。他于 1665 年加入为皇家学会，并于 1684 年 12 月 1 日至 1686 年 11 月 30 日担任主席。牛顿所著《自然哲学的数学原理》就是在这段时间由皇家学会出版，标题上还有皮普斯的名字。皮普斯最为人所熟知的身份是日记作家。他在 1660～1669 年的日记中详细记录了伦敦瘟疫、第二次英荷战争与伦敦大火的细节，是后人研究英国皇权复兴时期的重要一手史料。

“两三户人家”的悲剧将显得古怪。①

瘟疫任意取人性命，令人痛苦并快速致死。一名饱受惊吓的旁观人士称之为“灵活的刽子手”[4]，因为它可以在一夜之间取走一个健康男性的性命，没有人知道染病的原因，也没有人知道治疗的方法。人们仅知道瘟疫在人群中传播，染病的人倒下死亡，而未受到感染者就退缩一旁等待着。

最初的症状可能是一个无害的喷嚏（当别人打喷嚏时，我们说“上帝保佑你！”的习惯就是从这个时代开始的），紧随其后是发烧和呕吐，接下来则是“最确定的病征”[5]，1625年英国瘟疫蔓延期间出版的小册子中这样写道。袭击人体的包括皮肤上方的水泡和下方的肿胀。约一便士硬币大小的淡蓝色或紫色的斑点最先出现，很快地，红疮暴发，“就像是有人用烧红的铁在身上烫出洞来”，最终则是可怕的黑色肿胀。病人的颈部、腋下、腹股沟鼓起，肿胀的程度有时“不会大于肉豆蔻……但有些会大得像是一个男人的拳头”。这些一触就痛的肿块渗出血水，受害者在痛苦中呻吟。

一旦染上瘟疫，医生所能提供的帮助也仅剩抚慰的话语。有关当局将他们所有的注意力集中在保全健康之人身上。染病的人被禁止踏出家门，有警卫站岗避免他们逃跑。食物由所谓的“瘟疫护士”留在门前的台阶上，但后者所做的与其说是帮助病人，倒不如说是趁火打劫。

遭到瘟疫袭击的家庭被钉上木条隔离，屋里的人等待命运决定生死。（这就是皮普斯所指的：“两三户人家已经被隔

① 译者注：作者认为，回头来看皮普斯对疫情轻描淡写的用词——只是听见“耳语”说仅有“两三户人家”因为罹病被隔离，相较于随后瘟疫在伦敦夺走大量人命，好像不是在说同一件事，显得不对劲。

离。”）有些贫民区的廉价公寓里监禁着六户人家。遭蒙天谴的这些人家门上被红色粉笔画了个大叉叉，警告其他人保持距离。在这个叉叉附近潦草地写下“上主，求你怜悯我们”这样无望的句子。 23

1665 年 6 月 7 日，皮普斯第一次亲眼看到“两三间这样的房子”。6 月 10 日那天，他认为是时候留下遗嘱了。到了 6 月 15 日，他指出，“死亡在城里蔓延……上周有 112 人因瘟疫而亡，而再前一周的死亡人数则是 43 人”。

整个夏天死亡人数都在不断攀升。吓坏了的伦敦居民无止境地讨论这些数字，想找出一个规律，这情况跟他们试图猜出下次疯子闹事会发生在何时很像。7 月 1 日，皮普斯看到“佩星和尔街（Bazing-hall street）① 上有七八间房子因为瘟疫被关闭”。他在 7 月 13 日记录下“本周瘟疫造成超过 700 人死亡”。

这些数字并不可靠，因为这是由所谓的“调查人员”[6]，即一群缺乏知识、让人瞧不起的老妇人收集得来的。调查人员有两项任务：一是计算死亡人数；二是搜寻人们罹病的迹象，让官员知道哪些家庭应该被隔离。没有人自愿担任这个工作。调查人员都是靠政府救济生活的贫困妇女，当地官员威胁取消她们微薄的津贴，迫使她们接受这项任务。即使在平时，人们都对她们避之唯恐不及，现在她们又额外背负散播感染的污名。路过的人看到这些衣衫褴褛的妇女都忙不迭地跑开。但法律规定让人们很容易辨识出她们的身份，调查人员按照规定必须携带一根两英尺长的白色令牌作为官方的象征，走在街上时

① 译者注：皮普斯这里指的应该是 Basinghall 街（有时写为 Bassinghall）。著名的 Bassing 家族曾在 13 世纪于此地兴建豪宅，该街道就以此家族命名。目前位于伦敦金融办公区域内。

她们会沿着垃圾沟①行走。

虽然瘟疫的相关统计数字并不可靠，但是瘟疫蔓延的趋势却是明白无误的。1665 年整个夏天的死亡人数从 6 月的每周数百人到 7 月的每周千人，再到 8 月底每周有 6000 人死亡。

24

伦敦的惨状就算是心性再坚强的人见了也震惊不已。儿童比成人更加脆弱，一家人几天之内相继病倒。“儿童一旦染病铁定没救，婴儿一出生就立刻被送往坟墓，”在瘟疫蔓延期间仗义行医的纳撒尼尔·霍奇斯（Nathaniel Hodges）医生写道，“有些染病的人跑到街上；有些躺在床上陷入半昏迷状态，像是已经去掉半条命，并且再也无法被唤醒直到丧钟响起；有些病人躺着呕吐，仿佛他们喝下了毒药；还有些人就在市场上倒地死亡。”[7]

起初，当死亡率尚低时，霍奇斯医生奢望伤害能就此打住，但这些希望很快就破灭了。瘟疫是一个“残忍的敌人”，霍奇斯感叹道，瘟疫就像军队一样，“起初只是弓箭零星四射，但最终整个城市布满死尸”。霍奇斯提到有位健康状况良好的牧师安慰垂死病人但最后也罹病死亡，还有医生在病床边倒下。皮普斯听说这个已经四处蔓延的灾难现在降临到了自己熟识的人身上，“曾卖给我们麦芽酒的可怜威尔……他的妻子和三个孩子死了，我想他们所有人都是在同一天死去的”。[8]

---

① 译者注：作者原文是用 refuse channels，概念类似于今日的污水下水道；当时人们将家中污水往街道中的某侧泼洒，臭气熏天，一般行人都会避免经过。

5. 忧郁的街道

25

有关当局正大举寻求解决之道。戏剧表演、斗牛和其他娱乐活动都被禁止，因为众所周知，瘟疫会在人群中蔓延。是穷人散播了这种疾病吗？市长试图限制“大批的盗贼和流浪的乞丐在城市里的任何角落聚集，因为这是疾病蔓延最主要的原因”[1]。动物是致病的元凶吗？在 1665 年的夏天，有关当局呼吁立即杀死所有的猫狗。伦敦居民收到的命令是“最迟在下周四之前杀死任何品种的犬只”[2]。（原文为“kill all their dogs of what sort or kind before Thursday next at ye furthest”。①）成千上万的猫狗被扑杀，结果导致老鼠的数量飙升。

一切都徒劳无功。整个夏天，恐慌的人群一心想逃离被疾病包围的城市，伦敦的道路挤得水泄不通。留下来的都是穷人，他们无力支付旅费也无处可去。而富人与有能力负担的人——医生、律师、神职人员和商人——争先恐后地逃离。马车相互追撞，马匹刨着泥地，拉着沉重的车厢争道。疯狂的群 26 众在狭窄的街道推挤的景象，让一名目击者联想到剧院失火时惊恐的观众。有些人逃往泰晤士河，试图强占渔船，或是任何可以在水面上运行、带他们到安全之所的东西。逃出城市的人还得挺身面对用木棍和步枪伺候他们的农村居民。

国王和他的弟弟约克公爵在 7 月初逃离伦敦。绝大多数皇

---

① 作者注：这里的 ye 发音为 the，与我们熟知的 Ye Fox and Hounds Tavern（狐狸和猎犬小酒馆）的用法相同。使用字母 y 代替 th 是印刷的惯例，就像是用 f 代替 s。

家学会的成员也在这之前四散离开，期待着有一天“我们已经涤清自身肮脏的罪恶，这场可怕的邪恶将会停止”。[3] 皮普斯也将他的家人送走，但他自己最远只退到格林尼治。8 月底，他冒险在城市走了很大一圈。“到本月底为止，”他写道，“瘟疫已蔓延到国内各地。让人更加悲伤的消息每一天都在增加。”皮普斯在 8 月的最后一周写道，仅在伦敦一地，瘟疫就夺走 6102 人的生命。

更糟糕的还在后头。

1665 年 9 月，即便是皮普斯也感到不安。“微弱的丧钟声不分日夜响起”，[4] 他在写给朋友的一封信中感叹道。（这场瘟疫启发了约翰·多恩写下：“不要问丧钟为谁而鸣，它就为你而鸣。”）

死的死，逃的逃，热闹的城市现在只剩荒凉。伦敦的街道长起荒草。平日的喧嚣被一片寂静取代——街头禁止设摊贩物，因此报童、捕鼠人、卖鱼郎都不再出现并兜售他们的产品。“我在城里待到每周死亡人数达到 7400 人，他们当中超过 6000 人死于瘟疫，”皮普斯写道，“微弱的丧钟声不分日夜响起，直到我走过伦巴第街，从头到尾遇见的不到 20 个人；直到整个家庭，10 个、12 个人一起都被送进坟场。”

27

死亡人数过高以致无法个别安葬。夜里灵车叮当作响沿着空旷的街道搜索尸体，漫天黑暗中只见火把闪烁的黄色光芒。“把死人的尸体交出来！”的呼喊声回荡着。但随着死亡不顾一切地袭击，没有足够的人力驾驶灵车或是挖掘坟墓，也没有足够的牧师帮受害者祷告。灵车开往大葬坑，将尸体留在那里。这让许多英国人回忆起早先爱德华三世目睹可怕的瘟疫流行时，曾哀伤地说："公正的上帝现在审视人类并惩罚世界。"[5]

然后，瘟疫幸运地不可思议地结束了。10 月中旬，皮普斯记录死亡人数比前一周少了 600 人。幸存者开始沮丧地检视现状。"但是，主啊，空荡的街道令人悲伤，"皮普斯写道，"街道上有这么多浑身生疮的可怜病人，走在路上我听闻许多悲惨的故事，大家谈论着谁死了，谁又生了病，还有这里或者他处，有多少人如此这般。"[6]

到 1665 年 11 月底，人们开始蜂拥回到伦敦。瘟疫疫情要再过一个月才完全告终。这场瘟疫夺走城市五分之一的人口，总计 10 万人的生命。

瘟疫袭击了全英国，但伦敦的疫情比其他任何地方都要严重。在某些例子中，像是著名的伊姆村灾难，瘟疫发生的原因可以被精确指出。1665 年 9 月，该村居民乔治·维卡斯（George Vicars）打开由伦敦寄来的礼物箱，维卡斯发现里面有一包旧衣服。他觉得衣服潮湿，就将之挂在炉火前烘干。这衣服上有跳蚤作怪。维卡斯在两天内陷入昏迷，四天内死亡。瘟疫蔓延，但当地的教区牧师说服村民离开不仅是徒劳无功的做法，还将给他人造成危险。外界将粮食留在村庄外。瘟疫在伊姆村肆虐一年。最后，350 名村民中有 267 人病死。（拒绝逃跑的教区牧师蒙佩森幸存下来，但他的夫人却没有。）

28

瘟疫几乎总是像幽灵般不知从哪里突然跑出来。几个世纪以来，历经数次瘟疫袭击的剑桥大学城却始终执行一项政策。（建筑工人有一天会在田园风光的土地下挖掘出大量坟墓。[7]）

当瘟疫散播到城里时，关闭大学并送走学生和教职人员，直到人群聚集不再有安全疑虑为止。1665 年 6 月，瘟疫袭击了剑桥，大学被关闭。

年轻的学生艾萨克·牛顿将书本打包，回到他母亲的农场独自沉思。

6. 伦敦大火

29

第二回合的灾难在决定性的1666年袭击了伦敦。或许上帝毫不原谅罪孽深重的人类。也许那些曾预言世界末日将终结在毁灭性大火中的人一直都是正确的。相较于瘟疫在人们不知不觉间蔓延，这一回的灾难却难以让人忽视。但无论是大瘟疫还是大火，它们之间的相似远超过彼此的差异。两者都是耐心耗尽的上帝在愤怒中下的手。

失控的大火持续了四天，火灾从伦敦桥附近的贫民窟开始，很快就威胁到城市大片地区。十万人无家可归。许多教堂被夷为平地。监狱的铁栏杆也被大火熔化。[1] 错愕的幸存者在自家烧毁的废墟中跌跌撞撞，注视着这恐怖的景象。大火所到之处几天前还是一个伟大的城市，一位目击者感叹，“现在举目所见仅剩成堆的石头”。

关于大火发生的原因，众说纷纭。有人说天主教徒放火烧城，好削弱掌权的新教徒的势力。又或者是外国人出于嫉妒和怨恨下的手。因为荷兰和英国正在战争中，所以元凶也可能是荷兰人，或是与荷兰人结盟的法国人。种种传闻中，连国王自己都逃不过嫌疑——人们窃窃私语，说他是个痛恨伦敦的君主（他的父亲在伦敦被砍头）并且着迷于建立自己的丰功伟业。有什么比起摧毁敌人的家园，然后依照自己的喜好来重建的更棒的报复方式呢？

30

但所有这些解释看来都离题了。就像人们搞混了疾病代表的征兆与疾病本身一样，将焦点放在追问失火的原因也是同样的错误。任何这样的灾难都反映了上帝的旨意。正确的问题不是追问上帝运用什么样的工具执行，而是上帝的愤怒为什么被激起。在任何情况下，即使是最优秀的调查也仅能找出罗伯特·波义耳所称的“第二因”（second causes）。[2] 上帝才是所有事物背后高深莫测的“第一因”（first cause）。他在创造天地时制定了自然的法则，在那之后，他可以任意改变或暂停那些法则，或是以他认为合适的方式干预世界。

1666 年 9 月 2 日周日凌晨时分，大火从伦敦随处可见的一间烘焙铺子开始。托马斯·法里纳（Thomas Farriner）在布丁巷里经营一家面包店，其位于构成伦敦拥挤贫民窟的迷宫中。他依约制作船舰饼干，供给与荷兰人作战的水手享用。周六晚上法里纳将煤炭倒进烤炉中就上床睡觉了。火势和烟雾将他唤醒，他的楼梯着火了。

有人唤醒市长并告知他，一场大火在伦敦桥附近开始蹿烧。他不情愿地到现场查看，轻蔑地望了一眼那弱小的火焰。“这情形一泡尿就能解决!”他说，“找个女人撒泡尿就能灭了这火。”[3]

31

也许此时火灾造成的损坏仍然能控制住。但是，一阵风将布丁巷的火光带往鱼街山的星星小酒馆，酒馆院子里有堆稻草和干草着起火来。

万事俱备，这场灾难注定发生。近一年以来，伦敦遭逢旱灾。这座木造建筑充斥的城市现在干燥得就等着擦枪走火，就像是干柴等着火柴来点燃。灭火工具在当时几乎是不存在的，而就算有消防人员，狭窄曲折的街道紧密相依，他们几乎都不可能施展身手。（市长在实地考察时发现，他的马车无法驶进布丁巷。）即便能在第一时间将消防泵连接上水源，汲水灭火的消防泵也效率差劲且不经用。所以，消防队员只好改从泰晤士河取水，众人排成一列用水桶递水。皮制桶子里装的水一抛向烈火就好比水滴洒向热锅，转瞬消失无踪只剩嘶嘶一声。

伦敦的建筑物是用木头建造的，兴建的方式也很不安全，这使得情况越发糟糕。东倒西歪、草率马虎建成的房屋一间接着一间，就像是醉汉互抓着对方。商店、廉价公寓以及小酒馆"纠缠"在一起，组成无止境的迷宫，中间没有任何缝隙可以减缓火势。即使是巷道两侧的建筑，也因为摇摇欲坠的土墙拉近了距离，人们伸手就可以碰触对街阁楼里的人。[4] 而且，由于这是一个满布仓库和商店的城市，成堆易燃的煤炭、成桶的油、大批的木材和布料，都助长了火势。

唯一真正能救火的方法，是拆除火势即将蔓延之处的建筑物，希望能以此断绝燃料的供给。大火肆虐，连国王也亲自上阵帮助拆迁工作，他站在深及脚踝的泥水中，手持铁锹拆除墙面。挂在他肩膀上的是一小袋装满金币的袋子，用以奖赏与他一起工作的人。[5]

32

强风助长火势，火场一分为二。一边蹿烧至城市的核心地带，另一边则延烧至泰晤士河地区和一旁的仓库。河岸旁的大火跃上伦敦桥，当时桥上布满了商店和大型木造房屋。水边的火苗蹿升到 50 尺的高度。恐慌的难民跌跌撞撞地穿过泥地，央求船夫把他们带离。

火灾的第二个晚上，皮普斯在泰晤士河上的一艘驳船上震惊地观看灾情，烟雾刺痛他的眼睛，他的衣服差点因为散落下的火花燃烧起来。他看着火势来袭，火苗接连像是有 1 英里长。“烈焰发出可怕的噪音”，[6] 皮普斯写道，噼啪作响的火苗只是魔鬼歌声中的一个音符。人们在恐惧中尖叫逃难，烟雾和灰烬蒙蔽了他们的视线。燃烧殆尽的屋梁倒下时发出炮火般的声响。大片屋顶伴随着巨大的响声落地粉碎。教堂墙壁上的石块像是被抛到熔炉内般炸开。[7]

接下来的那天，情况变得更糟。“上帝保佑，我不会再看见这样的景象，上万栋房屋同时陷入火海。”日记作者约翰·伊夫林（John Evelyn）① 写道。“无情火苗的声响与造成的撞击声，妇女和儿童的尖叫，匆忙的人群，塔楼、房屋和教堂倒下，这就像是个可怕的风暴……范围将近有 2 英里长、1 英里宽。我得离开这像是索多玛（Sodom）② 或是世界末日的熊熊大火。”[8]

33

* * *

四天后，风势终于减弱。拆迁大队首度得以控制火势——他们甚至使用火药炸毁房屋。大火肆虐后，伦敦居民在断瓦残垣中调查。大片土地面目全非，家园毁尽，甚至连街道的格局也不复可见。人们徘徊着寻找自己的家园，约翰·伊夫林写道，“就像凄凉的沙漠中的人们”[9]。

一位伦敦居民赶到圣保罗大教堂。它长期以来作为城市的标志性建筑之一，现在只剩下废墟。“地面温度高到我的鞋几

---

① 译者注：约翰·伊夫林（1620～1706 年）是英国作家。他与塞缪尔·皮普斯为好友，两人的日记中均记载 17 世纪重要的社会生活与事件。伊夫林见证了查理一世与奥利弗·克伦威尔统治下的英国，除了记录伦敦瘟疫与火灾，也着重当时的艺术、文化和政治发展。他热爱园艺，保养品牌 Crabtree & Evelyn 就以他命名。

② 译者注：根据《圣经》的记载，位于死海东南方的索多玛与蛾摩拉两座城市，因居民行径惹怒上帝，故上帝降下天火毁灭城市。

乎都要烧焦”，[10]威廉·塔斯威尔（William Taswell）如此写道。教堂墙壁倒塌，大钟以及屋顶金属的部分熔化在地。塔斯威尔将大钟的金属碎片装入他的口袋里，作为纪念品。

到圣保罗大教堂的不只塔斯威尔一人。许多家园被毁的伦敦居民想到巨大、看似永恒不朽的大教堂避难，但他们只看见阴燃的石块。由于迫切需要可以安顿的地方，难民们只好爬入地下墓穴，落脚在死人尸体旁边。

摧毁殆尽的城市一片死寂。“现在荨麻滋生，猫头鹰发出尖锐刺耳的声音，小偷与割喉强盗潜伏……”一名目击证人大喊，“这是主可怕的声音，在城市里哭喊吼叫，他给予我们瘟疫和火灾这样可怕的审判。”[11]

34

7. 上帝的创作

吓得发抖的英国人有天回过头来审视这一切，终将明白他们的错误认知。17 世纪 60 年代不是世界末日，而是现代（modern age）的开始。我们很难责怪他们搞错——早期的科学家们望着外面的世界，只见肮脏、混乱、噪声、疑惑和突然而任意发生的死亡。他们的耳里所充塞的声音结合了城市街道上猪的尖叫声，刀子磨过磨石刀的尖锐声音，还有街头音乐家拨弄琴弦的声响。他们闻到的除了污水，还有汗水干燥后的气味与牛羊的骚味。为慢性疼痛所苦的人到处都是，求医不仅没有帮助，有时甚至更糟。

谁能在这种混乱的情况下设想并预见事物的秩序呢？

此时艾萨克·牛顿把注意力转向了天际，他将宇宙描述成如希腊神殿般比例完美。该时代最为著名的博物学家约翰·雷（John Ray）① 则专注于人类的生存世界，认为一切和谐一如图画，所有植物和动物都是自然完美设计的例证。注定要成为牛顿最主要对手的德国哲学家戈特弗里德·莱布尼茨广泛观察一

35

切，并回报好消息。莱布尼茨的兴趣包括牛顿研究的恒星和行星、雷所观察的昆虫和动物，以及天地之间的一切。伟大的哲学家们调查宇宙万事万物，结果发现，从大大小小的事物看

---

① 译者注：约翰·雷（1627～1705 年），具有英国博物学之父美誉的科学家，发表大量植物学、动物学及自然神学方面的著作。一般而言，他最具影响力的著作是阐述他对植物分类看法的《植物史》（*Historia Plantarum*）。

来，宇宙都是个复杂而设计完美的机制。这是上帝穷尽所有可能设计出的最好的世界。[1]

17 世纪的科学家具备这样的信心有其世俗的原因。他们对于周遭的混乱大多置若罔闻，好比今日城市街道上的刺耳刹车声和高分贝的警笛。但最关键的原因需要进一步深究。

在佩戴的假发之下，科学的奠基者看起来与我们并无不同，但他们的心灵世界却与我们大异其趣。问题的关键不在于他们将我们觉得骇人听闻或令人眼花缭乱的无数想法视为理所当然——在城市广场对罪犯行刑，将尸体大卸八块后堆在城里醒目的地方以儆效尤；参观精神病院，将观看疯子行为当作理想的娱乐方式；战犯余生大概都会被拴在一条长凳上划船。

上述这类差异我们可以列出一大串，但关键的差别却更为深刻。即便在最一般性的问题上，我们的假设也与他们冲突。一如我们尊敬艾萨克·牛顿对科学的巨大贡献，但他自己却仅将科学视作兴趣，而且可能还不是最重要的一项兴趣。他提出引力理论是为了用来破译但以理书隐藏的讯息。这种态度对牛顿和他的同时代人来说完全有道理——就像天际与地球一般，《圣经》也是上帝的创作，里头包含他的秘密。对现代人而言，这就像是莎士比亚花费相同的时间在写诗跟书法上，或是米开朗基罗将雕塑工作闲置一旁开始编织起篮子。 36

我们与 17 世纪时人们想法上的差异，只需要看看对待科学问题的态度即可知。举例来说，至少在科技方面，我们理所当然地认定我们知道的比我们的祖先多。我们对人类本性的洞见也许比不上荷马，但与他不同，我们知道月球是由岩石组成，上头布满火山口。与我们相反，牛顿和许多同侪都热切地相信，毕达哥拉斯、摩西、所罗门和其他古代圣贤已经预测出每一个科学和数学细节的现代理论。[2] 所罗门和其他人不仅知道地球围绕太阳的观点才是正确的，而且他们还知道，行星绕行太阳的轨道是椭圆形的。

这幅历史性的画面是完全错误的，但是牛顿和其他许多人都对他们所谓的“古人的智慧”具有无限的信心。（这项信念也非常符合世界正在衰退的看法。）牛顿甚至还坚持古代思想家已经知悉引力的一切，包括引力定律的具体细节，而所有世人却以为这是牛顿最伟大的发现。

上帝在很久以前就已经揭示这些真理，只是遗失了。古埃及人和希伯来人重新发现了它们。希腊人也做到了，而现在轮到牛顿了。历代伟大的思想家以神秘的语言表达他们的发现，不配得知的人无从知晓，但牛顿破解了密码。

这就是牛顿所相信的观点，既令人惊讶又尖刻。艾萨克·牛顿不仅是现代至高无上的天才，也是个爱嫉妒、脾气暴躁的人，对于胆敢质疑他的人大发脾气。他不愿与竞争对手交谈；

37

在他发表的作品中删除所有引自他们的参考数据；即便在对方逝世后仍辱骂他们。

但牛顿激烈地与人争论，认为他的大胆见解早在他出生前千百年就已经都为人知晓了。

对古老智慧的信仰还需要其他信念相佐。到目前为止，17世纪最重要的基本信念是：宇宙的秩序是由全知全能的创造者安排的。[3] 世界的每一个面向——为什么太阳的数量是一个而不是两个？为什么海水是咸的？为什么龙虾美味、鹿的动作迅速而黄金稀少？为什么这个人死于瘟疫，但另一个人却幸存下来？——这都代表着上帝明确的决定。我们可能无法把握这些决定背后的计划，我们可能只看到混乱，但我们可以肯定的是，上帝使得这一切注定要发生。

“所有的混乱”，亚历山大·蒲柏（Alexander Pope）① 写道，都是“不被理解的和谐”。[4] 对知道如何阅读的人而言，世界是一篇井然有序的文章，但对不懂的人来说它却是纠结的墨渍与潦草的字迹。上帝是这篇文章的作者，而人类的任务则是研究他的创造，并保护每一字每一句所反映的神圣目的的知识。“事出必有因”，今日在悲剧发生后，我们以此安慰彼此，但对于我们的祖先来说，发生的每一件事都是有原因的。追本溯源，原因总是相同的：这是上帝的旨意②。从日常事物到大大小小的事件，上帝都在其中——地震、火灾、战争的胜利、疾病、在楼梯上绊倒——展现他的愤怒或他的怜悯。说世事出于偶然或意外发生就是在中伤他。奥利弗·克伦威尔曾骂道，一个人不应该谈论“命运”，因为这是“太过异教徒的字”。[5]

38

上帝盯着每只麻雀落下，但这还只是最根本的状况。如果上帝稍事松懈他的护卫，整个世界就会立即崩溃并陷入混乱和无政府状态。生长在花园里的植物会起身反抗它们“寒冷、沉闷、不能活动的生活”，皇家学会的一名医生成员宣称，植物们会争取能够“自行走动”并从事“更高层次的活动”。[6]

从某种程度上来说，17 世纪是我们几乎无法想象的上帝

---

① 译者注：亚历山大·蒲柏（1688 ~ 1744 年），英国著名诗人，启蒙时期古典主义代表。牛顿著名的墓志铭即出于他之手。

② 作者注：上帝看顾着身份最高尚和最卑微的人。在伊丽莎白女王统治时期担任坎特伯里、伦敦和伊利的主教宣称：“女王一直不育，对我们来说是上帝不悦的一个象征。” Jane Dunn, *Elizabeth and Mary* (New York: Vintage, 2005), p. 17.

普照时代（God-drenched era）。“人们很少认为自己‘拥有’宗教信仰或是‘属于’某个宗派，”文化历史学家雅克·巴尔赞（Jacques Barzun）指出，“就像今天没有人拥有‘物理学’；物理学只有一种，并自发地指向呈现真实（reality）。”[7] 无神论简直是难以想象的。[8] 在现代，我们相信上帝可能存在与否，我们可以针对证据争辩，但我们的主张将很清楚地显示，这与我们争辩“月球上是否有山脉存在”，原则上没有什么不同。

在 17 世纪没有人用这样的方式想事情。认为上帝可能不存在的观点完全没有道理。即便是有史以来最具有远见的思想家之一布莱士·帕斯卡（Blaise Pascal）①，也断然主张，“宣称绝对无限并且超级完美的存在并不存在是荒谬的”。[9] 这个想法是毫无意义的。提出这个问题就像是思考一件不可能的事，好比追问今天是否可能在昨天之前到来一样。

对于牛顿和当时其他的知识分子而言，上帝还有另外一面。他不仅创造了宇宙及其中的每一个物体并设计每一项功能，他不仅持续以无远弗届、警醒的双眼监督他的领土，还有一点同样重要的是——上帝不仅是创造者，还是一名特殊的创造者。上帝是位数学家。

39

这是看待上帝的新角度。希腊人推崇数学高于其他一切知识，但他们的神祇关心其他问题。宙斯忙于追逐赫拉，没时间坐下来运用圆规和直尺计算。希腊的思想家重视数学出于美学

① 译者注：帕斯卡（1623～1662 年），与笛卡儿相提并论的法国思想家，在物理、数学、哲学与神学等领域表现出众。终身奉献于科学研究、人类道德与宗教信仰的解释与实践。著有《沉思录》。

和哲学上的原因，与宗教无关。数学的一大优点在于它是必然的真理——在任何可以想象到的宇宙中，直线都是两点之间的最短距离，诸如此类①。根据希腊人的思维方式，所有事实的根基都是不稳固的。一座山的高度可能正好10257英尺，也可能原本该高或低1英尺。对希腊人而言，历史事实似乎也是偶然造成的。大流士是波斯的国王，但他原本可能在年幼时就被淹死而从未有机会登基。即使是科学的事实也带有意外的感觉。糖是甜的，但似乎没有特别的原因让糖不能是酸的。只有数学的真理似乎是颠扑不破的。即使是神也无法造出一个有角的圆。

17世纪的思想家拒绝希腊人对必然真理——2加2等于4——和偶然真理——黄金质地柔软，容易被刮损——的区分。由于宇宙的每一个面向都反映了上帝做出的选择，概率在宇宙中起不了任何作用。世界是理性而有秩序的。“这只是恰巧发生”是不可能的事。

但是，17世纪的人们推崇数学为知识的最高形式有它自身的原因。当时的科学家们极为兴奋地发现，希腊人出于自身利益所尊敬的抽象数学，事实上可以用来描述包含地球与天际的物理世界。这一点从表面上看来很荒谬。你可能期待听到的是某个新发现的岛屿已被证明是一个完美的圆形或新勘探的山脉呈现精准的金字塔形状。

40

大约在公元前300年，欧几里得和几何学家朋友曾探讨用刀切向圆锥体所得出的不同形状。水平横切会得到圆形；

---

① 作者注：1823年，21岁匈牙利籍的波尔约（Johann Bolyai）设想出不可思议的宇宙，当中平行线会相交，直线会弯曲。1919年，爱因斯坦证明，我们就生活在这样的宇宙中。

斜切会得到椭圆形；切下一个角则会得到抛物线。欧几里得研究圆、椭圆和抛物线，因为他觉得这些是美丽的形状，而非出于实际的用途。（在希腊时代，手工劳动是奴隶的分内事，贴上“实际有用”的标签等同侮辱。从事贸易与经营商店都是可鄙的职业；柏拉图曾提议，担当这类工作的自由人应该遭到逮捕。[10]）

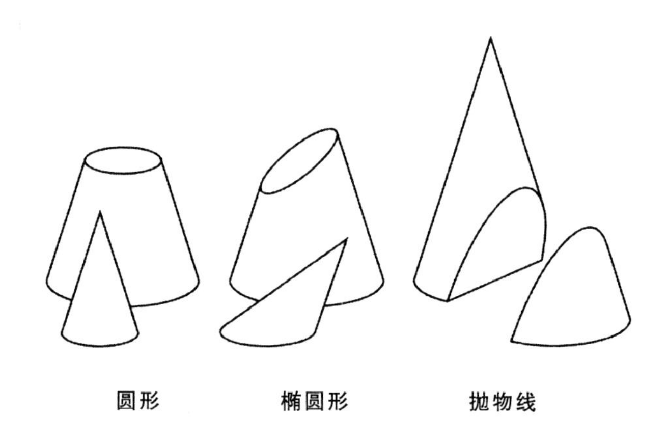

19个世纪后，伽利略发现了地球上物体下落的法则。在此之后，相关科学发现源源不断。抛向天空的石头与射出的弓箭依抛物线运行，彗星和行星的椭圆形轨道完全如同欧几里得曾制作的庞大星图。伽利略、开普勒和牛顿证明了宇宙是由聪明的几何学家精心安排的作品。

接着出现了惊人的跳跃。自然不仅是在某些面向上遵循数学法则，数学支配着宇宙的每一个面向，从铅笔从桌面上掉落到行星绕着恒星运行。伽利略和其他17世纪的巨人发现了一些黄金线索，并据以推导编织出大片华丽如壁毯般的世界。

如果上帝是数学家，不消说，他是所有数学家中技巧最熟练的。既然自然法则是上帝的杰作，它们必定是完美无瑕的——规则少、结构紧凑、优雅、彼此完美契合。“这是上帝的完美作品，它们都依据最伟大的简单法则完成，”艾萨克·牛顿宣称，“他是秩序而非混乱的上帝。”[11]

17 世纪的科学为自己设定的首要之务是找到上帝的法则。问题是，得要有人先发明一种新的数学。

42

8. 解放世界的想法

希腊人原本是聪明的数学家，但几个世纪以来后继无人。阿尔弗雷德·诺思·怀特海曾写道，生活在1500年时的欧洲人，其所拥有的数学知识较阿基米德时期的希腊还糟。一个世纪后，情况才开始好转。笛卡儿、帕斯卡、费马和少数其他人取得了真正的进展，但除了一小撮圈内的思想家，外人几乎无从得知他们工作的进展。在牛顿的时代，受过良好教育的人能操持流利的希腊语和拉丁语，但典型数学教育的内容，就算有，也只包括算术。“常见的情况是，”一位历史学家写道，“进入大学就读的男孩们搞不懂一本书里的页码和章节编号。”[1]1662年，在塞缪尔·皮普斯于英国海军中找到一个高阶的文职工作后，他聘请了一位家庭教师教他乘法的奥秘。[2]

即便是希腊人这样的数学好手，也从来没能找到方法跨越某个基本障碍。对于运动（motion）他们束手无策。但是，

43

如果要用数学来描述现实世界，它必须要有办法处理运动中的物体。将子弹射向空中，它飞行的速度有多快？上升的高度能有多高？

23岁的艾萨克·牛顿在他母亲的农场上，独自一人企图揭开运动的神秘面纱。（他的母亲希望他能帮助经营她的农场，但他不理会她的要求。）牛顿为自己设定的任务包括两个部分，两者都让人印象深刻。首先，他必须发明一种新的语言，某种未知的数学形式，让他能将英语问题翻译成数

字、方程式和图表。其次，他必须找到一个方法来回答这些问题。

这是一项巨大的挑战，而希腊人在这个主题上保持沉默显示的是他们的厌恶而非困惑。在希腊人的思维里，日常生活的世界是一个理想、守恒、抽象世界的肮脏与不完美的变形。数学是最高的艺术，因为它能处理永恒的真理超过任何其他一切知识学问。在数学的世界中，没有死亡或腐烂。三角形的三个内角合计为180度，一千年前是如此，未来一千年也会相同。尝试建立变化的数学是特意要将无常与衰退引介到秩序完美的领域。[3]

拿最复杂的三角形或圆形或球体的问题考考希腊数学家，他能马上解决问题。但是，三角形和球体都是静止不动的。将炮弹射向天空以取代在纸上描绘球体，炮弹能飞多高？将遵循什么样的路径？当它撞击地面时速度又有多快呢？将炮弹换成彗星，如果彗星今晚从高空经过，一个月后它会到哪儿？

44

希腊人没有答案。直到牛顿和莱布尼茨启动按钮，让静态的世界动起来之前，也没有其他人有办法回答这样的问题。在他们揭开秘密后，世界上的每个科学家突然手中都持有一个神奇的机器。只要提出问题，诸如多远？多快？多高？机器就会告诉你答案。

这个概念上的突破我们称为微积分。它是迈向现代道路的关键，它让无数的科学进展成为可能。今日在绝大多数受过教育的人的心目中，“微积分”不只是面貌模糊的长串方程式和神秘的符号。构成我们生活世界的创意和发明就和所使用的钢筋与混凝土一样多。微积分是这些想法中最重要的。在这个催生了望远镜、显微镜、《哈姆雷特》和《失乐园》的时代，微积分一如某位著名的历史学家所宣称的“毫无疑问是17世纪真正最具革命性的智性成就”。[4]

艾萨克·牛顿和戈特弗里德·莱布尼茨各自独立发明了微积分，当时牛顿在他母亲的农场帮忙，莱布尼茨则居住在路易十四统治下的辉煌的巴黎。两人都未曾有过怀疑，任何其他人可能正从事相同的工作。但两人都知道他们的发现惊人，都不愿意与他人分享荣耀。

没有一位英雄的出身比艾萨克·牛顿更不幸。他的农民父亲连自己的名字都不会写，他母亲的受教育程度也好不到哪儿去。牛顿的父亲在他出生前3个月就去世了。没人料想到早产瘦弱的牛顿能生存下来，母亲未满30岁就成了寡妇，[5] 当时英国也正陷入内战。

牛顿不仅幸存下来，还活着看见满身的荣耀。这位在圣诞节当天出生、失去父亲的孩子，终其一生相信自己为上帝所拣选。他的生平故事是如此令人难以置信，这几乎让他的看法看起来可能都是正确的。当牛顿在1727年以84岁高龄过世时，伏尔泰目瞪口呆地看着皇亲贵族们为他抬棺。“我看见一名数学教授，单纯因为他自身的伟大才能，被像是爱民如子的国王般厚葬。”

牛顿伟大的对手与他几乎同龄——莱布尼茨小牛顿4岁——在各方面也都与牛顿旗鼓相当。聪明早慧的莱布尼茨成年以后更为出色，他身上综合了两项少见的优势——他是一名饱览群书的博学学者，也是一位富有创意的思想家，在众多崭新未被命名的领域里展现源源不断的创意和发明。即使是极具能力与野心的人想到莱布尼茨的能力也都会害怕。“当一个人……将自己微小的才能与莱布尼茨相比，”把人类所有知识编译成百科全书的哲学家、诗人丹尼斯·狄德罗（Denis Diderot）写道，“他会被诱使丢弃书本，到某个阴暗的角落深处平静地死去。”[6]

莱布尼茨是一名律师和外交官，但他似乎什么都懂。他懂神学、哲学和历史，他出版新的数学定理和新的道德理论，他7岁自学拉丁文，13岁撰写论亚里士多德的学术文章，他发明了可以计算乘法与除法的计算器（与之竞争的机器只能做到加法和减法）。他无所不知。他对中国的了解胜过任何欧洲人。腓特烈大帝称他“懂得所有的知识”。[7]

46

莱布尼茨对自己能力的看法，与腓特烈大帝完全相符。在极少数情况下，当他得不到掌声时，他为自己打气。“无论是公开或私下，在所有的讨论和练习中，我总是排名第一。”[8]他在回顾自己的学生时代时高兴地指出。他最喜欢送给年轻新娘的结婚礼物是他自己的格言集。[9]他极为虚荣，不停地阿谀奉承皇室赞助人，但他积极的行动几乎总是受到喜爱。在他漫长的生命中，莱布尼茨保持着聪明的小学五年级男孩那种疯狂的热诚，拼命地挥舞着他的手以吸引注意力。

牛顿和莱布尼茨从未见过面，不然他们看上去会是非常耐人寻味的一对。牛顿经常和衣而睡。[10]莱布尼茨则不同，他爱好时髦打扮，无法抗拒袖口有花边装饰的华服、闪闪发光的靴子和丝绸领结。他偏好有着黑色长卷发的假发。牛顿虽然简朴，但也有虚荣的一面——他总共有17幅自画像[11]——他在巅峰时期体态良好。他身材苗条，下巴中分，鼻子又长又直，长度齐肩的头发在他才 20 多岁时就转为银灰色。（牛顿的华发早生这件事曾激发他的灵感，表现出了唯一一次记录在案的幽默。他曾花费大量时间在水银的炼金实验上，他曾经说："好像从那时起，上帝很快就取走了我身上的'颜色'。"[12]）

莱布尼茨外表上看来与众不同。他个子小，神经兮兮，高度近视让他几乎是鼻子贴着纸张写字。即便如此，他知道如何展现魅力与人聊天，懂得在谈话时伺机而动。"这是非常罕见的，"奥尔良公爵夫人高兴地说，"衣冠楚楚、没有体臭并懂得笑话的知识分子。"[13]

47

在今天，带领球队赢得超级碗橄榄球赛的每一个教练我们都称为"天才"，但牛顿和莱布尼茨的智力展现，连对手都看得眼花缭乱。如果说他们的才华能相提并论，那他们的风格则完全不同。莱布尼茨无论在日常生活还是工作上，总是大胆地立即追求各个方向上的进展。"像被固定在地面的木桩般原地停留"[15]是种折磨，他这么说过，并承认他自己"热切渴望在科学上赢得盛名并观看这世界"。

无穷无尽的活力并为太阳底下的所有事物着迷，莱布尼茨永远在设计一种新型的时钟或撰写有关中国哲学的文章，然后将进行一半的计划搁在一旁，好兴建更好的风车或是调查某个银矿或是解释自由意志的本质或是跑去观看一个应该有 7 英尺高的男人。1675 年在巴黎发明微积分的同时，莱布尼茨中断了自己的工作，急匆匆地跑到塞纳 - 马恩省河观看宣称能在水面上行走的发明者（见下图）。[16]

牛顿则完全不是像莱布尼茨这样轻浮的人。他一点都不像莱布尼茨那样缺乏耐心或热爱旅游。牛顿 84 年的人生

莱布尼茨对示范使用“能在水面上行走的机器”[14]印象深刻，而所谓的机器显然是使用了类似于充气裤并绑在脚踝上的桨。

48

完全都待在由剑桥、伦敦和他的出生地——林肯郡的伍尔索普所组成的三角地带中，这个三角形最长的一边也不超过100英里。他到77岁才首度进行短途旅游到牛津，而他从未冒险到英吉利海峡。这个解释潮汐成因的人从来没有见过大海。

牛顿是个非常执着的人，专心致力于单个问题上，无论要花费多长时间，直到解决为止。曾经有个崇拜者问他怎么想出引力理论，他的回答简单却很惊人：“我不断地思考。”他也用这一贯的态度处理炼金术、光的性质或是《启示录》。牛顿可以日复一日不眠不休甚至几乎不进食长达数月之久。(“他托盘里剩下的食物让他的猫长得很肥。”有个朋友曾这么说过。[17])

“他的心智能持续把握住一个纯粹的心理问题直到看穿它，这是他奇特的天赋。”约翰·梅纳德·凯恩斯（John Maynard Keynes）① 如此写道，他是最早研究牛顿未发表的论文的人之一。“我猜想他卓越的成就来自于强大和持久的洞察力，这是无人可比的天赋。”[18]身为一名受到高度赞誉并显然极为聪明的经济学家，凯恩斯也只能惊叹牛顿的精神耐力。“任何曾尝试进行纯科学或哲学思考的人都知道，脑海里必须先暂时抓住一个问题，集中所有注意力看穿它，但这过程很容易一闪即逝，你会发现剩下的只有空白。我相信牛顿的心智可以把握住一个问题长达数小时、数天甚至数周，直到他看穿问题的奥秘。”

paper, wood, marble, ye Oculus Mundi Stone, &c) become more darke & transparent by being soaked in water [for ye water fills up ye reflecting pores]
58 I tooke a bodkine gh & put it betwixt my eye & ye bone as neare to ye backside of my eye as I could: & pressing my eye wth ye end of it (soe as to make ye curvature a,bcdef in my eye) there appeared severall white darke & coloured circles r,s,t, &c. Which circles were plainest when I continued to rub my eye wth ye point of ye bodkine, but if I held my eye & ye bodkin still, though I continued to presse my eye wth it yet ye circles would grow faint & often disappeare untill I renewed them by moving my eye or ye bodkin.

牛顿的日记，显示他用自己的眼睛进行实验。

① 译者注：约翰·梅纳德·凯恩斯（1883～1946年），英国经济学家，主张经济衰退与经济萧条时期，政府应积极实行财政与货币政策介入市场。其学说影响持续至今，称为“凯恩斯学派”。

牛顿的态度始终一致。为了要测试眼球的形状是否会影响我们如何看待颜色，牛顿做了根锥子——基本上是两端钝掉的指甲锉刀——伸进他自己眼球的下方并用力推挤他的眼睛。"我将锥子放进眼球与骨骼中间，并尽可能伸到眼球的后方，"他在笔记本中写道，就好像这一切再自然不过，"然后用锥子的末端推挤我的眼睛……出现了一些深色和彩色的圆圈。"[19]除了这最初的实验，他又无情地在自己身上进行一个又一个痛苦的尝试。他好奇如果他"持续用锥子摩擦我的眼睛"会发生什么事？"如果我能手持自己的眼睛和锥子"是否会有差异产生呢？

牛顿冒着永久失明的风险，成就他想要了解光的性质的热诚。

50

9. 欧几里得和独角兽

在一开始的时候，几乎任何人都可以参加皇家学会每周一次的聚会。天才和业余爱好者并肩而坐。皇家学会不是学术象牙塔，反而更像是社交场合。不仅可以看到如罗伯特·波义耳和克里斯托弗·雷恩这样的巨擘介绍他们的最新作品，也能瞧见因为对自己发明的“武器药膏”[1] 充满信心而闻名的金能·迪格比爵士（Sir Kinelm Digby）。迪格比声称，他曾使用这种药膏治愈在决斗中受伤的男人以及被皇室外科医生放弃而等死的人。这种神秘的药膏包括某些不太可能存在的成分——“未能入土为安的人头颅上长出的青苔”① 就是一例——但治疗的方式比药膏本身更奇怪。武器药膏不涂抹在伤口上，而是涂在造成伤口的剑上，即便剑和受害人相隔千里。（伤口上覆盖一块干净的床单然后置之不理，在抗生素尚未出现的时代，这样的处理方式也许是一件好事。）

除了灵丹妙药，还有总是大受欢迎的来自异域的故事以及 51 展示与讨论。在 1660 年 10 月的某一天，“皇家学会展示了一只活的变色龙”[2]，就安排在雷恩发表关于土星光环的演讲之后。1660 年的另一次聚会中，学会成员严肃仔细地检查一支独角兽的角，随后对古老的信念进行测试，看看在用独角兽的角所磨成的粉末围出的圆圈中待着的蜘蛛是否无法逃脱。（反复测试几次的结果都是，蜘蛛立刻逃离。[3]）

---

① 作者注：迪格比向他的听众解释，这些东西“在爱尔兰数量庞大”。

蜘蛛上场的次数比人们以为的还多。在 1672 年的一个冬日午后，艾萨克·牛顿第一次正式在皇家学会发表研究成果。（如同他向来深居简出的习性，牛顿离得远远的，而由其他人高声朗读他在此之前送交的文章。）牛顿解释他如何使用棱镜发现光的真正的性质。白光并不纯粹，而是由所有彩虹的颜色所组成。这个发现是科学史的里程碑之一。牛顿的研究论文是在另一篇有关狼蛛叮咬的文章后发表的。[4]

皇家学会为其迅速积累的大量莫名其妙的东西建立了博物馆。游客看到的自然奇观诸如“从妇女子宫中取出的牙齿，有半英寸长”，还有“在威廉·思罗格莫顿爵士（Sir William Throgmorton）的尿液中发现的一块骨头”。[5]

聚会内容无所不包，每一个天才都可能是疯子或骗子。令人惊讶的是，从今天的后见之明来看，天才与疯子常常都是同一个人。以罗伯特·波义耳为例，他不仅是一个杰出的科学家，是皇家学会成立后前十年最受人尊敬的成员，更是严谨治学和广受尊重的典范。波义耳相信，治疗白内障最好的方式，是向病患眼睛吹入干燥的人体排泄物粉末。[6]

类似或甚至更古怪的想法，绝对是值得我们尊敬的。三百年前可能与不可能之间的分野远较今天来得模糊。1670 年，皇家学会兴奋地报告了一项来自欧洲的新发明，一台由桨和帆提供动力，可以凌空穿越的“飞车”（flying chariot）[7]。这种乐观情绪根源于真正的大发现。探险家们刚发现了一整个“新”大陆。望远镜早已揭示令人惊奇的新世界，较晚出现的显微镜显现这个世界包含着许多意料之外的奇迹。一小滴的池水中挤满了生命。

52

皇家学会回应金能·迪格比所宣称的神奇“武器药膏”

的态度，正足以显示即便是学术圈人士也倾向于信任新发明。既然有可靠人士担保迪格比的配方，一位备受推崇的学会成员说：“我不需要深究原因。”[8] 这个世界充满着奇迹，换句话说，真正的科学方法是不要去评断何者可能或是不可能，而是以观察和实验取代之。现代人会将迪格比所谓的疗法视作古老的迷信时代的遗物。但与他同时代的人却恰恰相反——他们认真看待迪格比的说法所表现出来的不是落后与轻信，而是最跟得上时代的开放心胸。

约翰·洛克（John Locke）① 是一名看法精确冷静的哲学家（顺道一提，他也是艾萨克·牛顿的朋友），但他认为海里可能有美人鱼存在。[9] 17 世纪下半叶发表在学术期刊上的文章标题，听起来像是古代《国家询问报》（*National Enquirer*）② 的头条新闻。[10] 如“爱尔兰有一个女孩身上长着角”，“神奇蘑菇”，“法国最近出现四个太阳”。

任何事情都有可能。

53

我们认为科学家会用更新更合理的观念取代旧的想法，但这通常不是他们的模式。科学家们常常在采用新概念的同时也保留旧的想法。在科学发展的早期阶段尤其如此。这促

① 译者注：约翰·洛克（1632～1704 年）是启蒙时代最具影响力的英国思想家和自由主义者，与大卫·休谟、乔治·贝克莱三人被列为英国经验主义的代表人物。他发展出了一套与托马斯·霍布斯的自然状态不同的社会契约理论，对后代政治哲学的发展产生巨大影响。他主张政府只有在取得人民的同意，并提供生命、自由和财产等自然权利的保障时，其统治才有正当性。如果缺乏了这种同意，那么人民便有推翻政府的权利。洛克于牛津大学就读期间曾与许多知名的科学家如罗伯特·波义耳与罗伯特·胡克共事，后加入皇家学会。

② 译者注：著名八卦杂志。

成许多看似不可能的配对的出现。科学家的脑袋里新旧并陈，就像文身的青少年和听力昏聩的老糊涂不自在地共处于一间公寓里。

比如波义耳就对死人与绞刑怀有独特的想法。在一年八回的绞刑日（Hanging Days）里，大批人群蜂拥到伦敦的刑场观看。绞刑架[11]一次可以吊死 24 人。绞刑日都是假日，密集、快乐的人群一路从监狱大门排到绞刑架，好像在观看游行。"从监狱大门到刑场，一路就像是妓女、无赖这类低劣者的乐园"[12]，有人观察这景象后说道。罪犯被车子载着经过伸长脖子观看的人群，他们坐在自己的棺材上，手上戴着镣铐，脖子套着绞索。

在泰伯恩（Tyburn）① 行刑场聚集的人群可能达两万人之多。占据木制看台的有钱人视野最好。穷人争先恐后抢夺位置。对于那些还能出言狂妄或是轻松挥手致意的犯人，人群爆出阵阵喝彩。私下受贿的刽子手会试着确保他手下的犯人迅速死亡，但有些罪犯半生不死地吊在绳索上挣扎，哽咽着喘气。如果这些人的朋友扑向他摇晃的身体，疯狂地揪着他的腿往下拉，试图加速他的死亡，则会令群众格外地兴奋。

这样的景象本身几乎对所有人来说都已经够吸引人了，但波义耳和其他行家们都知道还有更棒的。身为刽子手的福利之一就是有权拍卖纪念品，像是行刑的绞绳以每英寸计价出售。但刽子手手中最令人垂涎的大奖是死囚的断掌，因为手掌上"死亡的汗液"[13]具有治疗的力量。科学巨擘罗伯特·波义耳向那些患有甲状腺肿大的患者建议以此物进行治疗。 54

① 译者注：其为伦敦当时的公开行刑场。

无论是今日我们仍然为之庆祝的发现，或是会将我们搞疯的想法，科学殿堂中最伟大的人物们都给予同等的重视。以才华横溢的数学家和哲学家笛卡儿为例。他是牛顿前一代中最重要的科学家之一。如果将科学视为一座教堂，那么，笛卡儿就是奠定基石的人。笛卡儿是极端的怀疑论者，不愿将任何事看作理所当然的态度让他担心这个世界和所有一切都可能仅仅是他的梦而已。但就是这样的一个人却为一项众所周知的事实提出了慎重的科学解释，即如果一个人被谋杀后，当杀手走近受害者的尸体时，尸体会以喷出血液的方式“辨识”出杀害他的人。[14]

以解释血液如何在体内循环为我们所熟知的威廉·哈维（William Harvey）①，则是另一个新旧并陈的例子。哈维和笛卡儿生活在同一个时代，也就是说他们两人都来自相信女巫的高峰时期。大家都很清楚女巫其人其事。比方说，女巫杀害婴儿取得油脂制作“魔鬼的”油膏涂抹身体，使她们能够通过微小的裂缝进入受害者的家中。还有，女巫与撒旦提供的猫、蟾蜍或老鼠等动物为伴，这些动物有魔力并能完成主人的愿望。横跨新旧两个时代的哈维，煞费苦心地解剖过一个女巫的恶魔蟾蜍，看看是否可能会发现超自然的踪迹。[15]

炼金术是科学追寻的神奇目标，提供了可能是新旧观念并存最典型的例子。炼金术的目标是要找到一种叫作“哲人之石”（philosopher's stone）[16]的物质，尽管它不过是种液体，但

55

---

① 译者注：威廉·哈维（1578～1657年），英国医生。哈维根据动物实验，证实血液的循环现象，并指出心脏在循环过程中的作用，其研究影响了后来的生理学和胚胎学的发展。

它所拥有的魔力能将普通的物质变成银和金，任何人喝下它都能长生不死。17 世纪人人笃信炼金术，但没有人比艾萨克·牛顿更坚持。他小而潦草的字迹布满一本又一本的笔记本，记录了他的炼金实验。牛顿关于炼金术的大量记录约有 50 万字[17]，差不多是《战争与和平》一书的字数。

他和其他无数的研究人员花了很长的时间在瓶瓶罐罐身上，根据小心保管的配方加热混合药剂。（唯一让莱布尼茨担心的是，如果取得黄金变得太容易，它的价格会下降。[18]）助理看到牛顿的实验既景仰又不解。“不管他的目的是什么，我都不能够理解，但是他在这段时间的痛苦与努力，让我觉得他的目标超出了人类的艺术与工业所能及的范围。”[19]

翻阅牛顿的笔记本会让人更理不清头绪。他从来不讨论如发财致富一类的庸俗话题，看起来他就是一门心思地扑在了解开自然谜团的问题上。[20]炼金术的方程式太珍贵所以不能写得明白。其所使用的语言必须密码化——例如“土星”代表“铅”——而炼金术的步骤听起来像是 X 级霍格沃茨魔法书中的咒语。① 牛顿记录的配方所使用的成分有“绿狮子”和“肮脏妓女的经血”之类的东西[21]。

如此奇怪的语言，加上牛顿的科学声誉，让人倾向于相信这些怪异的用词恰恰足以显现要用既有的词汇描述新科技的难度。炼金术确实促成了化学的兴起，牛顿研究炼金术也注重方法并且绝对严格。但是，我们不能因此错误地推论牛顿是一位戴着巫师帽的化学家。 56

---

① 译者注：霍格沃茨（Hogwarts）是英国小说家 J. K. 罗琳（J. K. Rowling）著名系列小说《哈利·波特》（*Harry Potter*）中的魔法学校。

事实正好相反，牛顿虽然从研究化学开始着手，却认为他所见到的是炼金术的深层奥秘。这是在走回头路。化学处理的是像盐的成分这样实际的问题，而炼金术则试图解释自然的无形力量。这是神圣而秘密的研究，也难怪牛顿在他漫长的一生中鲜少提及他在这方面的研究。“正如世界创造自黑暗混沌……”他在笔记本上吐露道，“我们的工作也是从黑暗的混乱开始的……”[22]

牛顿关于神学和炼金术的著作在他逝世后有两个世纪的时间无人检验。1936 年，约翰·梅纳德·凯恩斯在拍卖会上购买到牛顿珍贵的笔记。[23]他一读之后惊为天人。牛顿不是现代世界的第一人，凯恩斯声明，而是“最后的巴比伦和苏美尔人，最后的伟大心灵，用一万年前为我们留下智慧遗产的开创者的眼光，看待眼前世界的智识”。[24]

科学家们往往对历史没有什么兴趣，即便是有关自己研究主题的历史。回顾过去对他们而言只是为了汲取被证明是卓有成效的发现和见解——如我们对波义耳的认识就仅限于今日我们所称的“波义耳定律”（Boyle’s law），即有关气体压力和体积的研究——剩下的部分就被置之不理了。

在推崇进步概念的领域中，诸如此类对过往的蔑视是很常见的。与其说这是反智不如说是因为不耐烦。我们为什么要研究古代的错误呢？所以，科学家们忽略绝大多数前辈的研究，或将他们贬低为愚蠢的怪家伙。只有极少数的天才例外，他们被视为是从今日穿越时空回到过去，就跟我们一样，只是莫名其妙地发现自己带上了假发。

但是，他们与我们并不相同。

57

10. 少年俱乐部

58

今天，科学是一个盛大和正式的事业，但在现代科学开始之初，它是对所有人开放的。当时的想法认为科学要眼见为信，而不依靠其他任何人的权威。皇家学会的座右铭是“Nullius in Verba”。这句拉丁文的大意是“不要接受任何人的说法”，而早期的研究者眼花缭乱地拥抱这份自由。

皇家学会最早的会议内容听起来像一群非常聪明、非常鲁莽的童子军在聚会。学会成员聚集在有张空桌的大房间内彼此咆哮。在整体的肖像画上看来，这群男士——这是纯男性的聚会——或多或少都很相似，但这一点主要是因为每个人都戴假发。(英国和法国的宫廷引领了这样的流行风尚。当查理二世开始出现灰发，而太阳王①的梳子上也满是落发时，这两位君主开始戴上假发，很快地，欧洲的绅士们就没有人敢在公共场合露出他们自己的头发。)

半打椅子保留给重要访客，尽管在大多数日子里这些位置都闲置着。一般的观众只能挤在两张木制长椅上，一个紧挨着一个坐着。新加入者“找到他们认为合适的地方坐下，没有任何规定”，② 一名法国参访者惊讶地写道，“不管是何人，如果在学会已经就绪后才到，没有人会为他挪动身子，一找到位 59 子他就应该立刻坐好，才不致打断讲话者”。[1] 窃窃私语会招来

---

① 译者注：此指法王路易十四。

② 译者注：作者英文原文使用 ceremony，因为当时聚会入席有尊卑之分，但皇家学会与会者入座并不拘泥形式。

愤怒的嘘声。

大部分时候，会议高潮都是氛围越热闹越好的“示范”活动。胡克与波义耳进行了一系列的实验探索：“冻结物的膨胀力”[2]——他们把水倒进玻璃试管中结冰——然后每个人坐着观看试管破裂，“伴随一声巨响”爆开。噪音向来受到欢迎。比方说，皇家学会的成员不曾停止研究巨型冰雹，他们希望将巨型冰雹扔进火堆时，冰雹会整个炸裂开来。运气好时还有机会见到形状奇怪或颜色各异的冰雹。在这种情况下，科学家们会用好像“李普利博物馆”① 介绍状似驴子的马铃薯时那种“信不信由你”的语调来描述实验的对象。

胡克拥有一项特别受到赞赏的才能。他想出了如何抽空玻璃钟罩内的空气（建造泵的功劳则应该要归给胡克长年的雇主波义耳）。现在他的科学家同僚们被一个接着一个持续进行的实验深深吸引。“我们把蛇放进去，却无法杀死它”，[3] 一个旁观者写道，但改用鸡做实验成效较好。“鸡立即在很短的时间内抽搐死去。”普通空气中具有何种生物所需的神奇物质以利呼吸呢？为什么有些动物的需求比他者高呢？

不久之后，胡克和其他研究者更进一步改以鸟类和老鼠当作实验对象。（还有效果比较不戏剧化的燃烧蜡烛，因为后者似乎也称得上需要“呼吸”。）1662 年 5 月 7 日，皇家学会为了一名特别尊贵的客人，国王的表亲，莱茵的鲁伯特王子，需要准备不同凡响的节目。备受众人喜爱的空气泵试验中选。

---

① 译者注：李普利博物馆（Ripley's Believe It or Not）是一家由罗伯特·李普利（Robert Ripley）成立的跨国公司，以博物馆方式展示离奇的事件和不寻常的物品，其真实性常启人疑窦。

“我们已经试过好几回波义耳先生的真空实验，”出席者中的日记作者约翰·伊夫林写道，“但里面该放什么呢？另一只老鼠吗？” 60

胡克有一个更好的主意。“一个人将手臂放入真空管中”——这实验后来是胡克自己上阵——“抽光空气后他的肉会立刻膨胀，体内的血几乎要冲破血管，到达不能忍受的地步，”伊夫林态度自若地说，“他将手臂取出后我们发现上面布满斑点。”[4]

输血甚至更能吸引观众。1667 年 11 月的一个午后，皇家学会的会议室挤进 40 人，他们亲眼见证了将羊的血输送到人身上。实验对象是阿瑟·科卡（Arthur Coga）：“他听说皇家学会非常渴望尝试人体输血实验，为了赚钱，他以一个金币作为代价献身实验，这要求立即被皇家学会接受。”[5]

科卡在剑桥大学研究过神学，但曾经经历过某种精神崩溃。这种可信度的组合让科卡成为一个完美的受试对象——他的话是可信的，因为他是一个绅士，而他又是个疯子，所以让人感到非常好奇。[6] 人们希望输血会治好他的病，尽管没有人有任何好理由认为这可能发生。在众人的注视下，一个外科医生在羊的腿和科卡的手臂上各割开一个切口，然后用银制的细管连接两者。

血液从羊身上流向科卡的身体长达两分钟。值得注意的是，科卡存活下来了。（不过他的精神没有恢复正常。）“手术后病人健康愉快，”外科医生汇报说，“在 40 名或更多人在场的情况下，喝了一两杯‘酒’，抽了烟斗，然后就回家了，接下来一整天状况持续良好。”

61

输送羊的血液到人身上。

＊＊＊

对争先恐后想要将阿瑟·科卡手臂的脉搏跳动看得更清楚的观众而言，组成眼前景象的每一点都值得注意。这个实验本身固然是崭新而未经测试的，但整个皇家学会追求知识的方法，构成了一个范围更广大、更重要的实验。

做实验是一项全新的方式。皇家学会献身这种探讨自然的创新方式让人们思考起实验本身。对今日的我们而言，以实验的方式进行探索是基本常识，但对当时围观者来说却是危险又明显被误导的方式。

历史总是由胜利的一方所主导。但科学世界观的胜利如此全面，以致我们失去的不仅仅是失败一方的历史。我们甚至可能丧失与我们不同的想法。今天我们理所当然地认为，“原创”（originality）是称赞的字眼。对我们而言，“新”就几乎等同于“进步”，但几乎所有的人类历史都将新的想法视为危险的想法。1667 年皇家学会史首度出版时，作者觉得有必要反驳诸如“撰写新事物是一种犯罪行为”[7] 这样的指控。他认为，根据这个标准，建造第一间房子或是耕种第一块田地的人都犯了引介新事物的罪行。

62

大多数人都赞同西班牙统治者——智者阿方索①，他认为在这个世界上唯一可取的东西是“可以当柴烧的老木头、可以饮用的陈酒、能交谈的老友和可阅读的旧书”[8]。如同人们经常观察到的，了解真相的最好办法是看看过去的权威怎么说。这是最显而易见的常识。若是忽略这样的智慧而倾向于自行探索，则无异于自寻麻烦，好比一个愚蠢的旅客将船长丢下海抢着自己开船。

套用历史学家丹尼尔·布尔斯廷（Daniel Boorstin）② 的话，几百年来欧洲最伟大的大学秉持的使命，“不在发现新的事物，而在传递固有遗产”。[9]（牛津大学在 14 世纪时施行一条规则：“修读学士和硕士学位必须遵循亚里士多德的哲学，否则每个分歧的观点可处罚款 5 先令。”[10]）今天我们尊重的知识分子特质——像是独立思考和抱持怀疑的态度——正是中世纪所担心和蔑视的特质。

尊重权威有其宗教根源，这就跟中世纪一样，生活中几乎

---

① 译者注：此指阿方索十世［Alfonso X de Castilla，又名 el Sabio（智者），1221～1284 年］，他在位期间，同时担任卡斯蒂利亚王国、莱昂王国和加利西亚王国国王（Castile，León and Galicia）。阿方索十世对文化贡献很大，也是当时欧洲最有学问的国王之一，所以被称为“智者”。他的国家成为当时欧洲文化最发达的地区。

② 译者注：丹尼尔·布尔斯廷（1914～2004 年），美国历史学家、博物学家和前美国国会图书馆馆长。他的著作中最重要和最有影响力的是两套三部曲——美国人三部曲和人类文明史三部曲。

每一个面向都如此。好的基督徒表明他们信仰的方式有部分来自他们愿意相信令人难以置信的事物。这个世界上充满了奇迹和奥秘，天使和恶魔就跟猫狗一般真实，各种疾病和丰收都出自上帝之手，怀疑与异端邪说只有一步之遥。谁会对世上的奇迹设限呢？只有异教徒会这么做。

63 因此，从事实验有两点缺失。坚持自己进行调查本身就是不好的，因为这是对神不敬的行为。此外，自行寻找解释意味着对目击者的证词保持质疑。但是长久以来，目击者的证词——无论是天降血雨或是半人半兽怪物的诞生——压倒性地胜过所有其他形式的证据。接受这样证据的人被视为虔诚且有思想，而非容易轻信或想法单纯。相反，质疑这样的证据，历史学家洛琳·达斯顿（Lorraine Daston）①和凯瑟琳·帕克（Katharine Park）②认为是，“标示着心胸狭隘、疑心病重的农民，被困在他有限经验的泡影中”。[11]

数个世纪之前奥古斯丁就已经针对这点争议发表看法。他写道：“上帝被称为全能者的原因肯定只有一个。”而这个原因极为简单——因为“他有能力创作许多看来明显是不可能的事物”。如果少了目击者，谁能说这些是事实呢？[12]

所以，信徒们的任务就是听从权威和避免提出问题，做到“因信仰而相信”。奥古斯丁愤怒且带着反感地抨击好奇的罪恶，这在现代人听来，像是精神失常的疯子。他写道，好奇心这种欲望，就跟任何肉体欲望一样猥琐。“想要了解与知道的

---

① 译者注：洛琳·达斯顿是美国科学史家，为近代早期欧洲的科学史和思想史权威。

② 译者注：凯瑟琳·帕克是哈佛大学科学史教授。专长为中世纪和文艺复兴时期的欧洲性别、性倾向与女性身体的研究。

欲望"[13]是一种堕落，就跟有些人想要偷看肢解尸体或鬼鬼祟祟观看怪胎展示的冲动是一样的。出于上帝的旨意，有些奥秘超越人类的洞见。难道《圣经》不是已提出警告说"上帝保留的秘密与你无涉；不要为了超越你能力所能及的事忙碌"?[14]

64

奥古斯丁对好奇心的谴责盛行千年。寻求解开大自然的奥秘是因为向往能完全看清世界，但只有上帝独占这样的洞察力。骄傲是很危险的。"知识使人骄傲自大"，哥林多前书(Corinthians)① 宣称，而人类有义务不断在心中自我鞭策。当早期的科学家们终于挑战这种古老的教条，这激怒了心态传统的思想家。对这些令人发狂的新人来说，任何的目击证词都不够好。"即便是世界上最有智慧的人告诉他们其看到的或知道的；即便是施行奇迹的基督和他的使徒们告诉他们其看到的；即便是上帝亲自告诉他们其看到的，"一位神学家怒喝道，"但这一切并不能满足他们，除非他们可以自己看到。"[15]

因此，皇家学会重视实验是惊人的创新之举。而实验还有另一项特征受到质疑。实验根据定义来说是人为的操弄。怎能有人从特殊且受到操弄的情况下推论出普世皆准的结论呢?[16]这群新兴科学家的研究方式所引发的问题不仅在于他们坚持观察自然胜过埋首书堆，更大的问题是他们不满足于单纯观察世界，他们坚持操弄它。

前现代的思想家已经仔仔细细地研究过自然世界。星相学家仔细审视夜空，植物学家和学者们针对每一株植物的成长勤

① 译者注：哥林多前书是《圣经》全书第46本书，也是使徒保罗为哥林多人所写的第一封书信，收录在《新约圣经》的保罗书信集当中。

做笔记。但是，这些都只是观察和整理，而不是提出新的问题。研究者的工作向来被视为类似于图书馆馆员或博物馆馆长。套用一位历史学家的话来说，几千年来，知识分子的“第一要务”一直都是“吸收、分类和保存既有的知识，而非探索新天地”。[17]

65 这群缺乏耐心的新兴科学家，喜欢先驱弗朗西斯·培根的信条。培根是他们那个时代的莎士比亚，也是实验的首位伟大倡导者。① 他曾宣称自然必须“经过千锤百炼”[18]。这句话毫无疑问地让人很快联想到一幅那个时代的图像，人们用链架拉扯囚犯的四肢，或是以刑具拇指夹压碎囚犯的手指进行逼供。

对于皇家学会这群爱热闹的人来说，躲在幕后窥视自然是太过被动的做法。实验的一大优势，就是让你有事可做，最好还是危险的事。胡克最终建造了一个真空室，大到他整个人可以爬进去。然后，在皇家学会成员们的热诚注视下，他给个信号抽出空气。泵在胡克可能窒息前发生故障，但这已经造成胡克头晕目眩和暂时失聪了。[19]

---

① 作者注：培根对实验的热情可能是害他送命的原因。某个冬日，他正好与一名皇室医生同行，突然兴起一个想法，认为也许雪可以用以保存肉品。“他们步下马车，到了高门山（Highgate hill）街底一名贫穷妇人的家中买了一只鸡”，传记作家约翰·奥布里（John Aubrey）写道，然后培根将雪塞进鸡腹中。后来，培根被证实染上了致命的肺炎。他将病情怪罪大雪，但他在临终前指出这个故事也有光明的一面：“至于实验本身，则是非常成功的。” John Aubrey, *Brief Lives* (Woodbridge, Suffolk: Boydell, 1982), entry for “Francis Bacon”.

11. 突围！

66

聪明狂热的罗伯特·胡克可说是天生的表演者，他想当然地认为娱乐观众最好的办法是自己上场。但由胡克负责组织的皇家学会实验背后还有一个目的，这些实验是反对旧方法的武器。正如我们已经看到的那样，首先振臂一呼，“走出图书馆，踏进实验室”。接着的重要信息是“在众目睽睽下进行”。当着众人的面，公开测试想法。如果实验看来证明为真，其他实验者也可以自行进行测试。

这是一项创新。一直到17世纪中叶，所有人总是理所当然地认为，一个人应该将他的发现像是秘密藏宝图般收为己有，不将之示众以保有自己的财富。大约在皇家学会诞生前一个世纪，一位名叫吉罗拉莫·卡尔达诺（Girolamo Cardano）的数学家提出的恳求就凸显了这种旧有的态度。卡尔达诺希望另一名数学家能与他分享一组公式。“我以上帝的圣灵福音与个人荣誉向你发誓，我绝不会发表你的发现，如果你教导我的话，”卡尔达诺请求道，“我也向你保证，作为一个真正的基督徒，我会用代码的方式写下它们，因此，在我死后，没有人能够理解它们。①”[1]

67

皇家学会推动一种全新的方法——知识将进步得更快，如

① 作者注：古代世界对保密的代码紧抓不放。传说中，毕达哥拉斯放逐了他的一名追随者（在某些版本的叙事里，他将对方丢下船溺死），因为他“告诉不够格的人”一个可怕的数学秘密。这名门徒希帕索斯（Hippasus）犯下的罪是对外人泄露某些数字（在这个事件中是2的平方根），它们是不能准确被写尽的。（比方说2的平方根跟14除以10的结果接近，除了前者的小数不能除尽。）希腊人认为这项数学事实非常可怕，就像是宇宙裂开了个口。

果新发现被拿来公开讨论并发表供所有人阅读。思想家们彼此砥砺，促成想法滋生和繁殖。罗伯特·波义耳对人们隐瞒自己的发现这一现象做出了最有力的反对论述。隐瞒发现的思想家还不如囤积黄金的守财奴，因为守财奴除了紧抱财富别无选择，将财富送人就等于失去它。对思想家来说这不构成理由，因为想法不像黄金，而“如火把，照亮别人也不减损自己”。[2] 事实上想法就如火苗，分享才能创造光芒。

波义耳坚持认为这是古老的智慧。“我们的救世主向我们保证，施比受更为有福。”他如此提醒他的科学家同僚们。但是这一点，即便时至今日仍旧让人非常难以接受。当别人都还在周围摸索的时候，你发现了一个秘密，就好比拥有非常特殊的私有财产。现代物理学家都知道并且认同弗里茨·豪特曼斯（Fritz Houtermans）① 的故事。1929 年，豪特曼斯撰写了一篇有关太阳核融合的开创性文章。完成这项工作的那个晚上，他和女友去散步。她称赞星星多么美丽，豪特曼斯挺起胸膛：“从昨天开始我知道它们何以光芒四射。”[3]

68

没有其他人抱持与他相同的想法。这是重点。在皇家学会提议改变规则之前，科学家们试图做到鱼与熊掌兼得——他们公布自己的发现，让世人知道他们已经解开某个困难的方程式，设计出新型的时钟，或者找到兴建拱门的理想形状，但他们往往以密码掩盖细节，只有当别人质疑他们时才进行解码。这个全面披露的新呼吁意味着彻底改变立场。

胡克并不是唯一大力抵制的人。这种抵制出于现实与哲学

---

① 译者注：弗里茨·豪特曼斯（1903～1966 年）是荷兰－奥匈帝国的原子和核物理学家，其研究对地球化学和宇宙化学做出了重要贡献。

上的理由。不像波义耳拥有庞大的财富，胡克必须自行谋生。他不能仅是单纯地展示他的发明，也需要借由专利赚钱。几十年来，胡克认为皇家学会应该重新转型为一支精简的军队，就像是接管墨西哥的征服者。[4]（他认为自己的角色是科尔特斯。）① 保密是至关重要的，对发现进行审查也是必要的。“若不保密，科学研究无法获得重大进步，”胡克警告说，“因为其他不够资格的人……将会分沾好处。”[5]

胡克在这场争辩中落居下风，但他的疑虑凸显出新方法激进的程度。在过去，学者和知识分子总将自己与普通人划分开来，他们援引《圣经》的权威来正当化自己。“不要把你们的珍珠丢在猪身前，”他们不断地吟诵，“恐怕它践踏在脚下，并转而攻击你。”[6] 和其他神职人员一样，知识分子早就大量引用神秘的仪式和含义模糊的词汇。新兴科学家们也可以采取同样的方式。这态度看似再自然不过了，因为它出于认同一项根深蒂固、极为有力的主张——真正的知识太过深奥，不仅无法用普通的语汇表达，交付在寻常人手中也太过危险。 69

令人惊讶的是，新兴科学家们所做的却正好相反。他们没有为自己设立新的神秘兄弟会，而是身先士卒率先出击。这标志着大刀阔斧地与过去决裂，也代表了对保密传统的攻击。在科学诞生的时代，进行实验与打造仪器仍被视为一种体力劳动，它们不是赢得他人尊重的方式。在过去，发现真理一直是

---

① 译者注：作者此处指的是埃尔南·科尔特斯（Hernando Cortes，1485 ~ 1547 年），殖民时代活跃于中南美洲的西班牙殖民者，以摧毁阿兹特克文明并在墨西哥建立西班牙殖民地而闻名。

哲学家们独有的任务。现在，有技术的能人巧匠也能插手。①

皇家学会最终胜利的声望，使得它很容易忘却这种成就是多么脆弱。创新发明产生的摧枯拉朽的力量，使得它自己的生存都存疑。在它成立的早期，皇家学会从来就没有成功地将自身打造为智力景观的一个安全的、永恒的特征。学会曾不止一次陷入低谷，被财政困境、领导无方和个性冲突所困扰。由于这个原因，它有很长一段时间几乎消失在人们的视野之中。

有关实用性这个问题，胡克几乎毫不掩饰他对旧方式的厌恶。大学教育仍然认为，教育学生意味着让他们能够谱写希腊文颂诗和拉丁文短诗。胡克则偏好不同的任务。他轻蔑的语气跨越数个世纪：科学的目的是“增进对自然事物和所有有用学科的知识……不涉及神学、形而上学、道德、政治、语法、修辞或逻辑。”[7]

70

胡克不屑的不是学习本身，而是无尽的谈话。（胡克完全不是排斥艺术的人。他是一名建筑师、科学家和发明家——传记作者称他为“英格兰的列奥纳多”② ——他年轻时一开始是

---

① 作者注：今天我们仍然可以看到这种对于“应用”知识的偏见。历史学家保罗·罗西（Paolo Rossi）指出，“文科”（liberal arts）一词最初用以标示这些研究领域是适当的绅士教育的内容。这些是适合自由人（liberi）而不是仆人或奴隶研读的领域。Rossi, *The Birth of Modern Science*, p. 15.

② 译者注：此指列奥纳多·达·芬奇（Leonardo di ser Piero da Vinci, 1452 ~ 1519 年），意大利文艺复兴时期最著名的画家之一，同时也是建筑师、解剖学者、工程师、数学家与发明家。著名画作包括《蒙娜丽莎的微笑》《最后的晚餐》；超越时代的概念性发明则有直升机、坦克、太阳能聚焦使用、计算器等构想。他是文艺复兴时期典型的博学家，与米开朗基罗和拉斐尔并称“文艺复兴三杰”。

想要做名艺术家。)① 因为胡克和他忙碌的盟友们有工作要做，他们急于开始着手。在一份早期的宣言上他们宣布试图进行“不以冠冕堂皇的场面话开始”的调查工作，而且要“以真实的成果提供沉默、有效、无可辩驳的论据”。[8]

这可以视为另一个战斗口号，但如此一来我们可能会错过它的重大意义。拒绝“冠冕堂皇的场面话”是蓄意挑衅。17世纪是极为讲究形式的年代，特别是在说话和写作上。皇家学会拒绝接受这一点。皇家学会倾向“亲近、赤裸、自然的说话方式”，学会最早的历史学家宣称，“……用最接近数学的平实方式呈现所有的东西，偏好工匠、乡下人和商人的语言胜过智者与学者”。[9]

这是令人震惊的。用“赤裸、自然的方式”说话就像赤身裸体在室外走动一样不可行。复杂的言辞规则控管着各种口语的交流。即便是坐着写信的人也必须知道何时该写下诸如“您最顺从责任的仆人”和“您最谦虚亲切的仆人”。如果这封信是写给一个社会地位较为优越的对象，大力表现卑躬屈膝更是必需的。“我的意思是，”约翰·多恩在给白金汉公爵的信里写道，“且让我大胆使用这张破纸将自己呈现在您面前，告诉您我像是一块待在角落的黏土，注意着要成为何种容器才能取悦您，成为您最卑微、最感激和最忠诚的仆人。”[10]

71

这种晦涩难懂的语言表现在书籍的致谢页上时，其精细的呈现方式更引人注目。书籍作者借由致谢页热切声明他对赞助

① 作者注：胡克 13 岁时曾短暂担任著名的肖像画家彼得·莱利（Peter Lely）的学徒。(奥利弗·克伦威尔曾经指示莱利“画一幅真正像我的画像”，包括所有缺点在内。) 当胡克发现自己对雷利工作室中的颜料和油料过敏时，便早早结束了他的艺术生涯。

人的赞扬和感谢。致谢的内容与作者签名之间的空白空间大小是关键所在。如果作者和赞助人之间的地位差距大，致谢的内容与作者签名之间的差距也相对较大，就好像是要确保蓬头垢面、墨迹斑斑的作家不会玷污他知名的赞助人。

这类规则持续了整个 17 世纪，但皇家学会起而抨击。隐喻、明喻和其他所有的长期以来饱受尊敬的口语表达形式，只是阻碍寻求真理的干扰，是过度精致的装饰。我们要突破这层包围！

12. 狗和无赖

这些变化历时数十年，但新格局的轮廓却在稍早就已经形成。哲学家托马斯·霍布斯（Thomas Hobbes）① 甚至在皇家学会成立之前就已经看到新世界的到来。皇家学会的前身是一系列不同的实验者非正式而随意的聚会。1655 年，霍布斯已经相中这些新兴科学家。他邀请所有人采用科学家的方式追求真理，亦即以日常语言阐明他们的推理并公开进行实验。这种方法适用所有人。“如果你愿意，”霍布斯向他的读者保证道，“你也可以这么做。”[1]

在对民主政体抱持高度不信任感的世界里，这是一种民主理念的发挥。霍布斯已经觉察到世事变迁。埋首书堆的研究方式过时了，独立的调查才是世道所需。阶级出身不重要，遑论征引拉丁经典或是古人的意见。科学是一个任何人都可以参与的游戏，这意味着所有一切都开放任人争夺。任何人都可以提出新的想法，而任何想法都不能免除他人的挑战。科学革命在这层意义上确实是革命性的。

然而，即使不少人正为了这场革命奋战，其中许多人仍对这样的方式存疑。艾萨克·牛顿就是其中之一，对于迎合普通

---

① 译者注：托马斯·霍布斯（1588～1679 年），英国政治哲学家，提出社会契约理论，认为国家的起源是自然契约，人民对君主忠诚的前提是君主能够履行该契约之约定，保证人民安全。他于 1651 年所出版的《利维坦》一书奠定了西方政治哲学发展基础。霍布斯的思想对后来的重要政治哲学家如洛克、孟德斯鸠和罗素都产生了影响。除了政治哲学，霍布斯的著作还涉及历史、几何学与伦理学。

的受过教育的读者的想法，他畏缩不前。他从来没有透露过炼
73 金术方面的作品，尽管出版了关于引力的伟大著作，他也费了不少功夫使其尽可能远离常人所理解的“自然的说话方式”。牛顿用一长串的数学论证形式发表他的杰作——《数学原理》，又称《自然哲学的数学原理》。在这本世界上最困难的几何教科书中，严肃的定理、证明和推论一个接着一个出现，生硬的指导或解释打造出这份毫无修饰的作品。贯穿这本书的基调是“冰冷漠然”，一个现代物理学家这么指出，“完全不与读者妥协”。[2]

许多伟大的数学家几乎都像牛顿一样难懂。他们对绊倒身后的追随者不屑一顾。援引塞缪尔·约翰逊（Samuel Johnson）①的言论作为自己的座右铭：“我已经为你找出论点，我没有责任让你了解这个论点②。”[3] 有时候，展示成品、精炼修辞是出于审美的动机，就好像艺术家精心利用画格子的方式帮助他找到对的比例。但牛顿的情况不是如此。他特意“将《数学原理》一书写得深奥难懂”，他写道，这样他就不会被“对数学一知半解的人所打断”。[4] 弄不懂的人无从批评起，至于能够理

① 译者注：塞缪尔·约翰逊（1709～1784年），著名英国文人，撰写文评、散文、诗、传记，独立编撰重要字典为他赢得了文名与约翰逊博士（Dr. Johnson）的敬称。

② 作者注：比方说备受尊敬的18世纪数学家拉普拉斯（Laplace）就曾引发崇拜者的绝望之感。“在拉普拉斯说诸如此类清楚显示之处，”其中一位写道，“我确定我需要数小时的努力才能看出他所谓的清楚显示。”拉普拉斯的绝望的崇拜者是指美国著名航海家、数学家及天文学家纳撒尼尔·鲍迪奇（Nathaniel Bowditch），转引自 Dirk Struik, *A Concise History of Mathematics*, p. 135。译者注：作者在这里提到的应该就是制定拉普拉斯变换公式（Laplace transform）的数学家拉普拉斯。拉普拉斯变换公式是工程数学中常用的一种积分变换，常称作拉氏转换，是一种线性转换，可将一个有自变量实数 t（$t \geqslant 0$）的函数转换为一个自变量为复数 s 的函数。

解他推理的人则将看到它的优点。

尽管牛顿对公开研究的信念抱持敌意，他还是属于革命的阵营。这个极其不愿公开研究的人，讽刺地命中注定推动了科学戏剧化的进步，成为激发他人前仆后继投身科学的榜样。新一代的科学家使用日常语言谈论科学，并发表他们的研究成果供所有人阅读。他们认为自己这么做是在顶礼膜拜牛顿，后者若知道一定会讨厌他们。 74

新的方法带来进步的洪流，但进步要付出代价。科学成为一场公开角逐，第一个抵达终点的人赢得奖杯。皇家学会创办了前所未见的科学杂志——《哲学学报》（已进入第四个世纪）①。1672 年的《哲学学报》刊登了一篇非常重要的文章，牛顿提出报告说，“纯粹”的白光本身包含所有光谱的颜色。这篇报告与发现本身都标示着突破。历史学家 I. 伯纳德·科恩（I. Bernard Cohen）② 指出，这是“重大科学发现第一次在印刷期刊中宣布”。[5]

从现在起，期刊和书籍将大声宣告科学发现的新闻并欢呼创新者的天资聪颖。胜利者赢得了名声和荣誉，其他人只能生闷气。很多早期的科学家都是脾气暴躁、竞争心强的人，这让科学竞逐赢者通吃的局势越演越烈。在一开始的时候，竞争的规则还没有出现。比方说，随着时间的推移，之后的科学家们

---

① 译者注：《哲学学报》（*The Philosophical Transactions of the Royal Society*，缩写为 *Phil. Trans.*）创办于 1665 年，是世界上最早的科学杂志。自创办以来持续出刊不辍，故也是经营时间最久的科学杂志。杂志名称所使用的 Philosophical 一词来自自然哲学 natural philosophy，意即今日所称之科学。

② 译者注：I. 伯纳德·科恩（1914 ~ 2003 年），美国第一位科学史博士，国际著名的牛顿专家。

会建立一套同行评议的系统作为各自领域的重要准则。卓有信誉的杂志在发表论文之前，会有一组独立匿名的审稿专家评价研究的创新性与重要性。

即使在这类结构建立已久的今日，科学仍旧像是一门近身肉搏的运动项目。在早期，争先恐后的情况更是激烈。科学的相关工作职位非常少见，自我推销是一项基本技能。即使是伟大的科学家也必须在他们作为教职人员、医生或外交官的“真正”工作之外，为他们的科学研究工作找到安身立命之所，要不然他们就必须要吸引王宫贵族或其他资金雄厚的赞助人。艺术家和作家向来知道赞助人难以取悦。现

75 在，轮到科学家学会这一点教训了。赞助人往往是善变的，很快就会觉得无聊，他们受到才气吸引，却对严谨的工作望而却步。

更糟的是，科学似乎是一个注定挑起争端的领域。毫无疑问，作家与艺术家也和科学家一样彼此敌对，但他们的发展方向各异且无须与时间赛跑。本·琼森（Ben Jonson）[①] 无须撰写一个关于苏格兰国王和他工于心计的妻子的剧本。科学竞赛只有单一目标。各就各位，预备，出发！建造一个即使在遭遇10 英尺巨浪的船上也能使用的时钟；解释为什么通过望远镜观察到的土星看起来很奇怪；借由零星的观察计算彗星轨道的形状。

每一个问题都只有一个赢家，剩下的都是失败者。彼此对立的人可能大声辱骂或沉默地愤怒。这份仇恨燃烧了数十年。艾萨克·牛顿和第一位皇家天文学家约翰·弗拉姆斯蒂德

---

① 译者注：本·琼森（1572～1637 年），英国文艺复兴时期剧作家与诗人。

(John Flamsteed)① 相互憎恨。牛顿也与胡克对立，胡克回之以鄙夷；同样的情况也发生在伟大的荷兰天文学家克里斯蒂安·惠更斯（Christiaan Huygens)② 以及更多其他人身上。胡克谴责他的敌人是“狗”“讨厌鬼”和“间谍”，剽窃理所当然是属于他的想法。[6] 胡克侮辱对手的方式，与牛顿和莱布尼茨相互辱骂对方的言辞相形之下，还算是可爱的。

“如果我看得比别人更远，”牛顿曾经说，“这是因为我站在巨人的肩膀上。”这著名的宣言，通常被引用来呈现牛顿罕见的慷慨美德，但事实并不是表面上所看到的那样。牛顿的目的显然是赞美他的先人，但同时也是嘲笑他的敌人胡克，胡克轻微扭曲的身影比起巨人更像驼背。[7]

“Nullius in Verba”或许是皇家学会的正式座右铭，但该学会成员高尚的性格只是昙花一现。他们都明白戈尔·维达尔（Gore Vidal)③ 所说的：“成功并不足够，其他人还必须失败。”

---

① 译者注：约翰·弗拉姆斯蒂德（1646～1719年）是第一位英国皇家天文学家（1675～1719年，继任者为爱德蒙·哈雷）。弗拉姆斯蒂德曾在1666年和1668年两度准确预测日食，也是首位观测到天王星的天文学家，但当时他误以为天王星是一颗恒星。

② 译者注：克里斯蒂安·惠更斯（1629～1695年），英国皇家学会、法国皇家科学院成员，在物理、数学、天文学等领域表现杰出的荷兰科学家，曾指导莱布尼茨数学。

③ 译者注：戈尔·维达尔（1925～2012年），美国小说家、剧作家和散文家。

76

13. 一剂毒药

无论是就日常生活还是就科学而言，这都是一个无情的时代。弱势者招人蔑视，而非怜悯。盲人、聋人、足部畸形或是腿部扭曲变形都是上帝的惩罚。人们以残酷为乐，刑罚总是残忍的，科学实验有时也十分可怕。例如，在公共场所进行解剖供购买门票的观众欣赏，好比剧院的戏剧演出，已经行之数十年。[1] 死刑犯的尸体是研究和展示的理想素材，这不单只是因为它们很容易取得。如一位历史学家所指出的，同样重要的是，在聚精会神的观众面前切开犯人的身体显示了“该文化喜以公开羞辱和展示作为惩罚的方式”。[2]

一年到头都可见到对这类展示的喜好。现代社会惩治违法者时倾向回避观看，但17世纪却不相同。在伦敦，囚犯被锁在颈手枷上为木偶戏以外的街头表演提供了选择。经过的路人对犯人尖叫侮辱，或借机告诉孩子们坏人的下场。犯人的头部和手部卡在在一片木板上凿出的孔洞中，尽可能地站直身子。他的耳朵也许被钉在木板上。颈手枷设计成拉着摇摇晃晃的犯

77 人转动身子的样子，给各方观众机会向犯人扔掷死猫或石头。

既然惩罚意在恐吓和贬低，鞭刑、烙刑、绞刑都在人群可以聚集的地方执行。罕见的情况下，偷手帕的窃贼可以被处以绞刑。更多的时候，对手帕、面包或奶酪下手的小偷会为自己招来鞭刑伺候。更大胆的盗窃——偷取金戒指或银杯——可能会被遭受代表小偷（thief）的T字烙铁文身的命运。一般情况

下，T 字烙铁是烫在手上，不过这样的惩罚方式在一段短暂的时期内被认为过于宽松，而改以烙印在脸颊上。任何罪行重大的盗窃犯则会被送上绞刑架处以死刑。

宗教异议者和罪犯一样冒着被处以极刑的风险。例如在 1656 年，贵格会①的詹姆斯·内勒（James Nayler）② 因为“可怕的亵渎”这项罪名被判处 300 下鞭笞，并在他的额头上烙印 B 字③，再用烧红的铁刺刺穿他的舌头。然后，内勒被关进监狱单独监禁了 3 年。[3]

人们将最可怕的酷刑折磨当作奇观和娱乐观赏。（17 世纪伦敦的历史书中，“远足”的章节包括出游观看绞刑执法。[4]）最可怕的惩罚是处以绞刑、挖出内脏和分尸。“被判处这种可怕命运的人被勒紧脖子却不到致命的程度，”历史学家莉萨·皮卡德（Liza Picard）④ 解释说，“然后他会被当作肉店的畜体挖出内脏。此举铁定要他的命，如果他没有在这之前因惊吓死亡。他的内脏将被烧毁，剩下的部分被砍成四块，加上头颅一

① 译者注：贵格会（Quaker）是基督教新教的一个派别。成立于 17 世纪的英国，创始人为乔治·福克斯（George Fox），他曾说：“你若知道上帝的公义，就应当战战兢兢（quaker）。”该教派因而得名“贵格”（Quaker），中文意译为发抖者。贵格会信徒曾遭到英国国教迫害并移民到美洲，费城（Philadelphia）的别名 Quaker City 即因该教派信徒聚集而得，费城人习惯上也被称为 Quaker。

② 译者注：詹姆斯·内勒（1616～1660 年）是英国贵格会的领导者。1656 年内勒在布里斯托骑驴重演耶稣基督进入耶路撒冷的景象，被控以亵渎之罪。

③ 译者注：内勒所犯的罪名“可怕的亵渎”英文为 horrid blasphemy，这应该是他额头上被烙印 B 字的原因。

④ 译者注：莉萨·皮卡德是一位英国历史学家，专注于伦敦历史的研究。学习法律出身的她在退休后才开始研究工作。出版作品重视援引日记等日常史料，希冀借此让时代自行发声。

起在全城四处展示。”[5]（为了保存头颅以经得起多年的户外曝晒，并避免乌鸦的干扰，头颅会用盐和小茴香籽预先煮过。[6]）

78

今日大体上来说是购物商场的伦敦桥，在好几个世纪的时间里一直点缀着木桩刺穿的叛徒头颅。在伊丽莎白女王时代，桥梁的南大门曾一度布满30多个头颅。①

1616年的伦敦桥，大门上方布满叛徒的头颅（画面右前方）。虽然这些头颅是日常生活中的普遍现象，但画家们还是不厌其烦地提到它们。[7]

从最低阶的商人到国王本人，恐怖的品位贯穿整个社会。1663年5月11日，皮普斯在他的日记中简略提到国王。外科医生“在国王面前解剖了一男一女两具尸体”，皮普斯实事求

① 作者注：“当（托马斯·莫尔）（Thomas More）的某个女儿通过桥下时，”根据约翰·奥布里的说法，“她寻找着父亲的头颅，她说：‘父亲的头颅曾多次栖息在我的腿上，希望上帝在我经过时让头颅落在我的腿上。’她的愿望成真，头颅真的掉在她的腿上，现在这颗头颅被保存在坎特伯里大教堂的墓穴内。”译者注：托马斯·莫尔（1478～1535年）是英国著名政治家、作家与理想社会主义者。1516年用拉丁文写成《乌托邦》一书，对社会主义思想的发展影响巨大。1535年，莫尔因为反对亨利八世兼任教会领袖而被处死，逝世后被天主教会封为圣人。约翰·奥布里（1626～1697年）是英国的古董商、自然哲学家和作家，以收集民俗史料著称。

是地写道，“国王因此非常高兴”。

有时国王对解剖学兴趣的增长简直让人感到毛骨悚然。1663年的一场宫廷舞会中，一名女子流产了。有人将胎儿带到国王面前进行解剖。对现代人而言，谈论这件事的轻快语调听起来简直让人难以置信。“不管别人怎么想，”国王开起了玩笑，“他（即国王自己）最大的损失……就是因为这件事损失了一名臣民。”[8]

79

当涉及动物实验，17世纪的人们更是大显身手。牛顿倾向于素食主义——他很少吃兔肉和其他一些常见的菜肴，理由是“应该尽可能避免造成动物的痛苦”——但这样的考虑是罕见的。[9]皇家学会的先贤们愉快地用狗进行实验，手法过于残忍让人目不忍视。他们在这方面并不乏志同道合之士。有史以来最为深刻内省的思想家笛卡儿曾愉快地写道，人类是唯一具有思想和感觉的动物。狗被踢到时发出的哀鸣并不表示疼痛，就好比你打鼓时听到的鼓声。

另一名当时广受推崇的哲学家阿塔纳斯·珂雪（Athanasius Kircher）①，描述了一个被称为猫钢琴的奇怪发明。为娱乐一名沮丧的王子，一排猫按照它们叫声的音调高低被安排坐在相邻的笼子里。当钢琴家按下音键，尖刺就刺向相应的猫尾巴。“结果，猫叫声组成的旋律，随着猫变得更加绝望而更显有力。这样的音乐有谁能够忍住笑声？王子因而从忧郁的情绪中振作起来。”[10]

80

① 译者注：阿塔纳斯·珂雪（1602～1680年）是德国耶稣会成员，也是当时欧洲最知名的学者。他一生大多数时间在罗马任教和研究，担任教宗的科学顾问。研究领域包括埃及学、地质学、医学、数学和音乐理论。在细菌学的研究上，他是第一个认识到“微生物”在鼠疫传播中起的作用，也是第一个设立有效防止鼠疫传播规则的人。

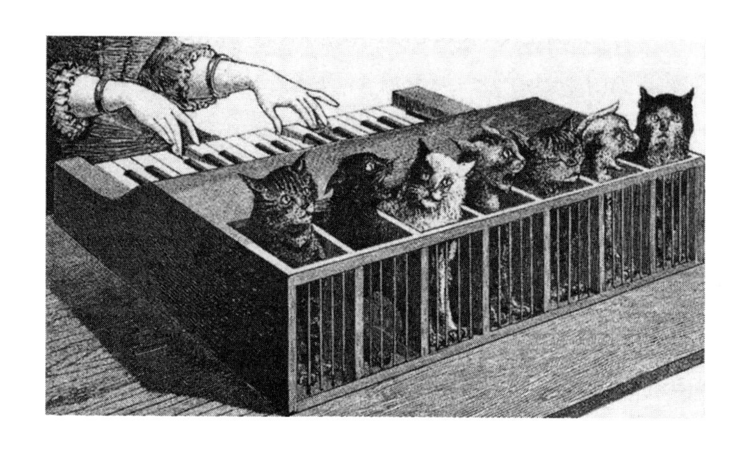

在伦敦，大声嚷嚷、拥挤的人群络绎不绝地涌向斗熊与斗牛竞赛现场，观看被铁链拴住的动物对抗一群虎视眈眈的犬只。（这就是英国牛头犬的起源，牛头犬扁平的脸型和凹陷的鼻子，让它可以紧咬住扭动身体的公牛，而无须张开其强有力的下颚呼吸。）即便是儿童的游戏也经常可以见到动物的苦痛。“难怪，”历史学家基思·托马斯（Keith Thomas）写道，“传统童谣描绘瞎眼的老鼠们被菜刀切断它们的尾巴、画眉鸟做成的馅饼，以及井里的猫。”[11]

拿狗做实验被认为兼具娱乐以及获得信息的效果。例如，雷恩就曾进行专业的脾脏切除术，亦即以外科手术的方式取出脾脏。雷恩将狗绑在桌子上固定好，小心切开它的腹部，取出脾脏并结扎血管后，将伤口缝合好，然后把可怜的野兽安置在角落等候恢复，或者等不到那一天。[12]（波义耳曾提供他的宠物接受上述程序，他指出，幸存下来的狗“像以前一样淘气有活力”。[13]）

这类手术为发现新科学和旧信念是如何相连的提供了另一

项实例。14 个世纪以来，西方世界向来赞同盖伦（Galen）①的理论，即健康取决于四种“体液”的平衡——包括血液、黏液、黄胆汁和黑胆汁——四种体液各由不同的器官分泌②。比方说，黏液过少或过多会导致一个人多痰、沉闷无聊、动作缓慢。正如心脏是血液的来源，脾脏则负责分泌黑胆汁（如果分泌的比例错误，会造成忧郁）。一千多年以来所有的医疗当局都如此宣称。因此，雷恩的实验是对这项古老教条的新测试——如果健康依赖四种体液保持适当的平衡，那么，一条狗少了分泌胆汁的脾脏也活得好好的意味着什么呢？

还有无数的狗儿经历了输血实验。即使当时没有人知道感染或是血型错配的危险，不知怎么的，许多狗儿还是幸存了下来。波义耳曾写过一篇文章，寻求下列这些问题的答案：“凶猛的狗如果完全换上懦弱的狗的血液，是否就会变得更温驯？”或是“学会拾物带回或是跟在鸭子后方潜水或是指出猎物所在的狗，如果频繁而全面地换上不善这类运动的狗的血液，它们的表现还会像以前一样出色吗？”[14]

有时，进行实验有颇为严肃的理由。例如，毒液如何从毒蛇咬伤处传遍全身？一个人吞下毒药会发生什么事？如果换成注射毒液又会如何？在人类“志愿者”身上测试这样的想法很诱人，但首先拿狗开刀。（波义耳曾提到有位生性好奇的“外国大使”[15]准备要将毒液注射进他的仆人体内。这名仆人在实验开始前晕倒了，破坏了这项尝试的乐趣。[16]）

---

① 译者注：盖伦（129～200 年）是古希腊时期的医学家。他的医学见解和理论影响欧洲长达一千多年。

② 作者注：疾病（disease）这个词即是这理论的遗迹。当体液失去平衡，病人就会失去他原本的舒适状态（ease）而罹病（dis-ease）。

但是，许多实验基本上是噱头。1666 年 11 月的一场晚宴上，皮普斯听到有人兴奋地报道几天前发生在皇家学会的事件。威廉・克罗能（William Croone）医生①生动地描述了一场獒犬和长毛垂耳狗之间的输血实验。“第一只狗当场死亡，”皮普斯记道，“另一只的状况很好，而且可能会持续下去。”[17]

82

克罗能对这场“耀眼的实验”留下了深刻的印象，甚至告诉皮普斯有一天输血将证明能有效地“从身体状况较好的人身上借血来更新坏血”。但是，皇家学会成员中没有人思索这类每日娱乐活动的医学意义。进行实验的气氛总是轻松愉快，成员们投入大部分精力在这种室内游戏上。哪些天敌的血液交换会是最有趣的组合呢？“有许多让人眼睛一亮的可能性被提出，”皮普斯兴奋地写道，“像是将大主教的血换成贵格会教徒的，诸如此类。”

① 译者注：威廉・克罗能（1633～1684 年）是一名英国医生，也是皇家学会初期的成员。

14. 螨虫和人

83

皮普斯轻快的语调遮掩不住事实。科学注定将要改造世界，但科学在发展初期引起的笑声往往多于崇敬。皮普斯真正对科学着迷——他在屋顶上设置一个借来的望远镜，观看月亮和木星；[1] 显微镜一上市他就立刻跑出门购买；[2] 他费力理解波义耳的《流体静力学悖论》（*Hydrostatical Paradoxes*）[3]（“这是我读过最精彩的一本书，我会费尽心力弄懂他所言，如果我能够办到的话”[4]）；他甚至在 17 世纪 80 年代担任皇家学会会长——但他以科学为娱乐的态度也是真实的。① 所有这些知识分子一边研究蜘蛛一边修补泵。这有点可笑。

国王肯定是这么认为的。他也是一名科学爱好者。毕竟，是他准许皇家学会成立的，而他也喜欢在自己的实验室里摸索。不过他将学会的学者视为他的“宫廷小丑”，有一次他放声嘲笑皇家学会“只花时间为空气称重，一坐下来就什么事也不做”。[5] 84

为空气称重——说白了就是什么也没称——似乎更像是回到

---

① 作者注：就像詹姆斯·瑟伯（James Thurber）除了自己眼睛的倒影以外，从来未能成功地借由显微镜看到什么，皮普斯在掌握显微镜的使用诀窍上也遇到麻烦。“我的妻子和我本人都非常高兴，”他在 1664 年 8 月的日记中写道，“但要找出能看见任何东西的方法非常困难。”瑟伯在他的著作 *My Life and Hard Times* 中描述了他试图掌握显微镜使用方法的尝试。译者注：詹姆斯·瑟伯（1894～1961 年）是一位美国作家和漫画家，以幽默漫画和短篇故事闻名，作品主要发表在《纽约客》（*New Yorker*）杂志。在《大学生活》（*University Days*）中，瑟伯提到在一门植物学课堂上，他无论如何也无法借助显微镜看到任何东西。当他最终以为自己有所突破，兴奋地描绘所见之物时，却只引来教授的怒意，因为他画下的是自己眼睛的倒影。

中世纪那种争论亚当是否有肚脐的消遣活动，而非突破性的进展。怀疑论者从未停止讽刺不切实际的科学家。一位评论家承认皇家学会的成员是“心灵手巧的男人，已经发现很多自然的伟大秘密”。[6] 不过，他也指出，公众从这些发现中仅获得“小利益”。也许有学问的科学家可以将他们的关注转向“奶油和奶酪的本质”。

事实上，皇家学会的成员已经花费大把时间关注奶酪，也找到更好的方法制作蜡烛、汲水泵，以及将皮革与布料染色。从一开始，波义耳就率先公开反对任何分离科学和技术的企图。“我不敢认定自己是一名真正的博物学家，除非跟旧有的生产方式相比，我的技术可以让我花园里的香草和鲜花长得更好，或是我的果园能生产更多的水果，或是我的田地种出更棒的玉米，或是制作出更佳的奶酪。”[7]

听听科学家和他们的盟友怎么说。他们说难以想象的大奖指日可待。约瑟夫·格兰维尔（Joseph Glanvill）① 本人虽然不是科学家，但身为皇家学会成员的他大声疾呼。“那些英雄应该继续前进，因为他们已经有个愉快的开始，”格兰维尔呼吁道，“他们会使世界充满奇迹。”[8] 在未来，“到南方未知的大港，或者可能是到月球旅行，都不会比到美国更难。对后代人

85 来说，买一对翅膀飞到最偏远的地区，可能就跟现在我们买双靴子骑马出游一样寻常”。②

① 译者注：约瑟夫·格兰维尔（1636～1680年）是英国作家、哲学家和牧师。他自己虽然不是科学家，但大力推广科学，为之辩护不遗余力。

② 译者注：格兰维尔本人提供了另一个例子，说明17世纪的科学家如何在赞同新信念的同时，坚守旧信仰。他一边大力支持科学的新发现，另一边同时坚持灵魂、恶魔和女巫都是真实存在的。格兰维尔坚称，否认恶灵的存在，等于危险地转而说只有具有形体才是真实的，这就等同于无神论。否定巫婆存在，等于否定上帝存在！（No witches, no God!）

这样的预告只激发了人们的讥诮。1676 年皇家学会发现自己成为伦敦喜剧的当红主题，就好比 17 世纪版本的“周末夜现场”（Saturday Night Live）[①] 中的玩笑。这出戏剧的剧名为《名家》（*The Virtuoso*），可能指的是有远见的学者或涉猎浅薄不认真的半吊子。剧作家托马斯·沙德韦尔（Thomas Shadwell）直接根据科学家们自己对作品的叙述来撰写大部分的对白。

剧中主角尼古拉斯·金克拉克爵士（Sir Nicholas Gimcrack）[②] 首次登台与戏迷见面的当晚，正趴在他的实验室桌子上。尼古拉斯爵士仅仅用牙齿咬着一根绳子，绳子的另一端绑住一只待在一碗水中的青蛙。这位名家的计划是通过模仿青蛙的动作学会游泳。旁观者问他是否已经到水里检验自己的游泳技术。没有必要，尼古拉斯爵士说，他的解释是他不喜欢弄湿自己。“我心满意足于游泳的理论。我不在乎实际运用的成果。我很少将任何东西付诸使用……知识就是我的最终目的。”

尼古拉斯爵士的家人对此并不高兴。一位侄女抱怨说，他已经“花了 2000 英镑在显微镜上，想要弄懂醋里的鳗鱼、奶酪里的螨虫[③]以及李子为什么是蓝色的”。另一名侄女担心她

---

① 译者注：美国 NBC 电视台周六深夜播出的 90 分钟综艺节目，自 1975 年播出迄今已有 30 多年历史，是美国电视史上最长寿的节目之一。该节目以纽约市为拍摄地，每周都有不同的客座主持人和来宾加入该节目的固定阵容，共同演出轻松逗趣的内容。

② 译者注：剧中主角尼古拉斯·金克拉克爵士的姓 Gimcrack 在英文中有廉价、华而不实之意。

③ 译者注：这里提到的“醋里的鳗鱼”“奶酪里的螨虫”都是虚构之物，用来讥讽科学家的研究不切实际。

86 的叔叔“因为思考蛆虫和研究几种蜘蛛达二十年之久，弄坏了脑袋”。

所有皇家学会最受喜爱的活动项目在剧里都变成调侃的对象。金克拉克就像胡克，利用望远镜研究月球，说他看到月球上有“山谷、海洋和湖泊”，也有“大象和骆驼”，这是胡克曾说过的话。[9]（胡克去看了这出戏，抱怨观众都理所当然地认为金克拉克就是根据他创造出来的角色，嘲笑“几乎都是针对他来的”。[10]）

尼古拉斯爵士在狗身上进行实验，并且吹嘘他用输血让“猎犬变成斗牛犬，斗牛犬变成猎犬”。他甚至尝试在羊和一名疯子之间进行输血。羊死了，但疯子幸存下来并且茁壮成长，除了他“不停地咩咩叫，反刍并长出大量羊毛”。

就像国王一样，沙德韦尔极力讽刺名家们对空气属性的着迷。尼古拉斯爵士有一座像是葡萄酒酒窖一样的地方，用来收集装有全国各地空气的瓶子。他的助手们已经走遍全球“在各地将空气装瓶、称重、密封”。从特内里费岛①收集而来的空气是最轻的，狗岛②的空气则最重。空气是一种具有属性的物质而非不存在的，这一点让沙德韦尔获得很大乐趣。“让我告诉你，先生们，”尼古拉斯爵士向他的客人们提出保证，“空气就像是稀薄的酒，装瓶后饮用更佳。”

沙德韦尔同时代的人有很多跟他一样都喜欢嘲讽。他们当

① 译者注：特内里费岛（Tenerife），靠近非洲大西洋中海岸，是西班牙位于加那利群岛中最大的一个岛屿，著名观光胜地。

② 译者注：狗岛（the Isle of Dogs）位于伦敦东端，东、南、西三面为泰晤士河支流所包围。

中有许多是知名人士。像是塞缪尔·巴特勒（Samuel Butler）① 就讽刺这些人把时间花在盯着显微镜下的跳蚤和一滴池水，思索着像是“发臭的奶酪中有多少不同种类的蛆”[11]这样的奥秘。

但没有人比乔纳森·斯威夫特（Jonathan Swift）② 更懂得奚落科学。甚至在皇家学会成立半个多世纪后，斯威夫特愤慨地在《格列佛游记》（*Gulliver's Travels*）里振笔直书科学家的乔张做致与不切实际。（斯威夫特曾在1710年参观皇家学会，行程就紧插在他造访疯人院与观看木偶戏之间。[12]）

格列佛观察到的可笑研究层出不穷。他看到有人致力于“软化大理石好做枕头和插针垫”[13]，还有发明家着手“一种装置能将人类排泄物还原到原本的食物”。书中许多地方的讽刺是针对皇家学会实际进行的实验。比方说，确实有科学家白费努力，想要弄懂后来被称为光合作用的神秘过程。植物如何能靠着“摄取”阳光生长？③ 格列佛遇见一个人“已经花费8年时间研究从黄瓜中提取的阳光，将之放入小瓶中密封，以在气候不佳的夏日将之释放出以暖化空气”。

斯威夫特笔下的智者们活在期待中，很快“一个人能做十个人的工作，一个星期的时间就能盖好一座皇宫”[14]，但他们所寄予的厚望从来没有成功。“与此同时，整个国家荒芜一片，房屋成废墟，人民缺乏食物或衣服。”

数学家们被视为特别爱做白日梦的人，也因而引来额外的

---

① 译者注：塞缪尔·巴特勒（1613～1680年），是一位诗人和讽刺作家。

② 译者注：乔纳森·斯威夫特（1667～1745年），爱尔兰出身的讽刺文学作家，以作品《格列佛游记》闻名于世。该书通过主角莱缪尔·格列佛（Lemuel Gulliver）医生的旅行经历带出对作者所处时代的不满，嘲讽当时的科学家及政客。

③ 作者注：这个谜团要到1800年左右才解开。

88 揶揄。总是神情恍惚的他们需要仆人弹指提醒才记得要说话。陷入沉思让他们爬楼梯跌倒，走路撞门。他们脑袋里想的无非数学和音乐。即使用餐时也摆脱不了数学，“切成等边三角形的羊肩肉，切成菱形的牛肉以及圆形的布丁”。[15]

在讲求实际的英国，“实用性”和“常识”是人们推崇的最高美德，斯威夫特对数学的不屑态度受到知识分子同侪的广泛赞同。从这个意义上说，斯威夫特对心不在焉的教授的嘲讽是当时常见的话题。但斯威夫特所不知道的是，他尖锐针对数学家的这一点是对的。这些爱做梦的人正如斯威夫特的直觉所显示的那样，是最危险的科学家。显微镜和望远镜是吸引众人目光的精彩发明——《格列佛游记》一书见证了斯威夫特着迷于它们揭示新世界的能力——但新器具的发明只是这个时代的一部分故事。人们很快就会看见改变世界不需要奇特的工具，只需一支笔。

因为正是数学家发明了推动科学革命的引擎。几个世纪以后，这个故事还会找到回响。1931 年，爱因斯坦和他的妻子艾尔莎，在人们夹道欢迎下来到加利福尼亚州威尔逊山的天文台参观，那里有世界上最大的望远镜。[16]有人告诉艾尔莎，天文学家利用这个宏伟的望远镜确定宇宙的形状。“嗯，”她说，“我丈夫利用的是一个旧信封的背面。”

认真看待科学的局外人也不喜欢他们所看到的东西。科学家们把自己的工作看成是向上帝表示敬意的一种方式，但批评

89 者则不那么肯定。天文学激起人们最多恐惧。谁需要新的天文学知识，当我们已经从最权威的书上知道天堂和人间的故事？进一步探讨等于视《圣经》不过是信息来源之一，可以像任

何其他信息来源一样被检视与质疑。17 世纪有个通俗的顺口溜捕捉住科学家们的观点："摩西五经不过是假设。"[17]

虔诚的信徒还提出另一种反对意见。科学家已经从思考深刻的问题变成了蠢蛋。"还有什么会是更荒谬的和不恰当的，"一位神职人员厉声说，"比起发现有人将全副心思放在象限、望远镜、火炉、虹吸管和空气泵，而非准备迎接死后永恒的生命？"[18]

科学就这样激怒了那些认为它华而不实和荒谬的人，也得罪了认定它将颠覆旧有观念的人。而同样重要的是，它几乎困惑了所有人。

90

15. 没有观众的一出戏

新科学引发嘲笑和敌视的部分理由很简单，因为它是崭新的。但有些不满则有更深层次的源头——新思想家提议更换一个历史悠久、可以理解的常识性世界图景，取而代之的却与日常生活中最朴素的事实相抵触。有什么能比我们生活在一个固定而坚实的地球这一点更不容易引发争论呢？但是，现在有个新理论，先将地球丢进太空，然后让它以我们难以察觉的方式在宇宙中穿越飞驰。如果世界像一块被弹弓射出的石头似的穿过太空，为什么我们会感觉不到呢？为什么我们不会从地球上脱落呢？

新兴科学家们的目标——找到掌管物理世界所有细节的，铁证如山的数学法则——并不是传统科学使命的一部分。希腊人与后继者将他们对完美的追求设限在天际。他们不期待在地球上找到这样的和谐。当希腊人望向天空，他们看到太阳、月

91

亮和行星们不慌不忙地进行永恒的绕行。[①] 行星们依循的路径复杂［“行星”（planet）在希腊文中的意思是“流浪者”］，但它们持续无止境地依着轨道绕行。另外，在腐败的地球上，所有的运动都是短暂的。抛下一颗球，它先是会反弹，然后滚动，最终停止。丢出一块石头它会立刻落向地面，接着静止在

---

① 作者注：月亮给希腊人带来问题。这是一个天体，意味着它是完美无瑕的，但人人都见过它明暗交错。一个可能的解释是——月亮是一面完美的镜子，上面的黑点反映着地球上的海洋。Jurgen Renn ed.，*Galileo in Context*（New York：Cambridge University Press，2002），p. 198.

那里。

我们当然可以让一般的物体移动——弓箭手绷紧肌肉拉弓射箭，马匹使劲拉犁——但地球上无生命的物体自身无法保持移动。弓箭手或马匹显然施加了某种力量，无论这股力量为何，它很快就消散了，就像是火钳离开火后热度会消失一样。

所以，希腊的物理学一开始就将研究题材划分成两个不同的部分。在头上的宇宙，物体恒动是自然的状态。在脚下的地球，物体自然该是静止的，运动的物体才需要解释。没有人认为这样的划分方式有问题，就像是在不同的国家遇到同样的问题需要援引不同的法律。天上人间彼此完全不同。星星是横过天际的闪烁光点，地球则是宇宙中央的一块大巨石，稳固不动。随机选择一个日期，比如6月1日，我们知道夜空中的星星会是什么样子，我们也知道明年的6月1日它们看起来会几乎相同，甚至是下个世纪或一千年后依然如此。[①] 但是，没有人知道今年或任何一年的6月1日，地球上会发生什么事情。 92

在公元前300年左右，亚里士多德就曾解释天上人间如何运作。之后将近两千年来，人人都满意于他的方案。所有地球上的物体都是由土、气、火和水组成。天空则由精粹、纯净、永恒的第五元素或本质组成，而数学法则也只盛行在这完美天

① 作者注：星星不会看起来完全一样，主要是因为地球就像一个旋转的陀螺，它的地轴会晃动，但是造成的差异非常小。艺术史学家和天文学家一起合作，已经弄清楚1889年6月19日晚上圣雷米（Saint Remy）的夜空景象，当晚梵高画下了《星夜》（*Starry Night*）。（梵高的画明显地忠于事实。）Albert Boime, "Van Gogh's *Starry Night*: A History of Matter and a Matter of History," *Arts Magazine*, December 1984, http://www.albertboime.com/Articles.cfm. 美国得克萨斯州立大学天文学家唐纳德·奥尔森（Donald Olson）已经在这方面做出了相似的工作，特别是他对爱德华·蒙克（Edvard Munch）的《呐喊》（*The Scream*）的研究。

域。为什么每天都可见地表上的物体移动?因为任何事物都有其归属之所，一有机会它就会返回。石头和其他重物要回归地面，火焰则升向空中，诸如此类。“猛烈的”运动——像是将标枪扔到空中——可能能够暂时克服“自然的”运动，亦即标枪落向地面的趋力——但情况很快就会回复原状。

这幅景象符合日常生活中的观察：无论正持蜡烛或上下颠倒，蜡烛的火苗总是往上升。双手分别抓着岩石和小鹅卵石高举过头，拿着岩石的那只手就是比较难持久。为什么呢?因为岩石较大，地性（earth-y）更重，更渴望回到其自然的家。

93 这类的解释含有生物学意味，现代人听起来会认为古典世界渗透着奇怪的意志和愿望。为什么物体下坠会加速?“因为落下的物体越靠近家门越是兴高采烈”,[1] 一个科学史家这样写道，岩石就好比马匹，在一天结束的时候会回到谷仓。

新兴科学家们摒弃了这类“一切都有目的”的看法。新的思维方式指出岩石只是落下，并不表示它们想去任何地方。宇宙并非目的取向。但是，即使在我们已经适应新思维几个世纪之后的今日，旧观点仍然发挥着作用。我们情不自禁地赋予无生命之物以目标和目的，无止境地将它们拟人化。“自然厌恶真空”，我们会这样说，还有“水往低处流”。在寒冷的早晨，我们谈论车子先是“不愿”发动然后“熄火”①，如果车子只是无法启动，我们会颇受挫折地捶向仪表板，嘀咕着“不要这样对我”。

打倒亚里士多德的不是别人，正是伽利略。伽利略的成功

① 译者注：此处熄火的英文原文是 dying，死去之意。

之处在于指出希腊人过于谨慎。依照数学法则规划建造的不仅限于天际，也包括平凡的尘世。拉弓射箭行经的路径一如日食的时间可被准确地预测。

这场革命有两个面向。首先，数学王国霎时间为自己取得广阔的新领域。其次，所有不能使用数学描述的部分都被推到一边，被认定是不值得研究的。伽利略确保人人都知道这个消息。自然是“一本用数学符号写的书”[2]，他坚持说，任何不能用方程语言表达的“都只不过是虚有其名”。①

94

亚里士多德也曾讨论过运动，只是使用的不是数学的方法。“运动”，涉及的不仅是位置的改变，不然的话很容易地就能简化成以数字表示。运动包括各式各样的改变——船舶航行、铁片生锈、人变老、倒下的树腐烂。亚里士多德在他的《物理学》（*Physics*）一书中认定运动是“潜能的实现”（the actuality of a potentiality）。[3] 就是这点激起了伽利略的嘲讽：亚里士多德不曾调查过运动的核心性质，只是玩弄晦涩的文字游戏。

根据伽利略急忙宣告的新观念，科学家们的任务是要客观地描述这个世界的实在（reality），而非依照外在所显现的样貌进行主观认定。客观的事物——有形的、可数的、可衡量的——都是真实而根本的。主观的感受——对世界的品味和触

---

① 作者注：受伽利略影响的后代知识分子在今日仍拥护相同的观点，措辞几乎雷同。“那些不了解数学的人很难体会自然之美，最深层的美丽所引发的真实感受……”物理学家理查德·费曼这样写道，“如果你想了解自然，欣赏自然，你必须要了解她所使用的语言。” Richard Feynman, *The Character of Physical Law*, p. 58. 译者注：理查德·费曼（Richard Phillips Feynman，1918～1988 年），美国物理学家。1965 年因量子电动力学上的贡献成为诺贝尔物理学奖得主。费曼不仅是美国家喻户晓的人物，更是 20 世纪最杰出也最具影响力的科学家之一。

碰——是可疑的和次要的。伽利略写道："如果将耳朵、舌头和鼻孔拿走，只会改变气味、口味和声音，图表、数字和运动则保持原封不动。"[4]

这项改变是巨大的。伽利略说，剥开世界的外观，你会发现掩盖之下的真正世界。世界单由运动粒子组成，就像撞球在广大的球台上相互碰撞。这个单纯的事实构成我们周围所有复杂的事物。

科学史家 C. C. 吉利思俾（Charles C. Gillispie）① 写道，在伽利略和牛顿之后，科学"用度量数量的数学语言沟通"，这种语言"之中不存在好或坏，善良或残酷……或是意志、目的和希望"[5]。以"力量"（force）一词为例，吉利思俾指出，"不再意味着'个人权力'，而只是'体积乘以加速度'"。

95

那简朴、几何的世界拥有自己的美丽，由伽利略和他的追随者保持。问题在于大多数人无法理解它。数学家们热切地认为他们的工作一如任何的音乐作品一般优雅、细微、丰富。但是每个人都可以欣赏音乐，即使他们完全看不懂乐谱。对数学圈外的人而言——也就是几乎对所有人来说——高等数学是一首沉默的交响曲，只能昏昏沉沉地看着舞台上满满的音乐家卖力地演出无声的曲目。

让人人都能听到音乐的耳机确实存在，但一次只能打造一副。有意愿戴上的人可以花费数年时间经历这个过程，但很少有人愿意这么麻烦。在科学革命之后的几个世纪里，随着新的世界观越来越站得住脚，诗人们呼天抢地抱怨科学家们让世界

---

① 译者注：C. C. 吉利思俾，著名美国科学史家，普林斯顿大学历史学教授。曾主导《科学家传记辞典》（*Dictionary of Scientific Biography*）的编辑。

失去神秘变得荒芜。“所有迷人之处飘逝/当我们用冷漠的哲学方式思考?”[6] 济慈（John Keats）① 这样诘问。沃尔特·惠特曼（Walt Whitman）② 和许多人一样，态度更加尖锐。“当我听到博学的天文学家”，惠特曼写道，他们谈论数字、图表和图形让他“疲惫又不适”。[7]

一直以来，人类理所当然地是宇宙的中心，世界为了我们的利益运行。这样的想法已经不复可行。在新的世界图像中，人不再是创作的巅峰，而是后来添加之物。少了我们，宇宙仍将以几近完全相同的方式继续运行下去。天空中的星星依循着轨道，无论人们是否曾经注意到，这些轨道都不会改变。在这场宇宙大戏中，人类的角色是一只嗡嗡作响的苍蝇，围绕着华丽的古老大钟打转。

96

思维的转变一如地震，它出现的方式不同于教科书上展示的科学进步历程图。改变并不是来自为旧问题寻找新答案，而是放弃无法回答的旧问题，代之以更新、更有收获的新问题。亚里士多德曾提出“为什么”（why）的质疑。石头为什么会落下？火苗为什么向上升？伽利略则追问现象“如何”发生（how）。石头如何落下——速度会永不停歇地越来越快，还是只会达到稳定行进的速度？当它们落在地面上时速度有多快？

亚里士多德的质疑解释了世界，伽利略的追问则描述了世界。新兴科学家们开始不再思索他们的前辈认为是根本的那些问题。(现代的物理学家也经常采取相同的不耐烦态度。当有

① 译者注：约翰·济慈（1795～1821 年），著名的英国诗人与作家。

② 译者注：沃尔特·惠特曼（1819～1892 年），美国著名诗人与散文家。他的著名诗集《草叶集》因对性的大胆描述在出版时引发了巨大争议。

人要求理查德·费曼帮助他以量子力学想象的方式理解世界时，他假装生气地说："闭嘴，开始着手计算就对了。"[8])

对于抛出的石头为何落下这个问题，亚里士多德有绝佳的答案。伽利略并未对此提出不同或更好的答案，而是完全不予回答。亚里士多德坚持人们并不"理解事情直到他们知道'为什么'"，[9]但伽利略完全不做此想。他宣称，问事情为什么发生"并不是调查的必要部分"。[10]

而这种改变仅仅只是开始。

16. 将一切拆解成碎片

97

伽利略、牛顿和他们的革命伙伴立即放弃了另外一个令人重视的观念。这一次，他们要放逐的对象是众所周知的常识。世人长时间所熟悉的事物一直被喻为是防止妄想的最可靠的保障。新兴科学家们拒绝这个陷阱。“天空并不如表面上所见，天体运行也是，”一位现代历史学家复述笛卡儿的意见道，“整个宇宙都不是我们所见到的样子。我们看见一个有质量和生命的世界。但这些都只是外在。”[1]

波兰的一名神职人员和天文学家尼古拉·哥白尼（Nicolaus Copernicus）给常识最初也是最沉重的打击。尽管我们生活在坚实的地表和太阳绕着我们运行的证据清楚到连孩童都懂得，但哥白尼仍认为大家都错了。地球绕着太阳运行，并像陀螺一样旋转，而没有人感觉得到。

听说过这个新奇理论的人都开心地指出这是可笑的。因为一个以太阳为中心的宇宙概念与《圣经》经文相矛盾。难道约书亚不是曾命令太阳（而不是地球）静立在天空？① 这是新观念要为人所接受的巨大障碍。17 世纪 30 年代，哥白尼去世近一个世纪后，伽利略因为主张太阳为宇宙中心的思想面临酷刑和终身软禁的威胁。

98

（艾萨克·牛顿出生于伽利略去世的那一年。这虽是巧

① 译者注：《圣经》中约书亚记记载，约书亚祷告上帝让“日头在天空当中停住，不急速下落，约有一日之久”，好让以色列军队有时间完成攻城任务。

合，但在事后看来它似乎预示着科学将在英国崛起，在意大利渐渐没落。17 世纪的英国欢迎科学，理由是科学支持宗教，所以科学蓬勃发展；而 17 世纪的意大利畏惧科学，理由是科学削弱宗教，科学因而衰败。这一点就不是巧合了。[2])

哥白尼自己也犹豫了几十年的时间才出版他唯一的科学作品《天体运行论》，也许是因为他知道这将激起宗教界的愤怒以及科学界的反弹。根据传说，1543 年 5 月 24 日，他在临终之前交出了这部巨著的手稿，尽管那时他可能已经衰弱到无法识别它。

撇开宗教不谈，科学界的反对声浪巨大。如果哥白尼是对的，那么地球以时速数十万英里的速度在巨型轨道上疾驰，没有人承受得了这种速度。骑马驰骋大约 20 英里的时速就已经是人类移动的极限了。

这些反对声浪都是由最受人尊敬的学者，而非下里巴人所提出的。无论是就科学或是哲学的理由而言，他们都认为地球是静止不动的。(亚里士多德曾认为，地球静止不动是因为它已经回到自然所属之所，也就是宇宙的中心，就像是一般地面上的普通物体，除非有外力撞击，否则保持静止状态。) 学者们指出无数的观察所得都导致相同的结论。我们可以肯定地球

99

是静止的，一位著名的哲学家解释说："地球只要轻轻一晃动，我们会看到城市和堡垒、城镇和山脉倒下来。"[3]

质疑者指出，我们没有看到城市翻倾，或是任何其他的证据显示我们生活在一个猛烈碰撞的平台上。如果我们正在前进，为什么我们将饮料倒入玻璃杯中时，不必担心玻璃杯已经移动了几百码的距离而接不到饮料呢？如果我们爬上屋顶，抛下一枚硬币，为什么硬币会落在正下方而非百里之遥的地方呢？

哥白尼的新学说不仅引发嘲笑和混乱，也造成恐惧，因为它几乎立刻导致超越科学的问题。如果地球只是众多行星中的一颗，其他世界也有生命吗？是什么样的生物呢？耶稣基督也为他们的原罪而死吗？他们也有自己的亚当和夏娃吗？他们对邪恶和原罪的看法又是什么？“最糟糕的是，”套用科学史家托马斯·库恩（Thomas Kuhn）① 的话，“如果宇宙是无限的，就像许多哥白尼的后继者所认为的，上帝的宝座在哪里？在无限的宇宙中，人要如何找到上帝或是上帝要如何找到人呢？”[4]

哥白尼不能通过新发现或新的观测所得解除这种担忧。他从来没有使用过望远镜——在哥白尼逝世大约 70 年后，伽利略首度将望远镜转向天空——而望远镜在任何情况下都无法显示地球正在转动，只能提供证据让人推断它的运行。

相反，哥白尼可以看得见、摸得着的一切都站在与他对立的旧理论那一边。“我们的常识赞同托勒密的观点，”[5] 牛顿在剑桥大学的同事，杰出的英国哲学家亨利·摩尔（Henry More）② 说。但常识有败笔。由托勒密创设的以地球为中心的旧理论在数学上是一团混乱，使它走入死胡同。旧的系统虽然完美运作，但它是一个大杂烩。 100

对哥白尼之前的天文学家而言，弄清楚行星的运行是一项巨大的挑战，因为行星跨越天际并不依循单纯的路径，在某些时候它们会中断原本的运行绕回刚刚经过的地方。（恒星就不

---

① 译者注：托马斯·库恩（1922～1996 年），美国科学史家，著有《哥白尼革命》和《科学革命的结构》等书。

② 译者注：亨利·摩尔（1614～1687 年），英国哲学家，也是一位理性主义神学家。

这样难以理解。每天晚上希腊天文学家观看着恒星顺利在天际绕行，以北极星为中心旋转一圈。每个星座都围绕着中心运行，像是旋转木马上的马匹，各星座中的恒星从不改变它们的位置。）

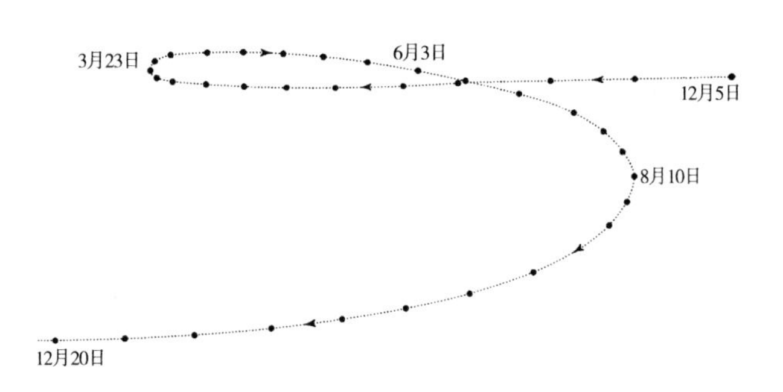

最近某一年从地球上观测到的火星运行路线，6 月到 8 月期间它会出现逆转的情况。（每隔两年多，火星会出现两次返回原本行经路线的类似逆转，不过是出现在天空中不同的地方。）

要正确计算行星的奇怪轨道变化已经足以让古代天文学家头大了。古典教条限定行星必须绕行圆形轨道（因为行星是高高在上的天体，而只有圆形才够完美配得上）更增添挑战的困难度，但圆形轨道与资料不符。解决方案是将之推给复杂的数学计算，认定行星虽非绕行圆形轨道但也是相近之物——小圆圈接着大圆圈，像是摩天轮上循环转动的座位，或甚至是一圈接着一圈又一圈。

哥白尼抛开这整个复杂的系统。他认为行星并非真的不时改变移动方向，而是单纯地绕太阳旋转。行星的轨道之所以看起来这么复杂，原因在于我们是从地球上进行观测，而地球本身也正环绕着太阳旋转移动。当我们经过其他行星（或当其他行星经过地球），看起来就好像行星的行进路线改变了。如果我们能从太阳上方俯瞰太阳系，所有的谜团都将消失。

新的行星运行系统在概念上比旧有的系统简洁，但它并未提供新的或更好的预测。对于任何实际问题——像是预测太阳系日食和月食发生的时间——新旧两个系统的准确度相当。难怪哥白尼会隐藏他的想法如此之久。这位谨慎的思想家最终鼓起勇气做出这项惊人之举的原因不是其他，单纯是用更具数学之美的系统取代了烦琐的理论，为此他大胆地让地球转动起来。[6]

革命性的论点说服少数知识分子的关键可能单纯出于美学的理由，但大多数人都想要看到更多证据。新的理论如何处理最基本的问题呢？“如果月球、行星、彗星和地球的本质相同，”阿瑟·库斯勒（Arthur Koestler）① 写道，“那么它们也必然具有‘重量’；但是行星的‘重量’究竟意味着什么？是什么支撑着行星？又或者它们将落向何方？如果石头落向地面的理由并非因为地球是宇宙的中心，那么石头为什么落下？”[7]

102

对于这些问题，哥白尼并没有给出答案，他也无从解释何以行星依循轨道运行或是恒星为何固定不动？希腊人曾提出解答，几千年来他们的答案广为人们接受。（每颗行星都在巨大、透明的圆形球体上占有一个位置。以地球为中心，这些球体层层相套。最大、最遥远的球体上布满恒星。当球体转动时，会带动其上的行星和恒星。）

---

① 译者注：阿瑟·库斯勒（1905～1983 年），匈牙利裔犹太人，英国作家、记者和评论家。原为共产党员，后趋向自由主义。他反思苏联斯大林主义大肃清的作品《中午的黑暗》（*Darkness at Noon*）是西方文学史上著名的政治小说。

但是，没有人能回答关于恒星和行星的新问题。没有人知道为什么位于地球和天际的物体依循不同的法则运作。甚至没有人知道在哪里可以找到问题的答案。身为诗人和牧师的约翰·多恩替许多跟他同时代的人说出了困惑与沮丧。“太阳迷失了，地球也是，缺乏有识之士/告诉他哪里可以找到答案。”[8]在伽利略首度利用望远镜观测天象后一年，他在一首诗中说出这样的感叹。

“新的哲学思维质疑一切，”多恩在另一首诗歌中写道，“将一切拆解成碎片，不复理解。”

第二部分

希望与怪兽

17. 前所未见

105

弗吉尼亚·伍尔芙（Virginia Woolf）① 曾说过一句著名的话："大约是在1910年的12月，人类的行为改变了。"[1] 如果她选择不同的日期，这句话也同样适用，那正是在三个世纪以前。1610年1月7日，伽利略将望远镜转向夜空。人类的本质——或至少是人类如何看待宇宙与自身所处的地位——永远改变了。

3个月后，伽利略借由一本名为《星际使者》（*The Starry Messenger*）的书向世界揭示他的所见。书籍流通到威尼斯的当天，英国大使亨利·沃顿爵士惊慌地捎信回国。"在此通报陛下一件最为怪异的新闻（我可以理直气壮地这么称呼它），从未在世界上的任何一个角落听闻此事。"亨利爵士对"新闻"这个字眼的强调非常相称。他所传递的讯息并非现代记者报道的那类"新闻"，而是货真价实的"新闻"——汇报前所未见、无从想象的事情。

这个惊人的新闻是什么？"帕多瓦（Padua）的数学教授……发现了4颗围绕着木星的新行星"[2]——恒久不变的天空出现4颗新的行星——而且这还只是故事的一部分。伽利略

106

① 译者注：弗吉尼亚·伍尔芙（1882～1941年），英国女作家，被誉为20世纪现代主义与女性主义的先锋。著名文人团体 Bloomsbury Group 的成员之一。所著知名的小说包括《达洛维夫人》（*Mrs. Dalloway*）、《到灯塔去》（*To the Lighthouse*）和《雅各的房间》（*Jakob's Room*）。在本文中，伍尔芙这句话的意思是指20世纪初期社会上人际关系的改变。

还发现了银河的秘密；他也知道了月亮的真正性质以及上方的坑坑疤疤，这是人类有史以来的创举；他还发现，理应纯净的太阳被黑点破坏。简单说，一如沃顿目瞪口呆惊讶地汇报："他……推翻了先前所有的天文学知识。"

四十年以前，丹麦天文学家第谷·布拉赫（Tycho Brahe）①的发现震惊世界。1572 年，第谷在仙后座（Cassiopeia）看到一颗他以为的新恒星。② 身为最后一位以肉眼观测天象的伟大天文学家，他细心地观察着，并拥有无与伦比的天文知识。他吹嘘自己从少年时代起就知道"所有天空中的星星"[3]，尽管即便只是业余的观星者也能辨识仙后座明显的 W 型。这颗可能的恒星十分明亮，就算在白日也能瞧见。人们看见它超过一年的时间，这意味着它不可能是一颗彗星。它从未改变与其他恒星的相对位置，这表示它必定是在非常遥远的地方。只有恒星才具有这些属性。这是不可否认的，但也是不可能的。

在今日，每一个有前途的演员或运动员都是一颗"新星"，这种陈腐的用法让这个词失去了它的力量，但当第一颗新星出现在永恒不变的天际时，它是令人震惊的。第谷宣称它是"开天辟地以来自然界最伟大的奇迹，或者无论如何都能与约书亚祷告令太阳停止的想法相提并论"。[4]

---

① 译者注：第谷·布拉赫（1546～1601 年），丹麦天文学家和炼金术士。他最著名的助手是约翰尼斯·开普勒。

② 作者注：现代天文学家已经知道第谷发现的恒星是颗超新星（supernova），也就是爆炸的恒星，而不是新的恒星。译者注：1573 年第谷出版《新星》（*De Stella Nova*）一书，以"nova"作为这颗"新"星的名字。这颗超新星现在就称为第谷超新星。

由于无法弄清楚这颗新星出现的意义，大多数的观察家称这个异常现象为“第谷的星星”，并尽最大努力不加以理会。但在1604年，又出现了一颗新星，并可能较先前更为明亮。伽利略在兴奋之余，针对这颗新星发表公开演讲，座无虚席。[5] 三十年内接连发现两颗新星震惊了知识界。观星家对夜晚的星相了如指掌，就像沿岸居民熟知水性。如果我们低估他们所受到的震撼，就错失了这件事代表的意义。怎么会有一颗恒星凭空冒出？几乎是在同一时间，全体欧洲人所受到的震慑程度就跟大西洋的另一岸相当。

1609年9月3日上午，一群印第安人驾着独木舟，在今天的曼哈顿岸边捕鱼，看到远处出现奇怪的景象。[6] 一开始只看得清楚这个奇怪的物体是“在水面上游泳或漂浮的巨大东西，是他们从来没有见过的”。首批目击证人跑上岸招募援兵。随着物体靠近，人们漫天猜测。“有些（印第安人）认为这是不寻常的大型鱼类或其他动物，有些人则认为这是一间大房子。”神秘的物体靠近，然后停止，巨大的白帆如波浪般起伏。岸上的印第安人和亨利·哈德逊（Henry Hudson）① 的“半月号”（Half Moon）船上的水手们，在恐惧与兴奋的情绪交织下站着，面面相觑。

看到前所未见的景象是什么样的滋味？

就在1609年同年，可能是5月的时候，伽利略听到人们谈论荷兰的一项发明，有位眼镜师父发明了一项设备能让远方

---

① 译者注：亨利·哈德逊（1565～1611年）是一位英国探险家与航海家，以搜寻西北航道而闻名。哈德逊湾、哈德逊郡、哈德逊海峡及哈德逊河都以其命名。

的景象仿佛近在眼前。在这个时候，老花眼镜已经有百年的历史了。近视眼镜的使用虽然是较晚期的事，但很快被广泛接受。老花眼镜的镜片是凸透镜，中间厚，边缘薄［就像是扁豆的形状（lentil-shaped），这也是镜片（lens）一词的由来］；近视眼镜的镜片是凹透镜，中间的厚度比边缘薄。望远镜的突破在于结合凸透镜与凹透镜。[7] 一切都取决于两个镜片的使用比例，对研磨和抛光镜片的技术要求极高。

到了8月底，伽利略为自己打造了这么一个魔法利器。虽然这东西看上去并不像具有魔力——主要是用纸张和木材组成约一码长的细管，像是卷得紧紧的海报，此外也需要一些调整才能找到观看的窍门。伽利略向一群威尼斯名流展示这项设备。他们轮流使用他的望远镜观看，“真是太神奇”[8] 的反应让伽利略引以为傲。

“许多贵族和参议员虽然年事已高，仍不止一次地登上威尼斯最高教堂的塔顶，”伽利略指出，“观看远方的船只，它们的距离是那么遥远，若是少了我的观察镜（spy-glass），需要两个小时的寻找才得以看见大船入港的景象。”[9] 这项发明在军事上的用途并不显著，但伽利略确保没有人可以忽视这一点。他指出，望远镜让使用者“和一般的时候相比，老远就能发现敌人的船只，这表示我们能在自身被发现前两个小时就可以侦测到对方。”[10]

伽利略的名声水涨船高。参议员们兴奋于他们所看见的景象，立刻将伽利略的薪水加倍，并向他提供帕多瓦的终身教职。（伽利略促成这一切发生的方式是奉送参议员们精心制作的望远镜作为礼物，这一次不是单调乏味的细管，而是由红色与棕色皮革装饰的华丽仪器，就像是镶金线的精装书本。）

伽利略老谋深算地决定突出望远镜的战争和商业价值，但这一点也是必要的。伽利略有着雄心壮志。他从一开始就知道真正的发现来自仰望群星，而非远眺海面。这意味着，需要诱使世人相信自己可以信任这种崭新、神秘的发明所揭示的景象。1611 年，他在罗马将望远镜指向一座远方的宫殿，“我们能轻易计算每一扇窗户，即便是最小的也不遗漏”。将望远镜瞄准远处的木牌，“即便是字母之间的句号我们也能分辨”。 109

因此，望远镜提供的信息是真实可靠的，它能揭露远处物体的真实面貌。[11]透过光与镜片间巧妙或奇怪的比例，这东西不知何故像是变戏法似地呈现景象。如果伽利略单纯地将他的望远镜指向天际，没有先前的这些暖身预备，怀疑论者可能已经拒绝相信他声称看到的奇景。（即便如此，还是有些人拒绝使用望远镜，就像今日有些人可能还是会回避使用所谓的车身电子稳定系统。）

伽利略继续改进他的设计，很快就打造出能放大 20 倍的望远镜，是他第一个模型的两倍强。[12]他现在可以肯定，出现在 1572 年和 1604 年的新恒星仅仅是前奏，是视觉交响乐开始前的两个音符。

他自己的兴奋之情与圣马可钟楼（San Marco's belltower）①上欣喜若狂的参议员们相当。“绝对新颖的”这项发明，伽利略写道，让他满溢“令人难以置信的喜悦”。[13]他惊叹所见景象，“无数从未见过的恒星，数量是先前已知恒星的十倍不止”。月亮，曾是上千诗人歌颂的完美圆盘，“并未具有圆滑而又有光泽的表面，而是像地球一样粗糙不平，到处充满巨大 110

① 译者注：圣马可钟楼是意大利威尼斯的一座钟楼，位于圣马可广场附近，靠近圣马可教堂前方，是威尼斯的地标之一。

的隆起、深刻的裂痕和弯曲”。

银河并不如长期以来所推测的，是某种宇宙迷雾反射来自太阳或月亮的光线。透过望远镜一瞧就能立即制止所有“有关这项议题喋喋不休的争议”，伽利略自豪地说，毫无疑问，“银河系就只是无数颗恒星聚集在一起形成的……它们当中有许多还算大且极为明亮，而小型恒星的数量多到无法计算”。

然而，另一个保证“激起前所未见震撼”的发现才是最重要的。但是，即使是伽利略自己也是慢慢地才发现这令人惊讶的曙光。他将望远镜瞄准木星，在其附近发现了几个明亮的天体。隔天，这些天体仍旧可见，只是换了位置。几天后，位置又再度改变。有些时候可以看见四个天体，有些时候只有两个或三个。这代表着什么意思呢？

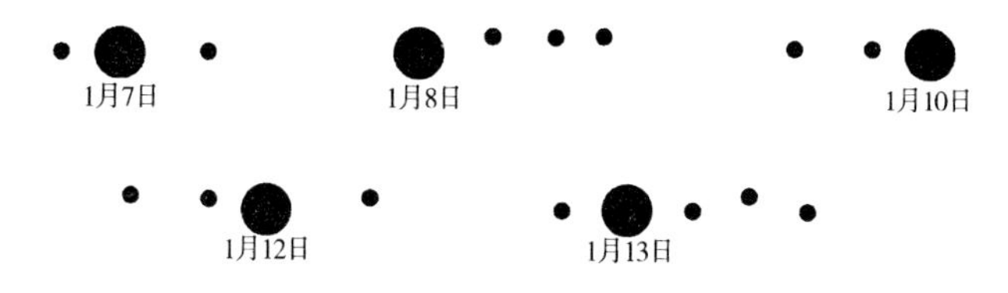

伽利略所看到的木星和附近的神秘天体。

伽利略的解答是，这四个天体环绕木星转动。“我已经发现了四个先前没有任何一个天文学家知道或观测到的行星。”伽利略扬扬得意道。（他匆匆地为这群卫星命名，以向托斯卡纳大公科西莫·美第奇致敬，后者开心地接受了。）这是一个行星系统的缩影，是可观察到的现实而非图表或数学假设。木星的卫星就像是小型地球围绕着中心转动。那么，这是否表示地球本身也可能围绕着一个巨大的中心转动呢？[14]如果地球的情况是如此，其他的行星是否也有可能呢？

111

这些发现在令人振奋的同时又使人感到迷惑。望远镜所揭示的远方景象超出人们的预期，取悦了许多17世纪的思想家，因为这正证明了上帝的创造真的是无远弗届。无限的上帝创造无限的宇宙是再恰当不过的了。还有什么可能“比上帝创造与自身的无限等量齐观的宇宙更加灿烂、辉煌和壮丽的呢?”皇家学会的约瑟夫·格兰维尔这样问道。[15]

宇宙的大门已经敞开了，乐观主义者跨过门槛在无边无际中徜徉。“当天空是布满星星的蓝色拱门时，我认为宇宙过于狭窄封闭，”[16]法国作家伯纳德·德·丰特奈尔在他提出新信念、广受欢迎的作品《论世界的多重性》(*On the Plurality of Worlds*)① 中极其喜悦地说道，“我几乎要因为缺氧窒息；但现在世界的高度和宽度都已增加，当中还有成千的星旋加入。我开始能更自由地呼吸，并认为宇宙与先前相较更加辉煌。”②

但一望无际的宇宙向我们招手，也引发某种让人害怕颤抖的广场恐惧症。行星不过是漂浮在黑暗无尽穹苍的灰尘，这个 112

---

① 译者注:《论世界的多重性》是丰特奈尔在1686年出版的科普读物。书中阐述了1543年由哥白尼提出的日心说宇宙模型。这是启蒙时代最重要的科学著作之一，也是丰特奈尔最有名的作品。值得注意的是，他并未使用当时的学术语言拉丁文进行书写，刻意以容易理解的解释方式让缺乏专门科学知识的读者也能够理解。1687年，该书翻译成英文。1688年另一个英文翻译版本出现，书名改为《发现新世界》(*A Discovery of New Worlds*)。

② 作者注：丰特奈尔精力充沛，尽管坚持到底不是他的强项。他接着马上以同样的活力坦承，担心广袤的宇宙让他自身的努力显得似乎是微小而无足轻重的。就像是我们这个时代的卡尔·萨根一样，他的热诚与学术表现足堪相提并论。丰特奈尔活到100岁，一生都未曾放慢脚步。接近人生的终点时，他遇见了一个著名的美女，他说：“啊，夫人，如果我能重回八十岁多好!”译者注：卡尔·爱德华·萨根(Carl Edward Sagan，1934~1996年)，美国天文学家，著作等身，同时也是成功的科幻作家与科普作家，其参与制作与主持的科普节目广受欢迎。

景象吓坏了许多人，帕斯卡所言说出了他们的心声。“无限空间的永恒沉默使我害怕”，[17]他这么指出，他似乎看到人类的寂寞旅程，类似于船员漂浮在一望无际的大海上。“在无边无际中的人是什么呢?”帕斯卡问。

数十年前，哥白尼就曾将地球推离舞台中央，激发了类似的问题与担忧，但受影响的是小众。伽利略的影响力要大得多。几乎无人能弄懂数学推论，但人人都可以利用望远镜观测。不过，无论是由哥白尼或伽利略担任说书人的角色，故事都是一样的。地球不是宇宙的中心，只是位于宇宙任意角落的一颗普通行星。

去除地球的特殊地位，始终被当作对人类骄傲的一大打击。例如，弗洛伊德著名的主张就提到，现代历史上有三位思想家对人类的自尊产生了巨大的打击。他们是哥白尼、达尔文和弗洛伊德本人。达尔文证明人类不过是动物，弗洛伊德指出我们看不到自身的动机。而第一个打击则来自哥白尼，他将人类推下荣誉的王座。

弗洛伊德的说法当中有个关键部分几乎是完全错误的。在哥白尼和伽利略之前，人们一直相信他们自己是住在宇宙的中心，但在他们的心目中，这个中心是个可耻的、退化的地方，并不高尚。无论从何种意义上来说，地球都是卑微的，天堂遥不可及。人们占据着“世界的污泥与浊水”，蒙田（Michel de

113 Montaigne）① 还写道，“是宇宙最糟糕、最低等、最没有生气的一部分，就像是房子的底层”。[18]

当时在人的宇宙地理图像中，天堂和地狱是实际存在的地

① 译者注：蒙田（1533～1592 年），法国文艺复兴时期作家，人文主义者，以《随笔集》留名后世。

方。地狱所在之处并不仅是模糊地“居下”，而是确实位于耶路撒冷下方的地球深处。地球是宇宙的中心，而地狱则是中心的中心。伽利略的对手，枢机主教贝拉明（Cardinal Bellarmine）阐述了事情为何如此。“魔鬼和邪恶该死的人所在之处应该是尽可能地远离天使和受到祝福之人永远的居所。有福的人（如同我们的敌人所同意的）① 居住在天堂，而没有任何一个地方比地球的中心距离天堂更远。”[19]

人类一直在宇宙中占据了显著的位置，换句话说，这是一个危险的和被遗弃的位置，而不是光荣的宝座。千古以来，神学家认定这种安排方式正是因为它没有吹捧人类的骄傲。他们认为谦逊是一种美德，以“污泥浊水”为家几乎可以肯定是谦虚的。

从某种意义上说，哥白尼帮了人类一个大忙。借着将地球移出中心，人类也不再容易受到伤害。讽刺的是，这成了宗教思想家们另一个反对新学说的理由。神学家们发现自己陷入了难题——当人类的位置移动时，该如何保全人性？

随着时间的推移，他们将会得出一个答案。他们将抓住新天文学说的不同面向，即宇宙的规模正在大幅扩张。如果宇宙变大，人类就相对变小。对于寻求调和自身主张与科学新教义的神学家来说，贬低人类价值的学说似乎是值得欢迎的消息。

---

① 译者注：这里的敌人是指伽利略。

114

18. 像羊一样大的苍蝇

显微镜比望远镜晚一点出现，但是它所发现的世界引发的震撼与望远镜是相当的。这一回，显微镜所发现的新世界充满了生命。这个新王国的伟大探险家，荷兰商人安东尼·范·列文虎克（Antonie van Leeuwenhoek）①，不太像是一名征服者。他开始着手摆弄镜片似乎并不出于雄心壮志，而只是为了检查布料样品的缺陷。

列文虎克的观察很快就超出布料样品的范畴。通过自己制造的显微镜——比起我们以为的显微镜，这东西看起来更像是放大镜——他见到了没有人想象得到的景象。在一阵狂热的兴奋下，他立刻写了上百封信给皇家学会，描述他所发现的"神秘世界"。一滴池水中所包含的生物让他感到兴奋不已，并且他发现自己甚至不再需到户外走动就可以见到丰富而复杂的生命。他把自己的口水放在显微镜下，结果"奇迹般地看见上述提到的许多非常小的、活生生的微生物（animalcules），优美地移动着。其中最大的一种运动起来非常有力且迅速，在唾沫中快速移动就像是狗鱼穿梭水中"。[1]

115 胡克多年来一直使用他自己设计的显微镜进行实验。虽然列文虎克的显微镜能产生更清晰的影像，但在1677年11月15日，胡克也提到他看到了大量"非常小的动物"[2] 在一滴水中游

① 译者注：安东尼·范·列文虎克（1632～1723年）是一位荷兰贸易商与科学家，有微生物学之父的称号。他借由显微镜观察并描述单细胞生物，将这些生物称为animalcules。

泳。他还有证人。[3] 胡克列举的证人清单上有："亨肖先生、克里斯托弗·雷恩爵士、约翰·霍司基思爵士、乔纳斯·摩尔爵士、麦波雷多夫特医生、希尔先生、克罗能医生、柯鲁医生、奥布里先生和其他人。"这份名单表明这样的发现是多么令人震惊的。显微镜是多么新奇的东西，通过它见到的微小、充满生命力、在此之前不为人知的世界又是如此惊人，即使是像胡克这样著名的研究者也需要盟友支持他的发现。以今日的情况而言，这就像是史蒂芬·霍金（Stephen Hawking）① 用一种新型的望远镜观测天空，看到成群的 UFO 飞行。在他告诉世界之前，霍金可能需要耐心劝说其他优秀的科学家也来亲自瞧瞧。

但是，胡克和皇家学会其他成员无法赶上列文虎克的进展。他极富耐心、对万物抱持好奇的态度、眼光出奇敏锐，斩获的发现一个接着一个。② 迟早，所有一切——池水、血液、他的牙齿菌斑——都会被置于他的显微镜底下。有天晚上，列文虎克跳上床"快速射精后马上"冲向他的显微镜。他成为有史

---

① 译者注：史蒂芬·霍金，英国著名物理学家，被誉为继爱因斯坦之后最优秀的理论物理学家。霍金出生当天正好是伽利略逝世 300 年忌日。1979 年，他受聘为剑桥大学应用数学和理论物理学院的卢卡斯教授（Lucasian Professor）。卢卡斯数学教授席位（Lucasian Chair of Mathematics）是英国剑桥大学的荣誉职位，1663 年牛顿亦曾获颁此席位。

② 作者注：列文虎克是维梅尔同时代人。两人都住在代尔夫特，并同样着迷于光线及镜片，列文虎克担任维梅尔的遗嘱执行人。有些艺术历史学家认为，维梅尔画作中的天文学家和地理学家描绘的都是列文虎克，但一直没有人能够证明列文虎克和维梅尔曾经碰面。译者注：维梅尔（Johannes Vermeer，1632～1675 年）是 17 世纪荷兰画家，其作品以限定空间内严谨的构图以及光影的巧妙运用著称。他一生的工作与生活都离不开荷兰著名陶瓷小镇代尔夫特，有时也被称为代尔夫特的维梅尔（Vermeer of Delft）。著名画作有《倒牛奶的少女》《戴珍珠耳环的少女》《天文学家》等。

以来第一个见到精子细胞的人。[4]“在一粒沙子般大小的分量中有上千物体游动，”他怀着惊讶之情写道，“它们有着细细的

尾巴，长度约是身体的五六倍……借着尾巴往前游动的样子就像是蛇或是在水中游泳的鳗鱼。”① 列文虎克急着向皇家学会保证，他是在“夫妻性交后”取得样本（而不是借由“罪恶地玷污自己”），但他未论及是否列文虎克夫人也分享了他的科学观察爱好。

列文虎克夫人是否爱好科学这一点并不重要，还有其他人分享了列文虎克的科学观察爱好。即便是查理二世也很高兴能通过显微镜见证生命的缩影。“陛下看到小动物，惊讶地注视着并带着崇高的敬意提到我的名字。”[5] 列文虎克自豪地说。这点进展几乎就像列文虎克的科学发现一样引人注目。在科学的新世界，一个从来没有上过大学，只说荷兰文不懂拉丁文的商人，也能找到引起国王注意的重大发现。

不只是科学家，17 世纪的知识分子都为显微镜和望远镜着迷。如同我们已经看到的，望远镜会让人沉思起人类的弱小这一点并不受欢迎，但是显微镜揭示世界当中另有世界的景象并未对大多数人造成困扰。不过，帕斯卡是个例外。无尽地向内探索微小的世界——“带有关节的四肢、四肢中的血管、血管中的血液、血液中的体液、体液中的小球体、小球体中的气体”[6]——让他反胃和害怕。许多十岁儿童喜欢向外扩张他们的想象，帕斯卡的前进方向则是相反的：我住在格伦代尔路 10 号，马布尔黑德

① 作者注：列文虎克在命运之夜所使用的显微镜在 2009 年 4 月诉诸拍卖，中标价是 48 万美元。

镇，埃塞克斯县，马萨诸塞州，美国，地球，银河系。帕斯卡的 117 内在之旅享有相同的节奏，但他语气中的恐惧全无童趣。

大多数人面对显微镜的态度都是着迷胜过恐惧，也许仅仅是因为我们在身形上的优势让我们感到握有权力。无论如何，望远镜和显微镜都强化了上帝的设计者角色。平凡的世界已经提供无数上帝展现巧手的例子。“如果人和野兽是由原子偶然碰撞而成的，”牛顿轻蔑地写道，“他们身上会有很多无用的部分——这里多块肉，那里多个部分。”[7] 现在显微镜观察发现，即使在人类从来不知道的秘密领域，上帝的创造也无微不至。不同于那些家具制造商，比方说，只将注意力放在资料柜与书桌前方，却忽略了注定无人瞧见的那部分的表面处理，上帝创造的每个细节都是完美的。

天际、跳蚤、苍蝇和羽毛的荣耀都要归于上帝。人造物和上帝的创造相比是粗制滥造的。胡克曾用显微镜检测针尖，测试它是否“和针叶一般锐利”。他所见到的不是完美光滑的表面，而是“大型的空洞与粗糙的表面，像是长时间锈蚀的铁管”[8]。书页上印出的句点也是如此。肉眼看上去是“完美的黑色圆点”，胡克写道，“但用放大镜一瞧，它看起来是灰色的，很不规则，像是伦敦污泥造成的一个大污点”。

自然世界的一草一木就算再微小也值得全神贯注地研究。伽利略一开始借助显微镜进行实验时，就已经利用不同的设计对之进行了改造。他的成就令人惊讶地直追四个世纪后的我们。伽利略曾见过“看起来像羊一样大的苍蝇”，他告诉一名法国的访客，“身上覆满毛发，有着非常尖锐的指甲，借以让 118 它们即便颠倒着身子时也能在玻璃上直立行走”。[9]

许多被仔细检查的对象甚至不如苍蝇。1669 年 4 月胡克和皇家学会的其他成员先是专心盯着一小块肥肉瞧，然后是黏装书页胶水上的一抹霉菌，“上面发现长着细苔”。[10]一位用显微镜研究植物的早期科学家诧异地说：“即便是人们用来助走的最是平淡无奇的一根棍子都可说是大自然的工艺品，远远超出世界上最精致的刺绣。”[11]

胡克出了一本名为《显微制图》（*Micrographia*）的精装书，里头有着令人惊叹的插图（由胡克本人制作），如 12 乘以 18 英寸大小的跳蚤图解折页。胡克语带佩服地指出这种生119物“表面装有奇怪光滑的暗黑色硬壳，彼此整齐地接合……”另一张超大尺寸的插图则是苍蝇的眼睛，上头有着约 14000 个面或“珠子”。胡克费尽心思合理化地解释他为何如此注意这么卑微的昆虫。“渴望知道每个珠子的目的与结构，就像我们对鲸鱼或大象的眼睛抱持着好奇一样”，他写道，并指出无论何种情况下，上帝肯定都能办到。“就好像一天和一万年对他来说是一样的，拥有一只眼睛或是一万只眼睛也是同样的情况。”[12]

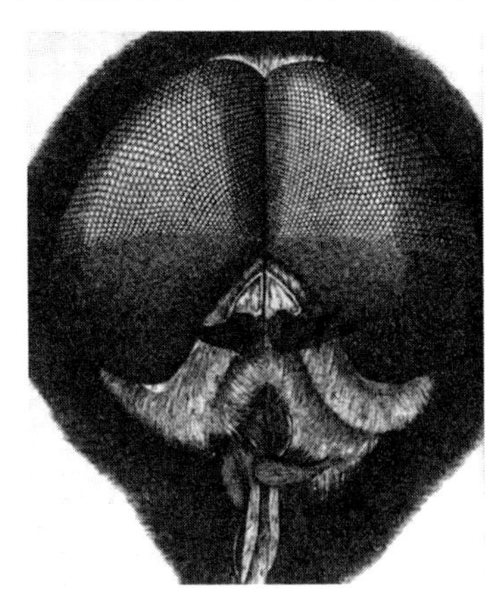

罗伯特·胡克所画，苍蝇“精心设计”的眼睛。

望远镜和显微镜都开辟了新的世界。世界的新面貌强化了信念，认为宇宙中的事物不分大小无不完美、和谐，其功能设计更是难以想象的复杂。上帝是以群星为素材的雕塑家，有着连手艺最佳的珠宝匠都自愧不如的巧手。

120

19. 从蚯蚓到天使

如果 17 世纪的思想家只是将上帝视为才华洋溢的艺术家和巧匠，他们可能会采取不同的形式表达敬意。然而情况并非如此，借由望远镜和显微镜观看到的奇观，他们为自己钟爱的信念找到了新支持：上帝是名数学家。

他们早就认定上帝是数学家，这一点在很大程度上要归功于宇宙几何学的发现，但现在他们看到了新证据，因此最后的一点疑虑也烟消云散了。部分原因就来自这新见到的影像本身。透过显微镜观看，即便是最不起眼的物体也具有几何形状。一位早期科学家出于惊讶之情为盐粒写下赞歌，内容竟然是“正方体、菱形晶体、金字塔、五角形、六角形、八角形”呈现“精确的数学比最富技艺的巧手更能描绘它们”。[1]

但对于上帝是数学家这一点的重新强调，绝大部分是通过不同的、陌生的路径。17 世纪最深刻的信念之一是所谓的

121

“生命巨链”（great chain of being）。其核心思想是所有曾经被创造出来的物体——沙粒、金块、蚯蚓、狮子、人类、魔鬼、天使——都占据着巨链上特定的位置，从最低处一路延伸到上帝的座下。[2] 位阶相当的物种几乎会在不知不觉间混杂在一块，就像是有些鱼有翅膀能飞入空中，而有些鸟类则能在海中游泳。

这是一个极其复杂的系统，虽然对现代人而言，这听起来比较像是魔幻写实主义的幻想胜过日常生活的导引。借助纯粹的推理，17 世纪的知识分子认为他们能够针对世界的构成方

式提出无可辩驳的结论。比方说，天使就跟橡树一样真实。既然上帝亲自设计了巨链，它必然是完美的，不可能缺少任何一个环节。因此，正如从人类以下到野兽之间有无数的生物种类，从人类向上到上帝之间必定也有无数的等级。证明完毕（QED）①。

这个想法表示天使的数量应该十分庞大。“我们必须相信，天使的数量是奇妙而不可思议的，”一位学者写道，“因为要有大批附庸从属，才显得出王者的荣耀，少了他们则导致耻辱或羞愧。成千上万的人等候着威严的上主，并有更多的人崇拜他。”[3]

在这个阶序结构中，每一个环节有其适当的位置，国王之下先是贵族然后是平民，丈夫之下先是妻子然后是孩子，狗在猫之上，蠕虫在牡蛎之上。狮子是万兽之王，但每个领域都有各自的“王者”：鹰是鸟类之王，玫瑰是花中之王，君主是人民之王，太阳是群星之王。每个领域也都有各自的特定阶序，有些比较高有些比较低——无生命的石头排名比植物低，植物的排名又低于贝类，贝类的排名低于哺乳动物，哺乳动物的排名则低于天使。无数的领域之中皆拥有这样的阶序系统。

122

生活在一个阶序的世界，② 这样的信念很容易为人们所接受。社会地位高的人拥护这套说法，这是毋庸置疑的，但即使那些社会地位较低者也安分守己，“知道自己的位置”。学者和知识分子几乎没有例外地认可这个包罗万象、一成不

① 译者注：QED 是拉丁文 Quod Erat Demonstrandum 的首字母缩写。

② 译者注：作者在这里指的是 17 世纪的欧洲阶级社会。

变的巨型长链的看法。对这看法有异议就表示认为世界还有可能更好。对任何人来说，这都表示被误导——非议自然的秩序是抵触时代潮流——与亵渎。因为上帝是能力无限的创造者，世间万事万物一定是以最佳的可能方式安排。否则，上帝一定会做得更多或是更好，但谁胆敢冒险做出这样的批评呢？

一如往常，亚历山大·蒲柏用三言两语总结了这份传统的智慧。身为一名长期受苦的驼背侏儒，没有人比蒲柏更应质疑现状。他需要每天在自己身上安上一种金属笼才能保持自己身形的直立。[4] 针对上帝的理由，他执笔写下完美平衡的对句，而这是我们有限的生命所无法捉摸的："凡存在的，都是正确的。"（Whatever is, is right.）

巨链学说长久以来代代相传，从一开始，世界已经饱和的观点就跟世界是有阶序的看法一样重要。柏拉图曾公告说，"一切完整是美丽的"，就好像世界是一本邮票册，收集有任何遗漏都是耻辱。到了 17 世纪，这种观点早已僵化成教条。如果还有改进之处，上帝早就使出全力，否则他便是小看了自己。人类的大脑使用率仅有 10% 这件事在今日仍是老生常谈。千年以来，哲学家和自然主义者为了免除上帝应负的责任都是如此写道。"如果还有可以添加的空间，创造者的工作就是不完整的，"一位法国科学家愉快地宣称，"……他创造了所有可能存在的蔬菜品种。所有动物界的分层中都满布所能包含的最多的生物品种。"[5]

123

当时的思想家之所以如此笃定，有部分原因来自上帝创造了无数肉眼无法瞧见的恒星和行星。一名身为皇家学会成员的神学家解释说，上帝创造了数量无限的世界，因为只有多重的宇宙“才配得上无限的创造者，他的力量和智慧是无远弗届、难以度量的”。[6]

但为什么全能的创造者一定是一名数学家呢？涉猎广泛的德国哲学家莱布尼茨是说明这一点的最有力的例子。宇宙是饱和的这一点是莱布尼茨学说的起点。莱布尼茨不仅聪明更是活力旺盛，我们大抵能想见他也相信上帝具有旺盛的创意。“我们必须说，上帝创造出他能力所及最多的事物”，莱布尼茨声称，因为“智慧需要多样性”。[7]

莱布尼茨立即着手用六种不同的方式呈现他的同一个论点，展示自己的智慧。如果你的财富难以衡量，莱布尼茨问道，你会选择“书架上有一千本维吉尔①的作品合订本”？或是“所有的杯具都是金子打造的”？“所有衣服上的纽扣都是镶钻的”？“只吃鹧鸪或是只喝匈牙利或设拉子产的酒”？

现在，莱布尼茨的论点已经呼之欲出了。既然上帝热爱多样性，唯一的问题是他如何能够确保达到极致。“找到空间将他可能创造出的最多的事物放在一起”，莱布尼茨写道，上帝因而会采用数量最少、最简单的自然法则。这就是为什么自然法则可以用如此简洁的数学形式呈现。“如果上帝使用其他形式的法则，这就好比用圆石建楼，留下的空隙会比填满的还多。”[8]

124

① 译者注：作者这里指的应该是古罗马诗人普布留斯·维吉留斯·马罗（Publius Vergilius Maro），后世常使用的是他的英文名字 Virgil。维吉尔是奥古斯都时代的国民诗人，著名作品包括《牧歌集》《农事诗》以及依据荷马史诗所撰写的《埃涅阿斯纪》。维吉尔对文学产生了广泛而深远的影响，但是他最为现代人所知的是在但丁的《神曲》一书中担任但丁的向导一角。

因此，宇宙是秩序完美、绝对理性的，仅依循少数几条简单的法则。但是，这还不足以断言上帝是数学家。17 世纪的伟大思想家们认为他们还需要做出更多的证明。他们确实做到了。

17 世纪的科学家们认为他们自己对上帝的看法是通过论证和观察得来的。但他们并非抱持怀疑态度的陪审团，他们证明上帝是数学家的方式对同时代的人来说不成问题，但对今天的我们而言却是十分突兀的。伽利略、牛顿、莱布尼茨和他们的同侪得出上帝是数学家的结论，主要是因为他们自己就是数学家——他们所感兴趣的世界是那些可以用数学驾驭的面向。伽利略发现物体遵循数学法则落下，就宣称一切事物都是如此。自然世界这本大书是以数学的语言写成，他写道："当中的主角是三角形、圆形和其他几何图形，没有它们的帮助是无法理解书中任何一个字的；少了它们就像是在黑暗的迷宫中徒劳游荡。"[9]

早期的科学家们将自己最深刻的信仰投射在自然之上。"自然乐于保持单纯，"牛顿宣称，"解释一件事情不需要列举更多的理由。"[10]莱布尼茨论及了同样的主题。"拥有最完美心灵的上帝不可能不爱完美的和谐"，[11]他这么写道，并和其他许多人高兴地阐述了这份和谐的不同特征。"上帝始终遵循着最容易、最单纯的法则。"[12]伽利略也曾如此断言。

125

"自然是恒常运作的"（Nature does not make jumps），[13]莱布尼茨坚持这项看法，就像爱因斯坦后来坚持说"上帝不会以掷骰子的方式创造宇宙"（God does not play dice with the universe）一样。我们赋予上帝我们最看重的特质。"如果三角形有上帝，”几十年后孟德斯鸠①这么写道，“这个上帝会有三条边。”[14]

牛顿和其他人会将孟德斯鸠的这种看法视为笑柄。他们描述的是上帝的创造，而不是他们自己的。数个世纪以后，即便是像爱因斯坦这样具有革命性的伟大心灵仍持有相同的看法。在一篇论及自然法则的文章中，数学家雅各布·布朗劳斯基(Jacob Bronowski)② 提到爱因斯坦的科学方法。“爱因斯坦提出的都是非常简单的问题，”布朗劳斯基观察认为，“他的生活方式和工作都表现出这样的特点，即当答案也很简单时，你会听到上帝的思考。”[15]

像布朗劳斯基这样的现代科学家，“听到上帝的思考”只是一种华丽的修辞。但是伽利略、牛顿和其他 17 世纪的伟大人物都曾表达相同的想法，而且他们是真心这么认为的。

---

① 译者注：孟德斯鸠（Charles de Secondat Montesquieu，1689～1755 年）是法国启蒙时期的重要思想家，曾担任英国皇家学会院士。他虽出身贵族却否定“君权神授”的观点，反对当时法国社会的三个基石：教会、国会和贵族。他公开批评封建统治，认为国家最重要的是法治，在其著作《法意》中提出立法权、行政权和司法权分属于三个不同的国家机关，相互制约的“三权分立说”对美国、法国的宪法制定影响重大。

② 译者注：雅各布·布朗劳斯基（1908～1974 年），波兰裔的英国犹太数学家、生物学家与科学史学家。他也从事戏剧与诗的创作，并因主持 BBC 系列电视纪录片为人所知。

126

20. 畸形动物满街走

当伽利略和牛顿观看自然时，他们看到了自然的单纯。于是他们宣称，这证明了上帝的存在。而当他们的同侪生物学家观看自然时，他们看到了无尽的多样性。于是他们宣告，这证明了上帝的存在。

每一方都高兴地举出层出不穷的例子。例如，物理学家指出，当行星绕行太阳时，它们在同一平面上依循相同的方向运行。生物学家也滔滔不绝地提出自己这一方的例子，著名的像是广受好评的大部头书籍《造物中展现的神的智慧》(*The Wisdom of God Manifested in the Works of the Creation*)。博物学家约翰·雷认为，“大量不同种类的生物”[1]证明上帝的成就。就像是如果他能设计“钟、表、泵、磨坊、（手榴弹）和火箭而非仅一种产品，则更能显示他在制造上的技能”。

引人注目的是，没有人看出这两个阵营在意见上有任何的矛盾。在某种程度上，这反映了他们之间的分工。物理学家专注于上帝在美学上表现出的优雅，生物学家则着眼于他的创造力。上帝设计了宇宙的每一项功能，此一共同信念为双方带来的凝聚力胜过任何可能的分裂。对物理学家而言，这个观点直接导致上帝是名数学家的想法产生。对生物学家来说，它却造成了一个死胡同，让进化无从被发现。

127

牛顿的引力理论和达尔文的进化论中间相距两个世纪。这是怎么发生的？牛顿的研究工作充满了数学，专注于像是行星和彗星这类遥远而不为人所熟悉的物体。达尔文的进化论则是用日常语言处理像是鸽子和藤壶①这类寻常事物。托马斯·赫胥黎（Thomas Huxley）②在第一次阅读达尔文《物种起源》（*Origin of Species*）后的抱怨非常著名："真是极其愚蠢没有想过这一点！"[2] 但没有人会骂自己未曾抢先一步比牛顿更早写出《数学原理》。

"较容易的"理论被证明较难寻获，因为它需要放弃上帝设计世界的想法。牛顿和他同时代的人从来没有考虑过要这么做。进化论的核心前提是生物都有与生俱来的随机差异；这些随机差异中有些恰好提供生命生存的优势，而自然喜爱这些差异。对随机性的强调在 17 世纪是无法想象的。即使是当时最伟大的怀疑论者伏尔泰，也想当然地认为世界是由一名设计师创造的。无论多么聪明，在那个时代也没有一位思想家可以想象得到其他的可能性。"当你张开双眼，承认上帝存在是很自然的，"伏尔泰写道，"就凭着所有的行星都围绕太阳运转的可观艺术成就。动物、蔬菜、矿物——一切在比例、数量和行动上都有秩序。没有人能怀疑，画作上的风景或是动物出自熟练的艺术家之手。难道将它们画下需要天分，创造它们却不需要智慧吗？"[3]

---

① 译者注：藤壶是潮间带生物，成年后就固定不动地黏附在像是石头、木头或是其他坚硬的底质上生活，常常造成船只的困扰。达尔文曾花费了数年的时间来研究现生与化石藤壶的变异，发表了四巨册的研究报告，至今仍是研究许多藤壶种类最有用的参考信息。

② 译者注：托马斯·赫胥黎（1825～1895 年），英国生物学家，达尔文进化论的重要支持者。曾出版《演化论与伦理学》（*Evolution and Ethics*）的演讲与论文集，阐发达尔文《物种起源》一书中关于生物进化的理论。此书后由严复翻译，增修出版为《天演论》。

128 相信上帝巧手设计世界的信念蒙蔽了牛顿，让他提出相同的论调。如果随机性真的存在于这个世界上，他嗤之以鼻地认为我们将会被突发的畸形动物困扰。“某些种类的野兽可能只有一只眼睛，某些则会有超过两只眼睛。”[4]

对于牛顿和其他人而言，问题不单单是“随机性”的论点传达了一种“无政府状态”① 的恐慌。两项相关的信念协力排除达尔文主义在 17 世纪出现的任何可能性。首先是假设世界的每项功能运作都是为了人的利益。每棵树木、每种动物、每块石头都是为了服务我们而存在。世界上之所以有树木，剑桥哲学家亨利·莫尔（Henry More）② 解释说，那是因为若不如此，人类的房屋就只是“像大型的蜂箱或鸟巢，用粗劣的小树枝、稻草和脏兮兮的灰泥组成”。[5] 而世界上之所以有金属，则是因为如此一来人们在享受战争的“光荣与排场”时，就能以刀枪而非仅是棍棒攻击彼此。

宇宙几乎是全新产物的想法，是第二个蒙蔽牛顿和他同时代的人并使他们无由产生进化观点的假设。《圣经》上说宇宙自创造至今仅仅 6000 年。即使有人设想了一个不断进化的自然世界，这短短的时间也不足以满足进化所需。[6] 如果自然有亿万年的时间可以进化，小小的改变就能将单细胞生物转化为水仙花和恐龙。相反地，17 世纪的科学家们理所当然地认为，树木和鱼、男人和女人、狗和鲜花都是以它们今日所呈现的样貌出现的。

---

① 译者注：无政府状态在这里指的是世间万物不再具有一定的目的，也未受监督。

② 译者注：亨利·莫尔（1614～1687 年），剑桥柏拉图学派神学家与哲学家。

两百多年后，科学家们仍然抱持着同样的想法。维多利亚时代达尔文最伟大的对手路易斯·阿加西斯（Louis Agassiz）①就曾说，每个物种都是“上帝思想的结晶”。[7]

---

① 译者注：路易斯·阿加西斯（1807～1873年），瑞士古生物学家、冰河学家与地质学家，是19世纪最伟大的科学家之一。他终身反对达尔文的进化理论。

129

21. 在美景前浑身发抖

17 世纪“万物皆数”（all things are numbers）[1] 的信念就和许多其他事物一样，都源于古希腊时代。希腊人相信数学是自然的秘密语言，这一点起自音乐，他们并没有把音乐仅仅当成纯粹的消遣之物，而是对它进行了缜密的研究。对于希腊人宁愿保持数学不被与日常世界的联系所玷污的这个基本准则来说，音乐是一个巨大的例外。

拨动一根绷紧的弦会听见一个音调。毕达哥拉斯（Pythagoras）发现，拨动一根两倍长的琴弦所得的音调会与前者相差八度。琴弦的长度如果是其他的比例，如 3∶2，它们发出的声音音调差异也会呈现不同的和谐状况。① 数千年后，物理学家维尔纳·海森堡（Werner Heisenberg）② 会说这项洞察“是人类历史上真正重大的发现之一”。[2]

130

毕达哥拉斯也相信特定的数字具有神秘的性质。世界由 4 个要素组成，因为 4 是一个特殊的数字。这种观念一直存在。在毕达哥拉斯之后经过将近千年的时间，圣奥古斯丁解

---

① 作者注：根据毕达哥拉斯的一名追随者讲述的故事，一开始毕达哥拉斯经过铁匠铺时听到铁锤声，随着铁匠用不同的锤子敲击同一铁块，有些声音听起来和谐，有些则不是。毕达哥拉斯发现，症结在于锤子的重量是否正好呈现简单的比例。比方说一个 12 磅重的锤子和一个 6 磅重的锤子发出的音调相差八度。Jamie James, *The Music of the Spheres* (New York: Springer, 1995), p. 35.

② 译者注：维尔纳·海森堡（1901～1976 年），德国物理学家，量子力学的创始人之一，“哥本哈根学派”代表性人物，提出著名的测不准原理和 S 矩阵理论等。1932 年获诺贝尔物理学奖。海森堡爱好古典音乐，本身是出色的钢琴家。

释上帝在 6 天内创造了世界，因为 6 是一个“完美的”数字。[3]（换言之，6 可以被写作能将它除尽的数字的总和：6 = 1 + 2 + 3。）①

希腊人确信自然分享了他们对几何学的喜爱。例如，我们如果将光束对准镜子，光束反射的角度会与它原本切入的角度相等。（每位撞球选手都知道，将球击向桌台边也遵循相同的规则。）

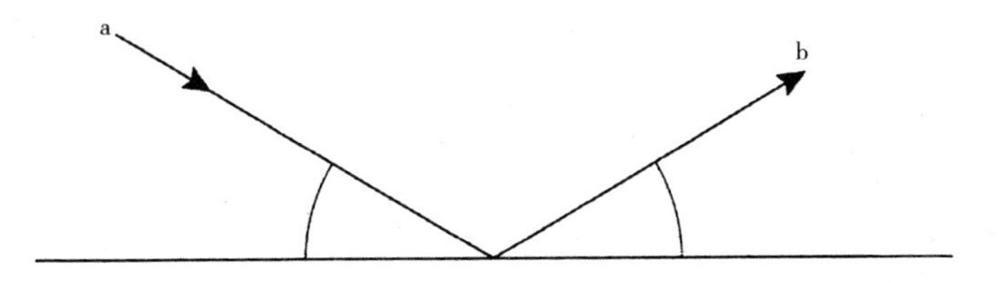

当镜子反射光束时，图上所标示的两个角度是相等的。

对于特定角度看似细微的观察却带来大成功——光束从图上 *a* 点切入射向镜面再反射至 *b* 点的可能路径有无限多种，它实际上采取的路径是最短的一个。结果还不只这一项。由于光是以恒定的速度穿过空气，最短的路径也代表是最快的路径。

就算光遵行数学的法则，这套法则也可能是混乱和复杂的，但事实并非如此。光的运作是所有可能的方式中最有效、最省力的。即便是在较复杂的情况下也是如此。光在不同介质中以不同的速度行进，比方说光穿过空气的速度快于穿过水。

131

---

① 作者注：奥古斯丁并没有解释为什么上帝没有让世界在 28 天内（1 + 2 + 4 + 7 + 14）或 496 天或其他各种可能的天数内创造出来。译者注：28 = 1 + 2 + 4 + 7 + 14，而 1、2、4、7、14 都能将 28 除尽，与上文提到的 6 = 1 + 2 + 3 的例子相同。

当它穿越不同的介质时会产生弯曲的现象。

看看下面的图，想象这是一名救生员遇到的状况而不是手电筒的光线走向。如果救生员在海滩上的 a 处看到 b 处有人溺水，她应该从哪里下水抢救吗？这是个棘手的问题，因为她在水中的速度比在陆地上要慢得多。她应该直接冲向那个溺水的人吗？还是冲向对方在水面上所呈现的那个点呢？

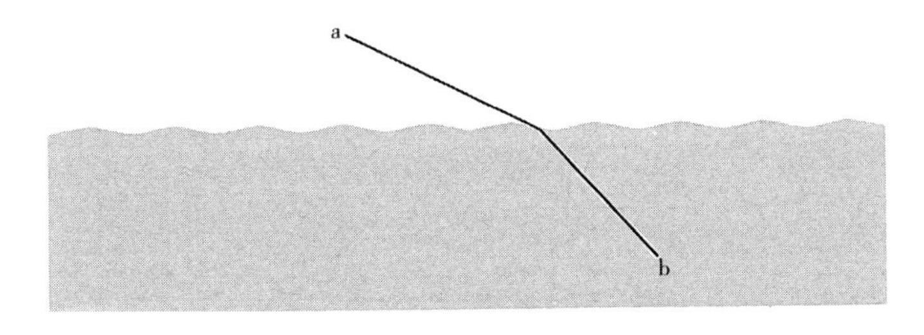

光线通过空气进入水中时会弯曲。

奇怪的是，这个问题对光来说并不是最棘手的，光完全“知道”哪一条是最快的路径。“光就像是完美的救生员”，物理学家如是说，几个世纪以来，他们已经制定了一系列有关自然效率的陈述，除了光以外还广泛包含其他更多种类。18 世纪的数学家制定了这样一项原则并宣称，套用历史学家莫里斯·克莱因的话，“这是上帝存在和智慧的首度科学证明”。[4]

光的卓越表现仅仅是 17 世纪最受人喜爱的发现中的一个例子，说明了美丽的数学概念一定有其实际上的用途。伽利略和牛顿之后的科学家们在最不可能之处持续寻找神秘的数学解释。“你一定也已经感受到这一点，”物理学家海森堡在与爱因斯坦的对话中提到，“自然突然在我们面前展开的单纯与全

132

面几乎令人感到害怕，我们当中没有人已经准备好要接受。”[5]

对这些强调数学重要性的人来说，能够一窥上帝的计划一直是隐秘的召唤。这项诱惑可由两方面来说明。一方面，深入研究世界的数学秘密让人拥有掌握自然命脉跳动的感觉；另一方面，身处充满混乱和灾难的世界，数学提供了一个永恒的避难所、不可挑战的真理以及完美的秩序。

数学带来的智性挑战是巨大的，但这项任务的困难性却让追求者更加不可自拔。在纳博科夫①的小说《防守》（*The Defense*）一书中，亚历山大·卢金（Aleksandr Luzhin）是一位国际象棋大师。他谈起国际象棋就像是数学家看待自身的研究领域。卢金在琢磨棋步时点燃香烟，意外灼伤了自己的手指。“疼痛立即消除，但在那火烫的一瞬间，他看到了极为惊人的东西——国际象棋深不可测，令人生畏。他扫了一眼棋盘，前所未有的疲倦让他的大脑无法再思考。但是，棋子是无情的，它们攫住他、侵吞他。这就是国际象棋令人害怕之处，但当中也有单一的和谐存在，世界上除了国际象棋外还有其他东西吗?”

数学家和物理学家共享热情，不像国际象棋玩家，他们理所当然地认为自己正试图获取自然最深层次的秘密。（黑洞研究的先驱，理论物理学家苏布拉马扬·钱德拉塞卡（Subrahmanyan Chandrasekhar）② 曾说过“在美景前浑身发

① 译者注：弗拉基米尔·纳博科夫（Vladimir Vladimirovich Nabokov，1899～1977 年）是一名俄裔美国作家及鳞翅目昆虫学家。出生于俄罗斯圣彼得堡的他在流亡时期创作了大量优秀的俄语小说，但真正使他成为享誉国际的是他在 1955 年以英语写成的《洛丽塔》（*Lolita*）。他在昆虫学、国际象棋等领域的成就亦极为可观。

② 译者注：苏布拉马尼扬·钱德拉塞卡（1910～1995 年），印度裔美国物理学家。他因天体物理学上的成就在 1983 年获诺贝尔物理学奖。

抖”这样的话。[6]）答案正在那里等着被发现，这份不可动摇的信念支撑他们度过无所得的年岁。但数学是一位狠心的女子，对追求者的痛苦漠不关心。只有那些曾经徘徊迷失的人才知道当中的苦乐酸甜，爱因斯坦写道：“经年累月在黑暗中摸索真理的感觉，只能意会不能言传；获知真理的强烈愿望以及自信与自我怀疑的不断交替，会持续到你终有突破获致清明的理解。”[7]

迷惑爱因斯坦及其同侪科学家的抽象真理，是日常生活世界以外的领域。几个世纪以来，横亘于日常世界与数学领域之间的深沟从来就只是诱惑而非障碍。现代哲学家与数学家伯特兰·罗素（Bertrand Russell）① 很多年后回忆起当他还是一名忧郁的16岁少年时，他独自散步“去看日落并考虑自杀。但是，我并没有自杀，因为我希望对数学有更多的了解”。[8]

埋首数学可以逃离世界同时思索世界的秩序，这是它特有的吸引力。“所有逃避现实的方式中，”数学家吉安-卡罗·罗塔（Gian-Carlo Rota）② 指出，“数学是有史以来最成功的……

---

① 译者注：伯特兰·罗素（1872～1970年），英国数学家和逻辑哲学家，1950年获得诺贝尔文学奖。罗素先是对数学产生兴趣，然后才逐渐转向哲学研究。他曾提出罗素悖论，影响了20世纪的数学基础。他认为数学是逻辑学的一部分，曾和老师怀特海共同发表《数学原理》，阐述此一概念。在哲学研究上，罗素和乔治·摩尔、维特根斯坦以及怀特海一起创立了逻辑分析哲学，借由将哲学问题转化为逻辑符号，哲学家们就能够更容易地推导出结果，而不会被不够严谨的语言所误导。这表示罗素认为哲学和其他自然科学研究的方法应该是相同的，哲学和数学一样，应用逻辑学的方法就可以获得确定的答案，而哲学家的工作就是发现一种能够解释世界本质的理想逻辑语言。

② 译者注：吉安-卡罗·罗塔（1932～1999年）是一位意大利裔美籍数学家及哲学家，任职于麻省理工学院，是该校至今唯一同时担任数学教席与哲学教席的人。

所有其他逃避现实的方式——性爱、毒品、兴趣爱好……无论何者——相形之下都是一时的。”[9] 数学家们先是从肮脏、危险的世界中抽身，然后他们还相信，借由独立思考的方式，他们已经为世界的知识库添加了新发现的事实。这些事实不只是新的，还必定是永久成立、不容挑战的。“（数学家的）创作肯定会继续下去，”罗塔写道，“除了重申他的信心，他并没有其他追求的目标。”这是令人兴奋的、诱人的事业。

这也许解释了为什么众多 17 世纪的知识分子专注于追求完美而抽象的秩序，避谈周遭的战争和传染病。伟大的天文学家约翰尼斯·开普勒，差一点就逃不过后来被称为“三十年战争”的宗教战争。他有一位亲近同僚先是被开膛剖肚与分尸，然后被割掉舌头。他的头被尖棍刺穿，与其他“叛徒”腐烂的头骨一起公开展示达十年之久。[10] 134

开普勒来自德国的一个村庄，他在世的时候，村里有数十名妇女因被指控是女巫而遭到火刑。他 74 岁高龄的母亲也被指控施行巫术，在等待审判期间被锁链拴住监禁。她对邻居的饮料下毒；她要求一名挖墓者取得她父亲的头骨用来作为高脚酒杯；她对某位村民的牛下蛊。开普勒花了六年的时间为她申辩，同时完成一本名叫《世界的和谐》（*The Harmony of the World*）的书籍。“当风暴肆虐船只将沉，”他写道，“唯一值得我们去做的是将和平的研究定锚在永恒的土地上。”[11]

135 # 22. 由想法所创造出的模式

对于希腊人而言，“数学”这个字词引发的联想与我们大多数人有很大的差异。数学的任务并非将一串数字相加起来或是计算出鲍伯和汤姆合力工作需要多长时间才能油漆完一个房间。[1] 数学的目的是要找到永恒的真理——洞察世界的抽象架构——然后证明其有效性。“数学家创造模式就好比是画家或诗人，”20 世纪著名的数学家，同时也是希腊观点的热诚支持者 G. H. 哈代（G. H. Hardy）①如此写道，“如果他的模式比其他人更为持久，那是因为他的模式是由想法所创造的。”[2]

让我们花几分钟时间看看希腊数学家们的成就，因为他们以身作则——再加上他们解释自身成就的方式——启发了后来 17 世纪的知识分子。（牛顿的一名助手提到他只记得看到牛顿笑过一次。有人对牛顿提出一个不该问的问题，那就是研究欧几里得有什么用。助手说：“那时艾萨克爵士非常开心。”[3]）

136 希腊人在数学的世界里追求他们“永恒的模式”。17 世纪的科学家追求相同的目标，不同之处在于他们是在更大的范围内进行追求。

他们在各处都发现数学的踪迹。当艾萨克·牛顿引导光束通过棱镜时，他为墙上映照出的彩虹惊叹。没有人会错失

---

① 译者注：G. H. 哈代（1877～1947 年），英国数学家，除了他在数论和数学分析上的成就，他的自传随笔《一个数学家的辩白》亦极为知名；书中谈论数学的美、数学的持久性和数学的重要性。

这熟悉美丽的景象或是当中显示的秩序，而吸引牛顿的则是两者之间的相互作用。“博物学家几乎不会预期在这些颜色中看到数学的作用，”他写道，“但对于这一点我抱持肯定的态度，确定数学在此处就像它在光学的任何其他部分那样起着相同的作用。”[4]

希腊人认为“证据”——既非声称也不是可能性，而是毫无疑问的确切证据——是根本的概念。数学的证据是证明或论证。它始于假设，然后一步一步推导出结论。不同于一般的论证——谁是最伟大的总统？谁做的比萨饼是布鲁克林地区最好吃的？——数学论证产生的是无可辩驳、永恒并且是举世公认的真理。取一条绳子围成圆形所得的面积必大于其他任何形状。质数的数目是无穷尽的。① 如果三点不位于同一直线，那么必有一个圆圈可以通过这三个点。任何人都可以按照数学论证得出必定如此的结论。

就像其他论证一样，数学的证明也有许多种类。数学家们各自有独特的、可识别的风格，就好比作曲家、画家和网球选手一样。有些人用图形进行思考，也有人使用数字和符号。希腊人偏好用图形进行思考。就以可能是最有名的毕达哥拉斯定理为例吧。该定理涉及一个直角三角形——亦即具有一个 90 度角的三角形——以及各个边的长度。一个最简单的直角三角形，三个边的比例分别为 3∶4∶5。在基督诞生之前许多世纪的、某些不知名的天才盯着这些数字——3、4、5——惊讶于他所看到的东西。

① 作者注：质数是不能被分解成更小单位的数字。2 就是一个质数，3、5、7 也是质数，而 10 则不是质数（因为 $10 = 2 \times 5$）。数字越大，质数越罕见，但无论你数的质数有多大，后头总还有更大的质数。

我们很容易就能绘制出一个三角形两边各长 3 英寸和 4 英寸，第三条边则偏短（如左下图所示），或是一个三角形两边各长 3 英寸和 4 英寸，第三条边则稍长（如右下图所示）。但是如果长度为 3 英寸长和 4 英寸长的两条侧边夹角恰好为 90 度，则第三边的长度就必定正好是 5 英寸。这个谜团在我们不知名的天才的脑海里不停翻转：3，4，5，90 度。是什么让这些数字结合在一起呢？

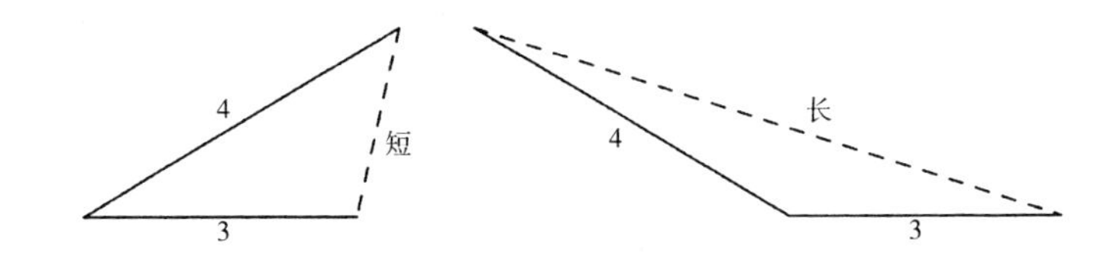

毫无疑问，为此他画了无数个直角三角形，并测量三角形的各条边长。三角形最长的一条边几乎每次都是某个看似随机的数字，不管他如何小心地选择两条短边的长度。即使在最简单的情况下——三角形长度较短的两条边长度都是 1 英寸——第三条边的长度看起来一点也不简单。第三边的长度将会稍大于 1 又 3/8 英寸,① 你甚至无法在尺上确切找出这个点。

138 也许他坚持够长时间的试验才画出短边分别为 5 英寸和 12 英寸的直角三角形。当他用尺测量第三条边的长度时，他终于成功得出最长边正好是 13 英寸，这是三条边都是整数的另一个直角三角形。

① 译者注：等边直角三角形的边长比例为 $1:1:\sqrt{2}$。1 又 3/8 = 1.378，$\sqrt{2}$约等于 1.414，这个数值稍大于前者。

两个直角三角形，两组数字，就像是一则经过编码的讯息中出现的两个字。第一组：3、4、5；第二组：5、12、13。这两组数字有什么共同点？

两千多年来，我们将答案称为毕达哥拉斯定理——两条短边的平方和会等于长边的平方。$3^2+4^2=5^2$。第二个三角形则是 $5^2+12^2=13^2$。[①] 更重要的是，这组关系对任何一个直角三

---

① 作者注：满足 $a^2+b^2=c^2$ 这组定理的数字 a，b 和 c 有无限多的选择。但是当你尝试的次方数高于 2 时——比方说如果你试图找到整数 a、b 和 c 能满足 $a^3+b^3=c^3$ 或 $a^4+b^4=c^4$——你永远找不到任何一个例子（去除 a，b，c 都设为 0 这样无价值的例子）。没有符合的例子存在是数学界最著名的一项宣称，被称为费马最后定理，由数学家皮耶·德·费马（Pierre de Fermat）于 1637 年写在一本书的页面空白处上。他字迹潦草地提到自己发现了“一个真正了不起的证明”，但是“页面空白处面积不足以写下证明”。从来没有人发现他的证明——于是猜想他可能在推论时犯了一个错误——超过 300 年以来，无数的数学家尝试提出证明却都失败了。终于在 1995 年有人证明成功，阿米尔·阿克塞尔（Amir Aczel）所著《费马最后定理》记载了详细的过程。译者注：费马（1591～1665 年）是出生于法国图卢兹（Toulouse）的业余数学家。当时的数学家多从事于希腊数学著作的研究，试图复原流传下来的断简残篇并补充完整的证明。他从希腊几何得到启示，发展出许多重要的想法，包括用方程式描述曲线，以及寻求极大值、极小值与切线的方法，类似于后来牛顿与莱布尼茨发明的微积分。费马在研究希腊数学家丢番图（Diophantus）时开始注意他所谓的“关于整数的问题”。他在一本丢番图著作的书页边缘空白处留下许多笔记。费马过世后，他的儿子将这本著作连同费马的笔记一并出版，这是费马最后定理这个大谜团的开端。丢番图在书中提及一个问题，要将一个平方数（如 25）写成两个平方数之和（如 16 + 9）。在这个问题旁边，费马写下了：“相反地，若要将一个立方数分为两立方数，或是一个四次方分成两个四次方，或一般任意超过二的次方分成两个相同次方，都是不可能的。关于此事，我发现了一个令人惊叹的证明，但这里的书页空白处太窄，无法容纳这个证明。”也就是说，费马宣称不仅方程式 $x^3+y^3=z^3$ 没有整数解，所有 $x^n+y^n=z^n$ 的方程式，只要指数 n 大于 2，都无法得出整数解。而他认为自己能够提出证明。这件长达三百多年的数学公案一直要到 1995 才由英国数学家安德鲁·怀尔斯（Andrew Wiles）宣布找到证明之法。

角形都成立，无论是画在沙地上或是横跨天际。①

这一定理在现代通常被写为 $a^2 + b^2 = c^2$。因为希腊人偏好以图形思考，该定理的重点是面积的计算，而不是数字；毕达哥拉斯的说法是，两个由短边所形成的正方形面积相加会与由139第三条边所形成的正方形面积相等（见下图）。数字和图形这两种解释方法所得出的结果是完全相同的。它们之间的选择纯粹是一个品位的问题，就好比在建筑图或是建筑模型之间进行选择。

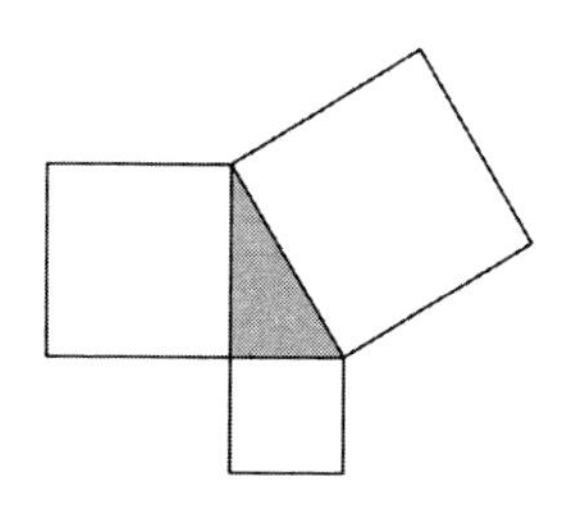

根据毕达哥拉斯定理，两个由短边所形成的正方形面积相加会与由长边所形成的正方形面积相等。

① 作者注：比方说月半圆的时候，太阳、月亮和地球就形成一个直角三角形。

23. 上帝的奇怪密码

140

如果你出于某种原因恰好观察到毕达哥拉斯定理的现象，你要如何证明呢？光是画出直角三角形测量边长进行计算是不够的。这只能算是验证定理的单一例子，不能适用于所有的直角三角形。此外，即使是最仔细的测量也无法精准到必需的小数点后百万分之一或更小的单位。就算你有成打甚至成千上万的例子证明也还不够。“超越合理怀疑的真理”不仅适用于数学法则，也应用到日常生活之中——谁会怀疑明天太阳会升起？——但希腊人要求更多。

下面是一个经典的数学证明，以拼图的方式进行，几乎无须文字多加解释。数学就像国际象棋，关键的一步往往显得难以理解。当双方在棋盘此处对战，为何有一方选择移动远处的骑士？在下面这个例子中，意料之外带出答案的一步是——根据原来的三角形做出三个完全相同的副本，让你一共拥有四个完全一样的三角形。

141

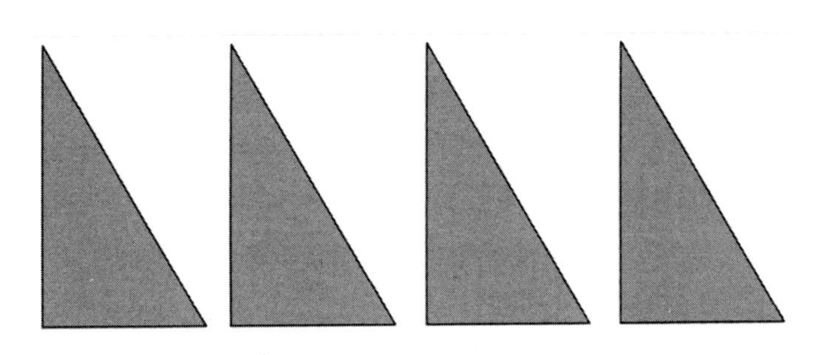

当我们对单个三角形都束手无策时，该怎么处理四个三角形？运用这一步你要想象这些三角形像是纸板一样在桌上滑动

搭配出不同的图形组合。看看下方的图 X 和图 Y。两张图片的排列方式不同，但都具有相同的四个三角形和空白。在这两种情况下，图片的外框（以粗线显示）看起来像是正方形。我们怎么知道它们真的是正方形的，而不只是有着四条边的方形呢？

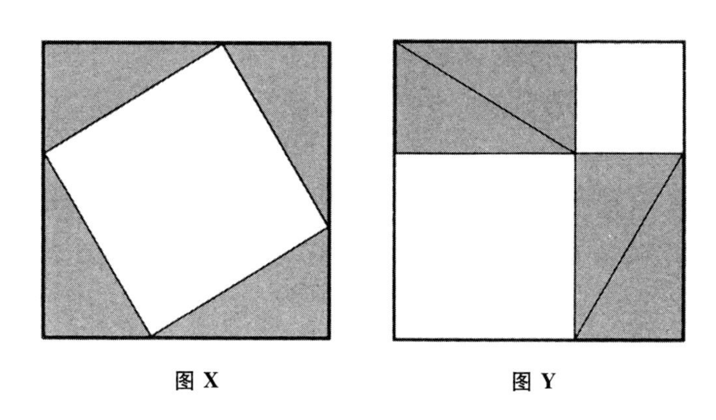

图 X **图 Y**

好好看着图 X 和图 Y 几秒钟。所有以粗线显示的侧边长度都是相等的（因为每个以粗线显示的侧边都是由原始三角形的一条长边和一条短边组成）。此外，这个方形所有的角都是直角。所以，在图 X 和图 Y 中，以粗线标出的形状是正方形，并且这两个正方形的大小也是完全一致的。

我们的证明差不多就要完成了。每个以粗线标出的正方形涵盖相同的面积。每一个以粗线标出的正方形都是由四个相同的三角形和一些空白组成。再好好看着这两张图片。图 X 上的大块空白面积与图 Y 上两块较小的空白面积会是完全一样的。太好了！我们证明了毕达哥拉斯定理！

为什么希腊人如此惊讶于这项发现呢？这不是为了它的实

际效用。没有希腊人会追问，这项发现“会带来什么好处”，或是一首诗或一出戏剧能带来什么好处。如果一座雕塑同时也能作为门挡，难道就会令人感到更加钦佩吗？数学是真实的也是美丽的，这就绰绰有余了。问题的关键不在于毕达哥拉斯定理可以让你无须测量便能得出一个长方形的对角线长度。希腊人有更崇高的目标。

毕达哥拉斯定理让希腊人激动不已有两个理由。首先，光是借助单纯的思考——不使用任何工具——他们就发现了自然的秘密，即关于世界结构这一项永恒且未曾被怀疑的真理。其次，他们可以证明这一点。几乎和所有其他被证实为有效的观察都不一样——派里加了醋、雅典这城市尘土飞扬、苏格拉底是个矮个子——这项特别的观察不仅是真实的，还一定是正确的。人类终于掌握了上帝的想法。

就像是所有最好的见解，一方面是必然会发生的，另一方面却又同时让人吃惊。但令人惊讶的还包括希腊人理所当然的态度，即他们认为他们的数学定理是关于世界的一项事实，而不是诸如房屋或歌曲之类人为的创作。数学是发明还是发现呢？希腊人强调这是项“发现”，但这就像是“什么是正义”这类问题一样古老，并且显然难以解决。

一方面，有什么能比几何和代数的概念更清晰地属于人类的发明呢？即使是最简单的数学概念，它在日常世界也没有具体有形的对应物存在。谁能到 3 那边散步或旅行呢？另一方面，有什么能比数学是有关世界的事实这一点更加明显的呢，无论是否有人能理解它们？如果有两只恐龙站在水坑旁然后又来了两只恐龙加入它们的行列，科普作家马丁·加德纳

(Martin Gardner)① 曾这么问过，难道它们加在一起不一共是四只恐龙吗？[1] 在人类首度定义何谓三角形之前，难道天空中的三颗星星就不会形成三角形吗？②

牛顿和其他17世纪的科学家分享了希腊人的观点，再加上他们自己的基本信念，即世界是上帝用宇宙密码所设计的一个谜。套用当时一位著名作家的话，他们的任务就是解开“奇怪的密码”[2]。希腊人也曾怀着同样的野心，但新兴科学家们具有他们的前辈所缺乏的优势：首先，对他们来说运用数学研究运动并非禁忌；其次，他们能用计算器进行研究，这是数学兵工厂里一项闪闪发光的新武器。

认定谜团一定能够解开，这个牢不可破的信念与他们的成就同等重要，因为这点是不可或缺的。没有人会坚持完成填字游戏，如果他们担心字列当中可能夹杂着无意义的文字的话。自然提出的挑战远大于任何填字游戏，而只有上帝出于公平起见提供的特定知识，才能使科学家们年复一年地挣扎于理解这项游戏。[3]

144 即便如此，任务仍旧是极其艰巨的。数学圈以外的人都低估了这项挑战。比方说，当弗朗西斯·培根谈到科学的奥秘时，他使其听起来好像是上帝藏好了复活节彩蛋以取悦一群蹒跚学步的孩童。上帝“开心地藏起自己的作品，一直到它们

① 译者注：马丁·加德纳（1914～2010年），美国业余数学家，曾长期为《科学美国人》（*Scientific American*）杂志撰写专栏文章。

② 作者注：数学史上的杰出人物、19世纪的德国数学家卡尔·高斯（Carl Gauss）相信在其他星球上存在生命的可能性。据说高斯建议——这可能是则杜撰的故事——既然所有的智慧生物最终会发现同样的数学真理，我们可以在西伯利亚选择一处广大、空旷的空间，在那种植树木排列出巨大的毕达哥拉斯定理图解，借以与月球上的生物沟通。

被找到为止”。[4]

为什么上帝要采取这样一种迂回的方式呢？如果他的目的是宣扬他的威严，为什么不安排燃烧的星星拼出“瞧”（BEHOLD）这个字呢？对17世纪的思想家们来说，这一点并不难懂。上帝可以安排一场宇宙烟花秀，但这只能用震惊和恐惧赢得人心。可是当上帝提出的是智识的问题时，胁迫的手段就不管用了。上帝创造了人类，并赋予我们理性的力量，这表示他肯定要我们善用这份礼物。

科学的使命是为了荣耀上帝，而敬拜他最好的方式是发现和宣告他的计划的完善性。

145

24. 秘密计划

当牛顿宣称他站在巨人的肩膀上时，至少有部分是出于真诚的。他确实极为佩服某些科学家同僚，特别是那些在他出生之前就已经过世、判断精准的科学家。他心目中的伟大前辈就包括天文学家约翰尼斯·开普勒在内。开普勒与伽利略属于同一个时代，是一名难解的天才，他对上帝与数学的信仰融合成一个密不可分的整体。

开普勒是天文学家和占星家，尽管他从来没有理清天际对人类事务具有多大的影响。“一个人出生时的天象会以什么样的方式决定他的性格呢?”他曾这么写道，然后自己回答了这个问题。“它影响人类一生的方式就像是农夫随机为他田里的南瓜绑上绳子一般：绳子并不能使南瓜长大，但能决定其形状。同样的情况也适用于天际：天象并不赋予人们习惯、历史、幸福、子女、财富或妻子，但它塑造这些条件。”[1]

多年来，天象似乎与开普勒为敌。他在贫病交加、寂寞的环境中成长。他的童年，根据他稍后汇整的故事，是一长串的 146 苦难（“我是早产儿……我几乎死于天花……我不断地遭受皮肤疾病侵扰，通常是严重的疮伤，往往来自我脚上慢性腐烂伤口的结痂”[2]）。他居无定所一直到二十几岁，因为生来聪明，加上动辄与人争吵、敏感、防御心重的态度，他不喜欢与他人往来。“那个人从各方面看来都像是条狗”，他写道，出于某些原因，他用第三人称的方式描述自己。“他看上去像是条小型犬。……他喜欢啃骨头，吃干的面包屑，对于所有见到的事物都显得如此的贪婪。”[3]

开普勒这个人聪明却不安分，在令他感兴趣的事物间穿梭。占星术、天文学、神学、数学都深深吸引了他。在某种程度上这些事物彼此相关，他能感觉到却无法明确表达。大学毕业后他设法找到高中老师的工作，但他的学生们发现他授课杂乱无章，很难理解，所以很快地他的教室里几乎空无一人。然后，在某个炎热的夏日，当他在教授天文学的时候，开普勒“我发现了!”（Eureka!）① 的时刻到来了。一直到他生命的终点，他都会记住这个瞥见上帝蓝图的瞬间。

那是 1595 年 7 月 9 日。24 岁的开普勒狂热地相信哥白尼关于太阳是宇宙中心的学说。他花费数个星期的时间，致力于找出某种行星绕行轨道的模式。如果你知道某个行星的轨道大小，这能告诉你其他行星轨道的信息吗？这当中一定有某种规则存在。开普勒尝试更复杂的数字运算。每一项尝试都以失败告终。而现在，他站在教室前方，开始着手画图标示木星和土星的位置，这是当时所知最遥远的两颗行星。开普勒知道这两颗行星轨道的大小，但他却无法看见两者之间有任何关联。

木星和土星就占星学来说是很重要的——我们所使用的快活（jovial）和忧郁（saturnine）两词就是过往学说的遗

① 译者注：拉丁文 Eureka 意指“我发现了”，用以表达发现某件事物或真相时的感受。例如，根据传说，古希腊学者阿基米德在盆浴时发现，溢出浴盆的水的体积正好等于人体的体积，不规则物体的体积因而可以被精确地计算，阿基米德为此高兴地从浴盆中跳了出来，裸体在城里边跑边喊着“Eureka! Eureka!”这项发现便是后来作为流体静力学基础的浮力理论。

迹——这两颗行星在天空中彼此靠近“相会”的时间尤其重要。如果今日它们在某一点上相遇了，天文学家们知道，它们将会在（二十年后）距离 117 度的另一点上再度相会，正好绕行将近三分之一的黄道带。在那之后的下一个交会点则又会是相距 117 度的另一个点，依此类推。[4] 开普勒画了一个圆，在上面标示出第 1 个、第 2 个和第 3 个相会点。

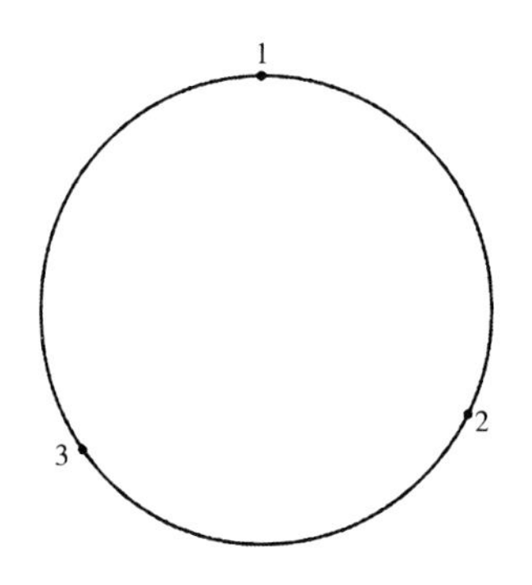

上图显示了土星和木星一起出现在天空中的状况。如果今天它们出现在第 1 点，二十年后它们将出现在第 2 点，再过二十年后它们将出现在第 3 点，依此类推。

他继续标示更多的相会点，每一点都与之前的一点相距 117 度。（如果点与点之间相距 120 度，恰好正是该圆的三分之一，那么我们总共就只会有三个相会点，因为在最初的三个相会点之后出现的相会点都会与这三点重叠。）

持续以同样的方式进行，开普勒很快就有了一个上面布满无数间隔相当、标示所有相会点的圆。（参看下面标示 1 到 5 的这张图）每一个点都代表着一个土星和木星的相会点。

没有特别明确的原因，开普勒画了一条线连接第 1 点和第 2 点，还有第 2 点和第 3 点，并且持续下去。这一连串的直

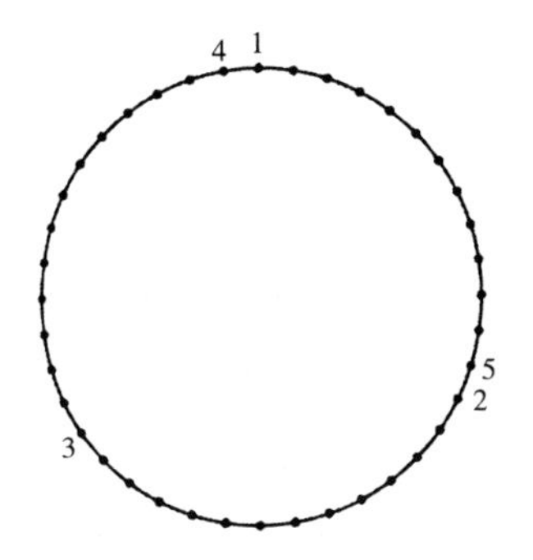

线，神秘又令人意外地并不构成以直线为侧边的形状，反而形成一个新的圆。对开普勒来说，这就好像他原来的圆，变戏法似的在内部有了个相对应的新的、较小的圆。

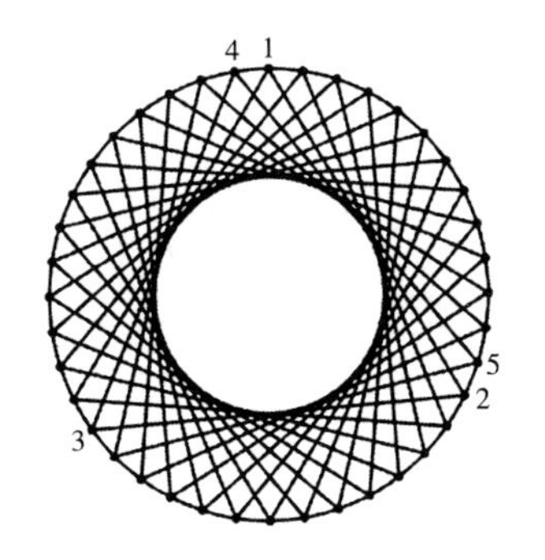

看着这个圆中有圆的图形，开普勒为自己的发现咋舌。（开普勒会喜欢《达·芬奇密码》① 这本书。）在他看见这个新的圆中圆的同时，他也看见了宇宙设计背后的秘密计划。

---

① 译者注：《达·芬奇密码》（*The Da Vinci Code*）是美国作家丹·布朗（Dan Brown）于2003年出版的小说，为布朗先前所著小说《天使与魔鬼》（*Angels and Demons*）的续集。这本书以侦探小说的方式提出宗教阴谋论的观点，涉及圣杯传说、抹大拉的玛丽亚、《圣经》解码等常被基督徒视为异端的主题。

"我的发现所带来的喜悦，"他写道，"我将永远无法用言语来形容。"[5]

只有一名技巧熟练的几何学家，同时深信上帝喜爱几何猜谜，才能在开普勒所绘的图案中看到值得注意之处。而开普勒知道自然中没有偶然的巧合，他看着两个圆圈思索着两颗行星，并感到惊奇。除了外圈代表最远的行星，也就是土星的轨道，而内圈代表较靠近的行星，也就是木星的轨道，这还能有其他的可能性吗？内圆的大小是外圆的一半，就像木星的轨道大小是土星的一半！

这仅仅是个开端。开普勒的完整发现更为神秘，更具有几何的味道。（从距离太阳最远处开始数）土星和木星是排名第一、第二的两颗行星。是什么连接它们的轨道？还有什么是"排名第一的"吗？

149

问题的答案对开普勒来说犹如当头棒喝。他灵光一现，"我发现了！"开普勒惊呼，"三角形是几何学中排名第一的图形"。[6] 在这个例子中，"第一"的意思是"最简单的"，所以最简单的几何图形将会是解开排名前列的行星轨道奥秘的关键。开普勒已经知道土星和木星的轨道可以被描绘成圆中圆，但是绘制圆中圆的方式有无数种。开普勒渴望解开的奥秘是为什么上帝选择了特定的这种方式来描绘圆中圆。三角形给了他答案。

开普勒狂热地对他脑中一现的灵光进行测试。他画了一个圆，并在当中画了一个唯一可能的三角形——最简单的一种三角形，也是唯一一个能够完美搭配外围圆形、完全对称、三边等长的三角形。在这个三角形内，他又画了一个圆。同样地，他有无数种方式可以描绘这个内圆，而他唯一"理所当然"

的选择仍是能够完美搭配外围三角形的圆。他又看了一眼他所绘的图案。内圆的位置紧贴着三角形，而三角形整整齐齐、恰到好处地搭配着外圆。开普勒心想着，外圆就代表着土星的轨道，而内圆则代表着木星的轨道。将这两个圆结合在一起的三角形则是排名第一的几何形状。开普勒审视着这个几何图案。

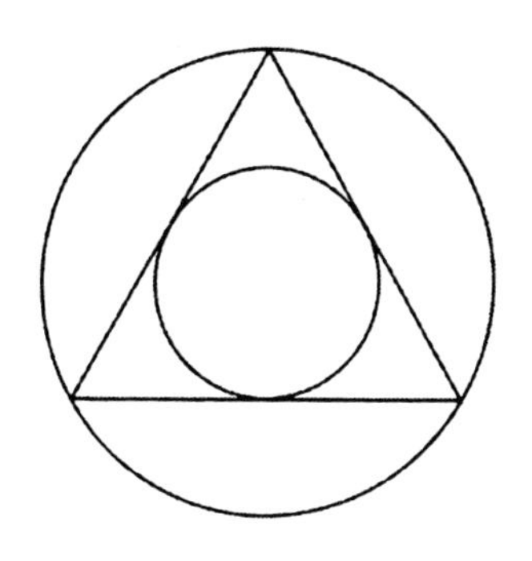

150

他快速地计算着——在他所绘的图中，外圆的周长是内圆的两倍。而土星的轨道也是木星的两倍。他解开了上帝的密码。开普勒疯狂地工作着。如果利用最简单的几何图形，也就是三角形，能解开排名前两位的行星轨道之谜，那么接下来的两个行星轨道一定可以利用次最简单的图形，也就是正方形得出。

开普勒画了一个圆代表木星的轨道。现在的问题在于，什么样的圆形可以代表次一个最靠近太阳的行星轨道，也就是火星的运行轨道。在开普勒的心中，这个问题的答案呼之欲出。他在代表木星轨道的圆中画了一个正方形。在这个正方形中，他画了唯一一个特殊的、上帝所设计的圆，能完美搭配外围的正方形。这个内圆描绘的就是火星的轨道。

开普勒能继续以这种方式得出所有行星的轨道，依据哥白

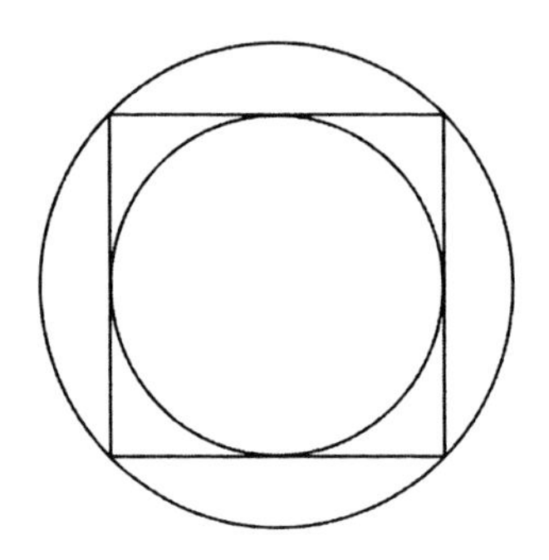

尼所揭示的行星排列方式一路计算直至距离太阳最近的行星。行星的轨道一个套着一个，而前一组行星轨道的长度自动地决定下一组的长度。排名前两位的行星轨道关系建立在具有三条边的三角形之上；决定次一组的行星轨道关系的则是具有四条边的正方形；接下来则会是具有五条边的五角形，依此类推。开普勒着手绘制正方形、五边形、六边形、七边形，并在它们之间画上圆圈。

151

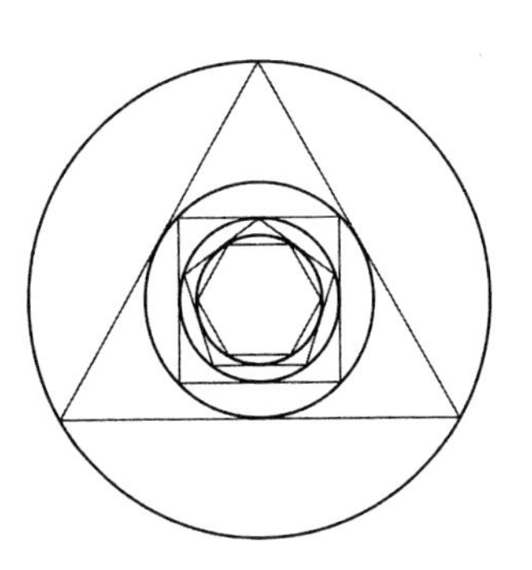

开普勒认为，上帝根据图中的几何模型安排行星的轨道。（为了清楚起见，图中只显示四组最外缘的行星轨道，而非开普勒当时已知的六大行星。）

约翰尼斯·开普勒发现了太阳系的结构。至少他是这么相信着，在他火热的梦想中充满着一张又一张更为复杂的几何图案。对于这名年轻、默默无闻的天文学家来说，这是令人眼花缭乱的兴奋时刻。无须探看窗外，他不仅将每个行星都安置在适当的位置上，并且显示它们理当如此的原因。

这是个完美、优雅却也是错误的模型。一旦开普勒花费更多的时间比对实际的行星轨道长度与他的模型所预测的尺寸后，他会发现他所无法解释的不符之处。他做了无数的尝试要解决这问题，但一无所得。上帝怎么能误导他呢？

152

25. 喜悦的泪水

解决问题的曙光最终出现了。开普勒一直都以圆形、三角形和正方形进行平面的二维向度思考，但宇宙是三维立体的。他已经为此浪费多少时间了呢？“现在我再次向前推进。怎么能用二维平面的图形寻求贴近立体空间中的轨道呢？应该要寻找三维立体的形状——亲爱的读者，请看，现在我的发现就在你的手中！”[1]

转向三维立体的解决方案代表的远不止是一个挽救得意理论的机会。折磨着开普勒的难题还包括行星的总数——刚刚好是6。（当时还不知道天王星、海王星和冥王星①的存在。）为何上帝选择6，开普勒追问，“而不是20或100”？[2] 他无法回答，而他对正方形、五角形和六角形小题大做也没能让他离答案更近一步。

但现在他意识到自己忽略了一条明显的线索。两千多年以前欧几里得就曾经证明，在三维立体空间中，要寻求左右对称的形状所面对的情况非常不同。在二维平面空间，你可以画出无数个完美对称的多边形——三角形、正方形、五角形、六角形，诸如此类不断继续下去。如果你有足够的耐心，你还可以绘制出100边形或1000边形。（你所需要做的就是画出一个圆圈，在上面标示等距点，然后将每个点与相邻的两点连接。）

153

既然三维立体空间更大，你可能也会期待相同的情况——先是一些简单的形状如金字塔和正方体，然后是一连串更为复

---

① 编者注：2006年之前冥王星一直被视为太阳系九大行星中最小最外的行星，但同年8月在布拉格举行的第26届国际天文联合会通过决议将其划为矮行星，从行星中除名。

杂的形状。就好像金字塔是由三角形黏合而成，而立方体则是由正方形所组成，所以你可能因此猜想，你可以将 50 边形，或是 1000 边形黏合在一起，制作出无限多的新形状。

但是你无法做到。欧几里得证明了“正多面体”（Platonic solids）① 的数量恰恰只有 5 个——这类三维立体的形状每一面都是对称的，并且每一面都是相同的。[3] ［如果你需要使用骰子玩游戏，数学家马库斯·杜·索托伊（Marcus du Sautoy）② 指出，只有这五种形状③可能用来作为骰子。[4]］ 下面列出的就是所有的正多面体，再无其他可能。

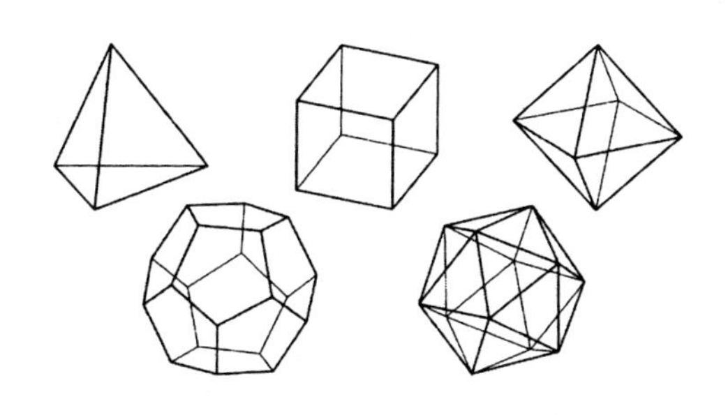

正多面体的可能性只有 5 种，但行星正好有 6 颗。现在开普勒解开了难题，虽然他仍然需要致力于细节，但他总算看出了个大概。每颗行星围绕着太阳运行，它们的轨道局限于某一特定的圆形球面上（sphere）。这些球体一个套着一个，是什

① 译者注：正多面体又称为柏拉图立体，指的是由正多边形构成，且各个顶角角度都相同，各个顶点所接的面数都是一样的凸多面体。

② 译者注：马库斯·杜·索托伊，英国牛津大学数学教授。

③ 译者注：因为只有这五种形状的立方体——分别为正四面体（金字塔形）、正六面体（立方体）、正八面体（等边三角形组成）、正十二面体（正五边形组成）、正二十面体（等边三角形组成）——因为每一面的大小相当，才能保证公平。

154 么决定了这些球体的大小？上帝身为最伟大的几何学家肯定有他的计划。虽然一开始犯了错，开普勒现在已经看出了这个计划。每个球体都对称而妥帖地位于正多面体中。而每个正多面体也回过头来，对称而妥帖地位于一个更大的球体中。突然间，开普勒看出何以上帝为宇宙设计了 6 颗行星，以及为什么这些行星的轨道是这般大小。他眼里涌出喜悦的泪水。[5]

“现在我不再为我曾浪费的时间感到遗憾，”他哭着说，“我不再厌倦自己的工作，我也不再回避任何计算，无论有多困难。”他不断地计算着行星的轨道，考虑着八面体和十二面体的可能性，在自己最终会得出正确答案的希望中不止息地工作，但又时时害怕着再一次他的“喜悦会随风而逝”。[6]

他的恐惧并未成真。“不过几天的时间我就计算出宇宙的全貌。在相称的行星轨道间，一个又一个对称的形体精确地镶 155 嵌其中，在我眼前展开；如果有位农民问你天空固定在什么样的钩子上才不致跌落，我的模型让你能够轻易地回答他。”

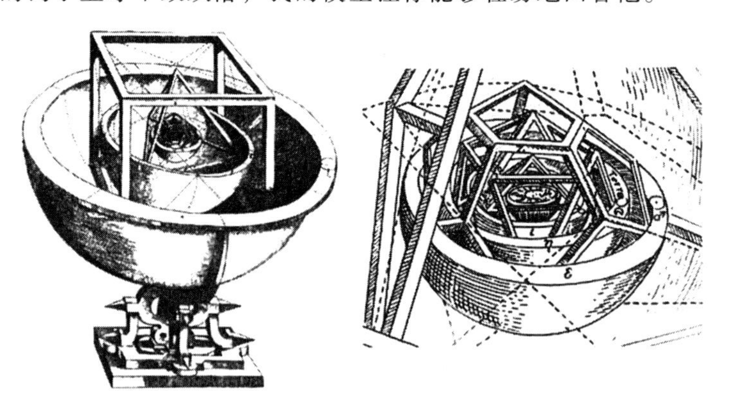

开普勒发明了一种新的、更详细的模型用以解释行星的轨道。上帝利用 5 个“正多面体”建造了太阳系。右图是左方模型的详细图解，位于图片中心位置的是太阳。

* * *

开普勒为自己的成功感到高兴。“有很长一段时间我想成为神学家，”他这样告诉一位老朋友，“有很长一段时间我焦躁难安。然而，现在你瞧，上帝将借由我在天文学上的努力被颂扬。”[7]

1596年，他在《宇宙的奥秘》(*The Mystery of the Universe*)这本书中提出他的理论。一直到成书之前，开普勒仍旧担忧着自己的模型是否足以符合行星实际运行轨道的资料。但在当下他放下了他的疑虑。他愉快地投入了很长的时间，用色纸建造他的太阳系模型，并描绘以银打造、上面装饰钻石和珍珠的模型的样貌。[8]“从来没有人，”他大言不惭地说，“在这么重要的主题上，一出手就更值得人钦佩，更顺利，更有价值。”[9]

在接下来的数十年间，开普勒将做出重大的发现，但对于他精心制作的几何模型，他的这份骄傲永不褪色。几个世纪以后的生物学家詹姆斯·沃森(James Waston)① 也宣称他的DNA双螺旋模型“漂亮得不像真的”。[10]开普勒早已经感受到同样的喜悦和笃定，但最终实际的数据让他没有选择，只能承认自己这回又错了。

他完美的理论只是一个幻想，但即便如此它仍带来极为丰硕的成果。至少《宇宙的奥秘》改变了开普勒的职业生涯。他将这本书寄给当时最重要的天文学家第谷·布拉赫，后者对此书印象深刻。随着时间的推移，开普勒将能运用第谷庞大而 156

---

① 译者注：詹姆斯·沃森，美国分子生物学家，因为发现DNA的双螺旋结构，获得诺贝尔生理学或医学奖。

精准的天文数据宝库。他会不断地仔细研读这些数据长达数十年，试图让他的模型行得通，并发现在夜空中隐藏的其他行星的运行模式。后来的科学家们才得以借由翻查开普勒的大量发现，在糟粕中找到真正的宝藏。

开普勒高度重视《宇宙的奥秘》的原因在于他借此揭示了自己的重大突破。但在讨论他的天体模型的过程中，他也意外导致另一项划时代的巨变。开普勒按照哥白尼的主张将太阳置于他的模型中心，但随后开普勒关键的一步却超越以往所有的先驱。他指出，行星不仅围绕着太阳运行，而且距离太阳越远的行星，在其轨道上运行的速度越慢。不知何故，太阳提供行星动力，而无论这股力量为何，都会随着距离加长而削弱。

开普勒当时尚未发现描述这股力量的法则——他将为此再度辛苦工作 17 年——但即使如此，这仍是一项突破。占星学家和天文学家一直将注意力集中在定位天际群星的位置和绘制行星的运行路线上。目标在于描述和预测，而非提供解释。在开普勒之前未曾有人追问行星运行的动力为何。但从今以后，科学家们仰望天际都会想象恒星和行星是实际的物体，由某种宇宙引擎所驱动，而非仅是图表上单纯的一个点。

科学史家欧文·金格里奇（Owen Gingerich）① 惊讶地说："历史上从来没有一本书错得如此离谱却对未来的科学发展提出开创性的指导。"[11]

① 译者注：欧文·金格里奇，美国哈佛大学天文学和科学史教授，曾撰写多本天文学史书籍。

26. 金鼻海象

开普勒相信上帝是数学家这一点从一开始就既是阻碍也是激励。首先，他的这项信念诱使他花费多年时间投入柏拉图式的白日梦；梦想幻灭时启发他往别处搜寻，十分笃定有某种数学模式可以用来理解太阳系。开普勒在长年的追寻中迷恋的对象不是天际的星体——太阳、恒星和行星——而是它们之间的关系。不是星体本身，而是它们运行的模式。“如果上帝能解救我脱离天文学，”开普勒曾经写道，“我就可以将我所有的时间都投到寻求宇宙和谐秩序的工作之中。”[1]

随着时间的推移，这项寻求和谐秩序的工作会产生很多的模式，它们当中有几项可说是人类思想的最高成就，但绝大多数对现代读者而言几乎是难以理解的。例如，当开普勒终于放弃自己精心制作的行星几何模型时，取而代之的是以音乐作为基础，与前者同样晦涩难解的模型。对于“和谐秩序”的新的追寻根源于毕达哥拉斯古老的洞见，亦即不同长度的弦会产生不同的音高。开普勒的概念是，不同轨道上的行星对应着不同的音符以不同的速度运行，“天体运行不过是一首持续的合唱歌曲[2]（需要非凡才智才能接收得到，而非单凭耳朵）”。①

开普勒的新系统中有着女高音、男高音和男低音，就好像他先前的模型中有着立方体、金字塔和十二面体，都是出于他

---

① 作者注：无论如何人耳都无法听见。上帝能听到这些宇宙和谐的乐章，就像狗可以侦测到对人类的听力而言音频过高的口哨声一样。Rattansi, “Newton and the Wisdom of the Ancients,” p. 189.

自己的想象。结果证实，两者都与现实无涉。但是，在他妄想并受到误导而追求证明理论的过程中，开普勒确实做出了真正具有划时代意义的贡献。科学家们最终会将其中三者称为“开普勒定律”，虽然开普勒从来没有给过它们名字，也从未认为它们比起他的其他发现更值得称道。①

到了晚年，当他回顾职业生涯时，开普勒自己几乎无法从数学白日梦的包围中看出自己的突破。“当我试着去了解过往自己所写下的东西，我的大脑吃不消了，”他后来说，“我发现我很难找回我自己所建立的数字和文字之间的关系。”[3]

开普勒是有史以来最大胆、最有见地的思想家之一，但他直到加入一个几乎在每一个方面都与自己相左的天文学家阵营后，他的职业生涯才有起色。开普勒人穷又瘦，排骨般的身体穿着满是补丁的衣服。第谷·布拉赫的财富则是难以衡量。开普勒人很害羞且节制，第谷则喜欢豪饮且脾气粗暴。开普勒充满想象力和创造力，有时到了惊人的程度，第谷虽然是一名杰出的观察家，但在理论上却墨守成规。但是，这两位伟大的天文学家互取所需。

159

出身丹麦贵族的第谷②在私人岛屿上有座私人天文台。他是开普勒和伽利略之前一代最杰出的天文学家。就是他证明了1572 年不知何故出现在天际的新星确实是颗恒星，这让世界

① 作者注：1738 年伏尔泰最早将之称为“开普勒定律”。科学家们后来也跟着这么做。Curtis Wilson, “Kepler's Laws, So-Called,” *HAD News* (newsletter of the Historical Astronomy Division of the American Astronomical Society), No. 31, May 1994.

② 作者注：第谷就像伽利略一样，人们通常以他的名字（译者注：而非家姓）相称。

为之一振。第谷并不是个守旧的人，① 他身形圆滚滚，秃头又爱穿华服。这个貌似有着海象胡子、披着天鹅绒斗篷的矮胖子，就像是个小小的国王统治着自己小小的国度，主持豪华宴会时会因为他的宫廷小丑——一个名叫吉普的侏儒所做的滑稽动作发笑。

早在学生时代，第谷就在一场斗剑中失去他一部分的鼻子。[4] 有种说法指出第谷遇上的这场麻烦起于一场婚礼，有位同样年轻富有的丹麦青年提醒众人几个月前发生的一些怪事。第谷曾以文辞并茂、优雅的拉丁文诗大张旗鼓地宣称，最近的一次月食预言着土耳其苏丹的死亡。但事实证明，苏丹在月食前 6 个月就已经过世。第谷的对手津津有味地谈起这则故事，几乎所有的听众都喜欢，但第谷除外。传诵故事最后导致第谷的愤怒，不久之后，就以决斗收场。第谷几乎在决斗中丧失生命，并失去了一大部分的鼻子。此后在他有生之年，他都戴着黄金和白银制成的替代品。

尽管爱说大话以及装模作样，第谷却是如假包换的学者。他的天文台是欧洲最好的，配备有琳琅满目的设备，诸如精密制造的六分仪、象限仪，以及其他能够确定恒星位置的设备。 160
天文台位于大型高耸的城堡上，拥有 14 个壁炉以及自来水这种惊人的奢华设施。第谷的图书馆里矗立着一座由黄铜制成、直径 5 英尺的浑天仪；当一颗恒星的位置毋庸置疑时，球体上就会小心添上一个新的点。第谷夸口说他建造天文台花费了一吨黄金，[5] 开普勒也曾抱怨说："任何一件仪器的花费都胜过我和全家人的财产。"[6]

---

① 译者注：这句话在呼应上段文章中提到的第谷在理论上的墨守成规。

开普勒将他的《宇宙的奥秘》寄给了第谷和所有他能想到的杰出科学家。许多人都不能参透他的主张。第谷比伽利略和其他怀疑论者更具有神秘主义的倾向，热情地给予开普勒回应，并很快就让开普勒担任他的助手。这项安排明显对两人都有好处。第谷设计了一种混合的太阳系模型，介于古老的地心学说与哥白尼的日心学说之间。在这幅景象中，太阳和月亮的轨道围绕地球运行，而其他五大行星则围绕太阳运行。第谷累积了大量严格且准确的观察，但若少了开普勒在数学上的帮助，他无法证明他的混合模型。开普勒对第谷的模型没有兴趣，但为了取得自身理论的进展，他迫切需要第谷的记录。

但第谷将记录藏起来。他徘徊不定：一方面希望这位年轻人能从自己积累二十年的数据中找出模式，另一方面又恐惧将自己的宝藏拱手让人。第谷像是守财奴般紧抓着他的数据。这引来开普勒无奈的咆哮。然后，事出突然，第谷去世了。（他死于膀胱感染，根据开普勒的说法，这是因为他在宴会上喝太多，却拒绝离开餐桌撒尿。）开普勒仅与第谷共事 18 个月，但现在他得到了自己需要的东西。“我握有观察天象的资料，”开普勒心满意足地指出，“并拒绝将它们交给继承人。”[7]

161

27. 打开宇宙的保险箱

162

开普勒盯着第谷的数据将近二十年，坚信当中隐藏着信息，但是时间分秒流逝，他并未能取得任何进展从而解开谜团。他早已放弃了他的几何模型，理由是这些模型根本不符合数据。问题是，也没有别的模型能够符合。

比方说，开普勒知道每颗行星绕行太阳所需的时间——水星是3个月、金星是7个月；地球费时1年、火星费时2年；木星绕行轨道一周长达12年，土星则要30年——但他努力尝试也无法发现这些数字彼此间的关联。这项任务好比你从来没有听说过美式足球，却要弄懂美式足球记分牌上的数字。有时得分是3，有时是7和14，但从来不会出现4或5。这到底是什么意思？

即便有了第谷的天文数据支持，开普勒仍旧花了六年时间才发现三条开普勒定律的头两条。[1] 开普勒定律的发现可说是项传奇，有着错误的开始和一个接着一个行不通的尝试，让可怜的开普勒甚至绝望到连回家的力气都没有。

163

开普勒第一定律是关于行星绕行太阳的路径。这项发现排除了天文学自古以来完美的象征——圆形的行星轨道，令他自己与其他天文学家同僚同感震惊。但第谷的数据准确度是任何在他之前观察所得的两倍[2]，而先前沉醉在无尽的纯理论、白日梦中的开普勒，这回因为他的理论和实际情况之间几乎不存在可见差异而颠覆了世界。“我们因为上帝的仁慈被赋予一如第谷·布拉赫那样准确的观察力，”开普勒写道，“我们应该接受这份神圣的礼物，并善加利用。”[3] 认真看待第谷的测量数据意味着承认，行星运行的轨道根本不是圆形（也不是圆形外接着圆形或任何这样的变形），尽管这种态度的改变速度缓慢又非心甘情愿。

无尽的、可怕的计算工程让开普勒感到疲惫不堪，想在天文学记录中发现隐藏的模式几乎让他绝望。（他疲倦地指出自己数百页的计算是与顽固数据间的“战争”[4]。）最后他发现所有行星围绕太阳的轨道都不是圆形，而是椭圆形，就像是压扁的圆形。这意味着许多事，其中就包括从太阳到行星的距离不是恒定的，而会随着非圆形的行星轨道不断变化。

除了尺寸大小，所有的圆都是相同的——这是它们之所以完美的部分原因——但椭圆形有无数的可能形式，有些与圆形几乎没有差别，有些则又长又瘦。椭圆形并不只是单纯的卵形，而有其特殊性。（要绘制椭圆形，先在一块硬纸板上固定两根钉子，在钉子上面绑上绳子。用铅笔将绳子绷紧，然后移

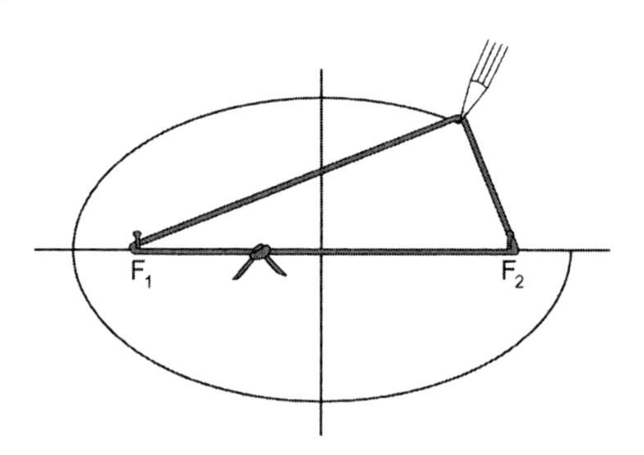

对于椭圆形上的任何一点来说，从焦点 F_1 到铅笔尖的距离，加上从焦点 F_2 到铅笔尖的距离，都会是相等的。

动铅笔绘图。钉子所在位置称为焦点。根据定义，椭圆形的特 164
性是图形上任何一点到两焦点间的距离总和始终是相等的。①)

开普勒发现，就行星而言，太阳就位于椭圆形的其中一个焦点位置上。（另外一个焦点则未有物体对应。）这就是开普勒第一定律——行星运行的轨道是椭圆形，而太阳就位于其中一个焦点上。这是真正激进的发现。即使是富有革命性想法的伽利略也从来未曾放弃行星轨道是圆形的信念。[5]

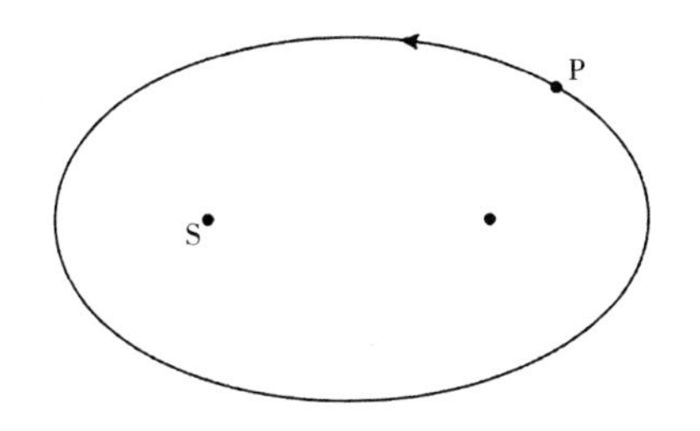

根据开普勒第一定律，行星绕行太阳的轨道不是圆形而是椭圆形。

* * *

开普勒第二定律也可视为异端。这条定律与行星运行的速度相关，并涉及对一致性的另外一项抨击。开普勒声称行星运 165
行的轨道并非完美的圆形，而且它们运行的速度也并不稳定。开普勒认为太阳不知何故推动了行星的运行。如果事实真是这样，就有理由解释为什么接近太阳的行星受到的驱动力较强，而行星离太阳越远受到的影响越弱。当行星靠近太阳时，它的运行速度会加快；离太阳较远时，运行速度会减慢。

---

① 作者注：圆形也可被视为是一种特殊的椭圆形，当中的两个焦点位置重合了。

一开始犯下的错误让开普勒花了两年时间才发现他的第二定律。（在这段时间，他维生的手段是在哈布斯堡王朝鲁道夫二世皇帝位于布拉格的皇宫中担任帝国数学家。开普勒的官方职责主要是占星，利用占星术预测下一季的天气或是僵持不下的战事的结局。）他伟大的洞见在于找到了一种方法捕捉行星不稳定的运行轨迹，并以精确量化的规则呈现。我们自然地认为描述行星运行的方式是描绘行星的位置，然后每隔一段时间，好比说每十天就计算一次这段时间行星运行的距离。但事实证明，这个方式并不能找出任何一般性的规则。开普勒灵光一现看出更好的办法，关键就在于不理所当然地以距离进行考虑，而以看似不相关的面积来计算。

166

开普勒第二定律：地球与太阳之间的连线（矢径），在相同的时间内会扫过相同大小的面积。

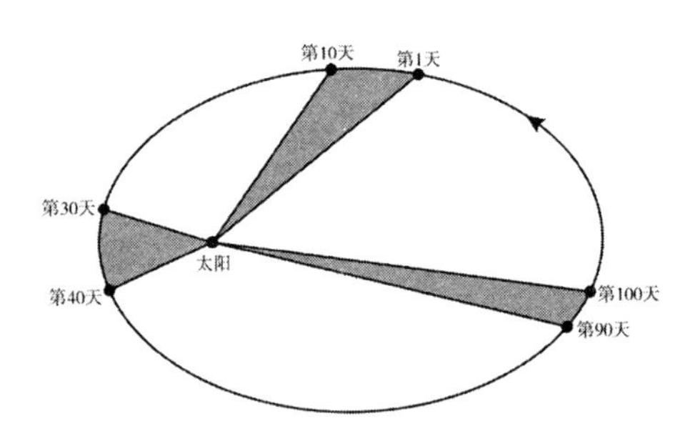

根据开普勒第二定律，上图中灰色三角形区域虽然形状不同，但面积是相等的。

虽然开普勒为自己的发现感到骄傲，这些定律却未能令他欣喜，因为他不知道这些定律从何而来。上帝为何不采用圆形？圆形是完美的形状，而开普勒则抱怨卵形和椭圆形是“一车粪便”[6]。如果上帝选择卵形有他的理由，为什么特别要选择椭圆形，而非蛋形或其他上千种可能的形状呢？

开普勒第三定律看似最为任意武断，却是最难发现的。开普勒的头两项行星运行定律探讨的都是单一行星的情况，而他的第三定律则需将所有的行星一并纳入考虑。就像是他在提出正多面体模型时所做的，开普勒再次提出同样的问题，试图找出不同轨道彼此之间的关联。上帝肯定不会随意安排天上的行星。他的计划是什么？

开普勒需要处理两组数字——每个行星运行轨道的长度以及对不同行星来说，每“一年”的长度。两组数字分别看来都未显示出任何模式的存在。例如，你无法从地球绕行轨道的长度，发现任何与火星绕行轨道长度相关的信息，你也无法从任何一个行星的“一年”时间长度（“一年”指的是行星完整绕行太阳一周的时间）找到关于其他不同行星绕行的时间数据。开普勒转而将两组数字彼此参照，希望能从中找到神奇的公式。

大体的趋势是明确的——距离太阳越远的行星，它的“一年”所耗费的时间越长。这是有道理的，因为靠近太阳的行星绕行的轨道长度较短，距离遥远的行星绕行的轨道长度则较长。但这不只是一个简单的比例问题。与靠近太阳的行星相比，距离太阳越远的行星不仅绕行的路径更长，运行的速度也更慢。这就好比在海洋航行的船舶的速度比起在沿海港口穿梭的船舶来得慢。

因为不知道行星运行的动力为何，开普勒将这项破译密码的挑战当作单纯的命理学任务。就像是一名保险箱窃贼除了耐心外没有其他装备，他尝试所有他想得到的组合。例如，如果不同行星的一年时间长度间看不出关联，也许它们的平方数或是立方数会存在某种模式。又或者通过计算每一颗行星的最高或最低速度并相互比较，你也可能得出某种模式。在十多年的时间中，开普勒试过一个又一个的组合，但每次都以失败告终。

然后，突然间，“如果要给出确切的日期，就是今年，1618 年 3 月 8 日，我脑中浮现出答案”。[7] 这个发现本身是复杂而有特色的，开普勒的反应也是如此，结合了对上帝的感谢、对自身成就的无比自豪以及他一贯中肯的自我描述。“我运用所有您赋予我的能力，实现我立誓完成的工作；我已将您壮丽的作品呈现于世人面前，”他写道，“但如果我在展现您天福的作品中追求我自身于世间的荣耀，请宽容、同情并原谅我。”[8]

开普勒发现了一种神秘而复杂的方式能配合各行星轨道的相关数据。这项公式有赖复杂的计算过程。开普勒解释说，要先选择一个行星，然后取得它的轨道长度的立方（意即将轨道长度的数据自乘三次）。接下来，取得该行星一年时间长度的平方（意即将一年时间长度的数据自乘两次）。对所有行星而言，将前者除以后者所得到的结果都会是相同的。开普勒第三定律的主张等于是如果你遵循难吃的配方做菜，端上桌的永远都会是一样难吃的菜肴。

168

例如，开普勒知道，火星与太阳之间的距离是地球与太阳之间的距离的 1.53 倍，而火星一年的时间长度是地球的 1.88 倍。出于某种原因，他看出了 $1.53 \times 1.53 \times 1.53 = 1.88 \times 1.88$。[9] 其他行星的状况也是如此。（换句话说，行星一年的时间长度并不取决于它与太阳之间的距离，或是该距离的平方，而是介于两者之间的东西——距离的影响提升到 3 次方除以 2 次方。）

但是，这是为什么呢？它又代表着什么意思呢？

计算所得出的数字似乎并不仅是巧合，却又是如此繁复。上帝可以对行星及其运行轨道安排无限种可能的方式，为什么要选择用如此难以令人理解的平方和立方呢？

开普勒打开了保险箱的门，却不知道这代表着什么意思。

28. 桅杆瞭望台的景观

开普勒的定律代表着解读上帝密码的巨大进展，即使他不知道这些定律何以为真或它们的意义何在。接下来的进展则来自几乎与开普勒同时代的另一位天文学家——伽利略。

伽利略与莎士比亚同一年出生，而伽利略在科学界的声望也与莎士比亚的文学成就不相上下。“我相信，如果 17 世纪有一百个人在他们事业的起步阶段就被杀害，现代世界将不复存在，”伯特兰·罗素曾这样写道，“而伽利略就是这百人之首。”[1] 事实上，这似乎并非实情。伽利略的天才是不容置疑的，但每一位伟大的科学家，从伽利略、达尔文到爱因斯坦，都有旗鼓相当的对手紧追在后。如果没有莎士比亚，就没有“是生还是死”（to be or not to be）的名句流传。如果没有爱因斯坦，$E=MC^2$ 的公式可能得再等几年才能问世。

伟大的伽利略也是如此。不过伽利略确实振奋了低迷的科学界，或许罗素的看法是正确的，无论就性格或智力来看，没有人比伽利略更适合这项任务了。伽利略天资聪颖、脾气古怪，擅长与人斗智。（就连他竖起的头发也仿佛正准备与人开战。）他语带风趣、笔锋生动，懂得如何运用隐喻和模拟；他也擅于嘲弄、辱骂和挖苦奚落；如果他想要，他也可以甜言蜜语，就像是亲近的朋友所指出的，“颠倒众生”。[2]

奇怪的是，伽利略的进展并非建立在开普勒的工作基础之上。事实上，伽利略似乎并不知道开普勒定律的存在，尽管开普勒曾将自己所撰写的《新天文学》（*New Astronomy*）一书送给他，书中就包括开普勒的前两项定律及其在天文学方面的无数推测。(伽利略把书丢在一旁并未阅读。[3]）相反，伽利略着手处理的宇宙之谜完全是另外一回事。

伽利略专注解决的谜团远较开普勒的关怀来得古老。在哥白尼之后近一个世纪，几乎人人都仍旧认为地球是否会移动的问题是无稽之谈。借助自己将望远镜转向天空所赢得的盛名，伽利略开始回应地球不可能会移动的主张——这一点不仅哥白尼和开普勒未曾做过，开普勒定律也未能涉及。然后，伽利略将他的发现公之于世。

这本伽利略最重要的科学著作①并不是以正式严谨的散文格式写成，而是以类似小型剧本的斗智对话组成，借由智力平庸的书中角色辛普利邱（Simplicio）呈现对手的论点。这个名字的由来或许真有其人，指的是大约生活在伽利略之前一千年的亚里士多德主义者辛普利西丘斯（Simplicius)。不过更可能的是伽利略用“辛普利邱”这名字是因为它很接近“傻瓜”(simpleton）的发音（在意大利文则是“sempliciotto”)。他的读者们当然都这么以为。在他们之中，教皇乌尔班八世尤其不高兴辛普利邱代表自己的论点。

结果证明这个书写策略是一场灾难性的误判，但其的确也让我们看出伽利略在为人处世方面的态度。伽利略所在的意大利是一个浮夸的地方。装模作样较之腼腆更为常见，伽利略从来不曾试图掩饰自己在这方面的才华。尽管如此，他还是过于冒险地高估了自己的三寸不烂之舌。他喜欢针对葡萄酒、乳酪

① 编者注：这本著作指的是伽利略于1632年出版的《关于托勒密和哥白尼两大世界体系的对话》。

芝士和文学滔滔不绝发表意见这点是很确定的，此外他尤其喜欢谈论新天文学观点的优越之处以及旧观点的愚蠢。“在这户或那户人家里，他的谈话经常针对着 15 或 20 位热切攻击他的宾客，”一个朋友在参加晚宴后回忆说，“但他有备而来地取笑他们。”[4]

被群起围攻是乐趣的一部分。“如果推理像是拖运货物，”伽利略曾声称，“那么我会同意团结力量大，就像多来几匹马可以搬运更多袋的谷物一样。但推理好比赛马，而不是拖运货物，一匹阿拉伯骏马可胜过上百匹犁田的马。”[5]

伽利略不仅捍卫哥白尼的主张以对抗批评者，在形塑论点的过程中，他还构思出相对论。这个比爱因斯坦早三个世纪出现的版本，同样被证明难以用常识来理解。伽利略表明，在一个拉上窗帘的房间内，你无从得知自己是站着不动，还是以稳定的速度行驶在一条直线上。举一个现代的例子，就是在火车车厢内，你无从体会（如果不偷偷瞄向窗外的话）自己是坐着不动或正沿着轨道前行。你可能以为将你的钥匙往地上一丢就能知道——如果列车正向东行驶，那么钥匙难道不会偏西掉落？——但事实上钥匙只会像往常一样垂直落下。

172 更重要的是，在船舶或火车上出现的状况也正是地球本身真实的情况——如果少了先进的天文测量，我们没有办法得知地球是正在运行还是原地不动。我们不能以一般的方法得知自己是否正在移动。不管速度有多快，这一点同样适用于任何流畅、稳定、直线的运动。（地球的轨道几近圆形而非直线，但这个圆形是如此巨大，相较于地球移动的速度，任何一小段轨道长度实际上就等同于一段直线。）

这个论点是对亚里士多德及其追随者的直接攻击。亚里士多德曾坚持，从周遭万事万物来看，我们可以肯定地球是不会移动的。石头直线掉落，落下的路径既非曲线也不倾斜。建筑物既不动摇也不翻倒，可见下方地面并非正在移动。亚里士多德认为一个移动中的世界会是混乱不堪的，即便是日常活动也将难以进行，就好比站在装有轮子的梯子上油漆房间。

伽利略证明这是错误的。静止的世界并无特殊之处。流畅、稳定移动的世界看上去跟感觉上全然静止的世界完全相同。反对哥白尼主张最强有力的论据——哥白尼根本的假设完全是无稽之谈——是无效的。

借由人们可以理解的实验，伽利略获得了普遍的结论。一开始他利用一个金属球和木制斜坡进行实验。（随着时间的推移，他会加上一个装了水、破了个洞的桶子。）

伽利略关注的主题是运动，特别是物体落下的运动。正如我们先前所见，亚里士多德认为运动意味着改变——也就是从一个地方移动到另一个地方，但也可能是“质量”的改变，或是从“愚蠢”变为具有“智慧”。借由看似简单的运动，伽利略想知道掌管无生命物体自由落体运动的法则。但他要怎么做才能仔细观察并准确判断石头落下的状态呢？

他认定答案就在于放慢物体落下的速度。他观察的不是石头从空中落下的状态，而是将球推下斜坡，并希望所得结果与自由落体相当。这是项令人不安的举动。借由模拟方式提出的论点总是带有风险的，况且这里所做的模拟实验似乎不能算作铁证如山。可是伽利略身为一名智慧的导师与雄辩者，提出这个信念上的跃进就好像是再自然不过的一件事，而他的听众们也跟着他往前迈了一步。

实验一开始他看见球滚下斜坡，滚过桌面然后爬上第二道斜坡。如果两道斜坡是相同的，实验结果显示，球会爬到与它初始落下时几乎同样的高度。（同样的，如果你在一个圆形的碗里抛下一颗弹珠，它会落向碗底，然后爬上碗的另一侧，直到非常非常接近其起始高度的位置。）

然后就是关键的观察所得。伽利略安排第二道斜坡的坡度较第一道斜坡的坡度来得平缓。结果滚落的球仍旧爬上与它初始落下时同样的高度，尽管这次球必须滚动较长的距离达到该位置。接着又重复一次实验，这一次第二道斜坡的角度仅是稍稍倾斜。结果，滚落的球最终仍旧爬上与它初始落下时同样的高度，只是球必须不断滚动才能达到该位置。

假设第二道斜坡完全平坦毫不倾斜，情况将会如何呢？伽利略说，如此一来，球将会永远持续水平滚动着。平坦的斜坡只是一个想象中的实验可能性，并未真正付诸实现，但伽利略所宣布的是一项新的自然法则——任何水平移动的物体将永远以相同的速度持续水平前进，除非有其他事件介入。（牛顿第一运动定律是相同法则普遍化的结果。）亚里士多德的主张与此完全相反，正如我们前面所看到的。在亚里士多德的世界里，运动并非事物的自然状况，而需额外解释；除非有持续的推力或拉力，移动中的物体速度才会变慢然后停止。

174

我们不应该低估伽利略的魄力。在否定亚里士多德主张的同时，他也驳斥了人们无数次亲眼所见的现实——移动的物体最终会静止。不要去管你的经验和常识如何教导你，伽利略如此说道。比你实际所看到的世界更重要的、更真实的事物本质，是一个理想的、抽象的、数学的世界，你只有透过心灵之眼才能看见。

简简单单的物体恒动的声明在伽利略的手中产生了巨大的影响。下面是伽利略相对论的重点和他如何讥讽驳斥亚里士多德学派解释地球运行的方式。在伽利略的时代，道路上充满了车轮滚过与马车走过的痕迹，流畅运行最常见的例子是在船上。伽利略提出这样一个问题：如果一个水手爬到桅杆顶部抛下一块石头，会发生什么事情呢？在亚里士多德看来，这是一个简单的问题。如果船身静止不动，栖息在安静的海港里，石头会直接掉落在桅杆底部的甲板上。如果船只在平静的海面航行，石头会掉落在距离桅杆底部几尺之遥的甲板上。伽利略不同意这个看法。他坚持认为，在这两种情况下，石头都将直接落向桅杆的底部。

原因就在于他的第一定律。船只、船员、乘客以及从桅杆上落下的石头，都呈现水平移动的状态，它们是一起移动的。石头会落向桅杆的底部是因为桅杆和石头都是水平移动，在石头落下那时移动的步调一致。

“和一群朋友待在大型船只主舱下方的甲板上保持安静。”[6] 伽利略如此写道。带几只蝴蝶、一个鱼儿悠游其中的鱼缸以及一个有裂缝的水罐，罐中的水会漏向放在地板上的浅盘。无论你多么仔细地察看当中是否有不寻常之处（比方说，鱼儿聚在鱼缸的某一侧，或是漏水不再对准浅盘），伽利略继续说：“你都无法从它们之中任何一者身上看出来船只正在移动或是静止不动。”

同样的解释也适用于运行中的地球及其所有乘客。运转中的地球绕行轨道的速度约为每秒 18 英里，其安全稳固，好比下锚停泊在如镜大海的船只。

即使是在今天，伽利略的这项洞察也非信手拈来。然而我们相信他，这是因为我们都亲身试验过无数次。例如，有时我们关上车窗飞驰在高速公路上，发现有只苍蝇在身旁嗡嗡作响。当时的车速可能会是每小时 70 英里，比任何苍蝇飞行的速度都要快上许多，但苍蝇并未受到影响。为什么车子的后窗没有以 70 英里的时速迎面撞上它呢？

或是我们想想乘飞机旅行的经历吧。在飞机上让手机落下，只要几分之一秒的时间手机就会触地，这段时间内飞机已经往前移动大约 100 码的距离。手机怎么会落在你的脚下，而非在你身后一个足球场的距离之外呢？同样的，空姐怎么敢倒咖啡呢？倒出的咖啡还在半空中，杯子已经移动了几百英尺。在头等舱服务的空姐这下不就烫坏了经济舱里的每位乘客了吗？

176 “棋盘上一组国际象棋棋子站立在我们所摆放的棋格内，虽然棋盘从一个房间移到另一个房间，但这段时间内棋子却留在原地保持不动。”[7] 哲学家约翰·洛克于 1690 年如此写道，这是关于相对论的最早的讨论之一。无论棋盘是放在桌子上，还是从此处移动到彼处，对棋盘上进行的游戏而言都没有什么区别。我们的情况就跟这些棋子一样。无论地球是静止在宇宙的中心或是绕太阳运行，我们所有的活动都会以惯常的方式继续下去。

29. 人造卫星轨道，1687 年

177

在一个名为“红发会”（The Red - Headed League）的故事中，华生医生盯着福尔摩斯的最新访客瞧个仔细，但没有发现任何值得注意之处。他转向大侦探。也许福尔摩斯有所发现？“除了显而易见的事实，他曾从事手工劳动一段时间、他吸鼻烟、他是共济会成员、他曾去过中国还有他最近大量书写外，我推断不出其他的事情了。”福尔摩斯这么说道。

伽利略和他的科学家同僚们也偏好类似的技巧。借由密切关注他人所忽略之处，他们可以自行摸索出完全意想不到的结论。例如，伽利略对船上生活的分析显示，无论船舶以稳定速度移动或是静止不动，滚落桌面的弹珠抵达地面的时间都会是完全一样的。水平移动的船舶不会影响到垂直落下的石头。这看似微小的观察所得在伽利略的手中起着重大的影响。

设想任何在空中以抛物线状移动的物体——向野外高飞的棒球、在空中翻转的钱币、在舞台上跳跃的舞者。在所有这些情况下，运动物体的水平移动和垂直移动独立发生，并可以各别进行测量。根据伽利略的运动定律，水平移动是稳定不变的。球、硬币和舞者在它们运动的第一秒钟水平移动一定的距离，接下来的第二秒钟移动与前一秒相同的水平距离，以此类推，从开始到结束都以固定的速度移动。[①] 在同一时间，抛物

178

① 作者注：芭蕾舞者和篮球运动员看着似乎停留在半空中，但这是一种错觉。舞者和运动员这么做的诀窍是在半空中做出几个动作。我们的眼睛看到的动作多，就认定所需花费的时间也多。

线状移动物体的垂直运动，亦即其距离地面的高度，则根据不同的规则发生改变。在运动开始的瞬间，物体沿抛物线快速上升，但接着上升速度越来越慢，一直到停止上升，达到既不上升也不落下的平衡状态，然后骤然落地，速度越来越快。速度上的变化依循着简单而精确的规则，并且在此过程中，上升与落下的部分是完全对称的。

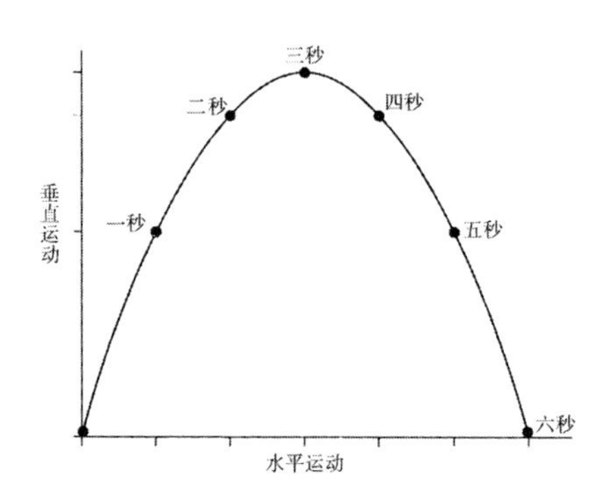

任何射向天空的物体——弓箭、子弹、炮弹——曲线前进的路径皆如同此图。运动物体每秒钟移动的水平距离是相同的。

我们可以很容易地以数学的方式显示，结合了稳定的水平运动和稳定的不断改变的垂直运动所形成的抛物线路径。（所谓的抛物线是拱形的曲线，但它不只是一般的拱形，而需满足特定的技术条件，就好像椭圆形也不是一般的卵形，而有其特定的规格一样。）早在第一个穴居人将石块扔掷出手之初，抛物线就已经划向天际，但在伽利略之前没有人曾经辨识出抛物线，而他也为自己的发现感到无比自豪。“人们已经注意到炮弹等发射体沿着某种曲线前进，”他写道，“但是没有人曾经指出一项事实，亦即这条路径是抛物线。然而这点事实，连同

179

/ 艾萨克 · 牛顿不仅是史上最伟大的天才之一，也是个性最古怪的人之一。一位与他同时代的人说他“是我所知脾气最可怕、态度最谨慎而多疑的人”，早产瘦弱的牛顿却活到八十四岁高龄（而且至死都未曾与人发生亲密关系）。圣诞节当天出生的牛顿衷心相信上帝拣选自己来解开他的密码。这幅画像完成于牛顿四十六岁的学术高峰期，当时他刚发表万有引力理论。/ /

/ 查理二世的父亲在 1649 年被斩首，他则于 1660 ~ 1685 年统治英国。这位“快乐君王”生性诙谐好动，他所主持的荒淫宫廷自国王以下，人人都沉浸在层出不穷的性滥交游戏中。查理二世也着迷科学。他创立了皇家学会，并为学会设置望远镜等科学仪器。/ /

/ 罗伯特·波义耳拥有贵族身份，他的父亲是英国最富有的人之一，波义耳是皇家学会早期最受人推崇的成员。身为一位出色的科学家，他相信的事实包括治疗白内障最好的方式，是将干燥的人体粪便粉吹入病人的眼睛。/ /

/ 身为牛顿最伟大的对手，戈特弗里德·威廉·莱布尼茨本人即是聪慧惊人的天才。莱布尼茨的脾气与生性严峻的牛顿正好相反，他就像是充满活力的小狗。莱布尼茨是一位哲学家、数学家和发明家，他扬扬得意于自身的成就，所以他最喜欢送给新娘的结婚礼物就是他自己的格言集。//

/ 虽然 17 世纪科学诞生，推动现代社会的展开，旧有的观念和恐惧依然大举盘踞于人们心中。彗星一如往常使人感到害怕。贝叶挂毯（缝制于 11 世纪）上的这一幕，呈现出 1066 年当哈雷彗星出现于天际时，人们恐惧畏缩的情景。/ /

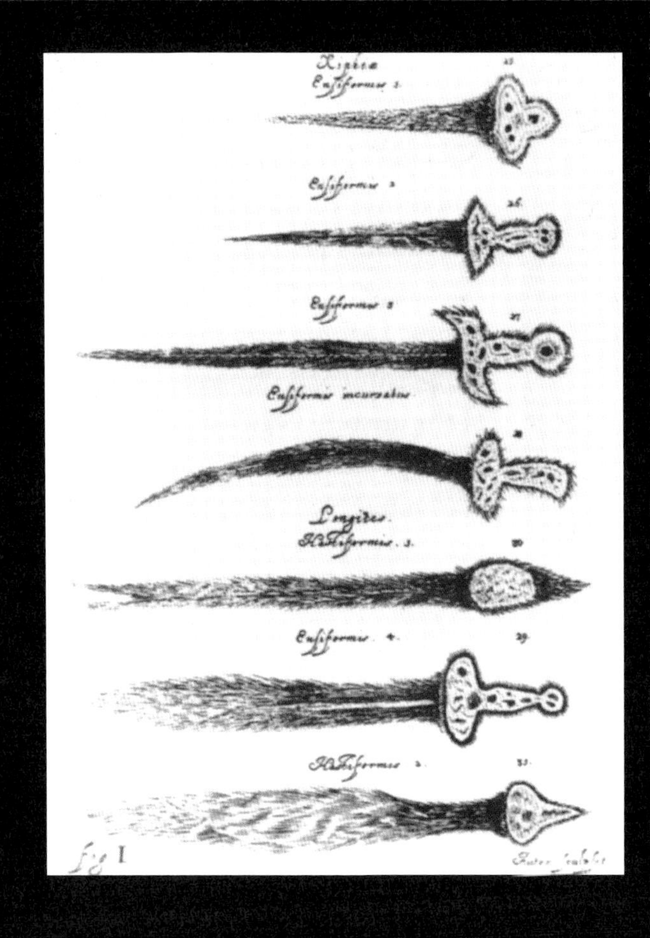

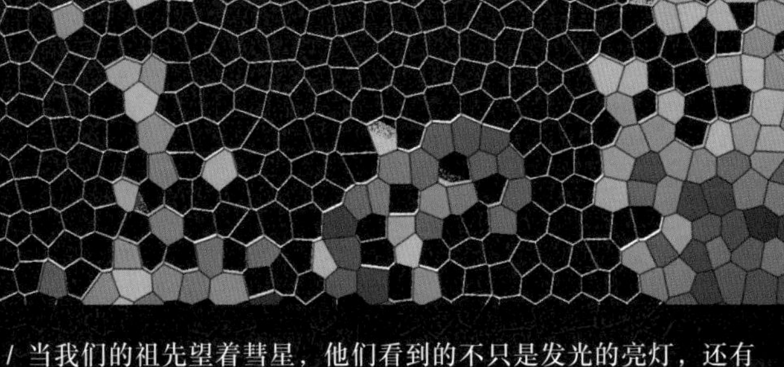

/ 当我们的祖先望着彗星，他们看到的不只是发光的亮灯，还有炽热如火、挥舞着死亡的刀剑，一如这些绘制于 1688 年的插图所示。出现在 1664 年和 1665 年的彗星，让英国准备面对“将众人送入坟场的必死命运”。/ /

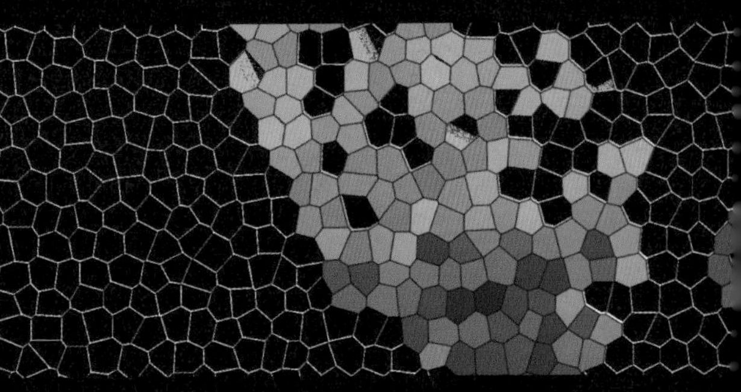

/ 1665 年，瘟疫袭击英国。没有人知道瘟疫发生的原因以及治疗之法。瘟疫不明所以地在患者之间传播。许多人白天还好好的，到了晚上就暴毙。治疗瘟疫的医生，只能给患者一些善意的安慰。如同本图所示，治疗瘟疫的医生所穿的服装是为了保护自己，外挂喙嘴内含草药和香料，以对抗亡者和垂死之人身上的气味。/ /

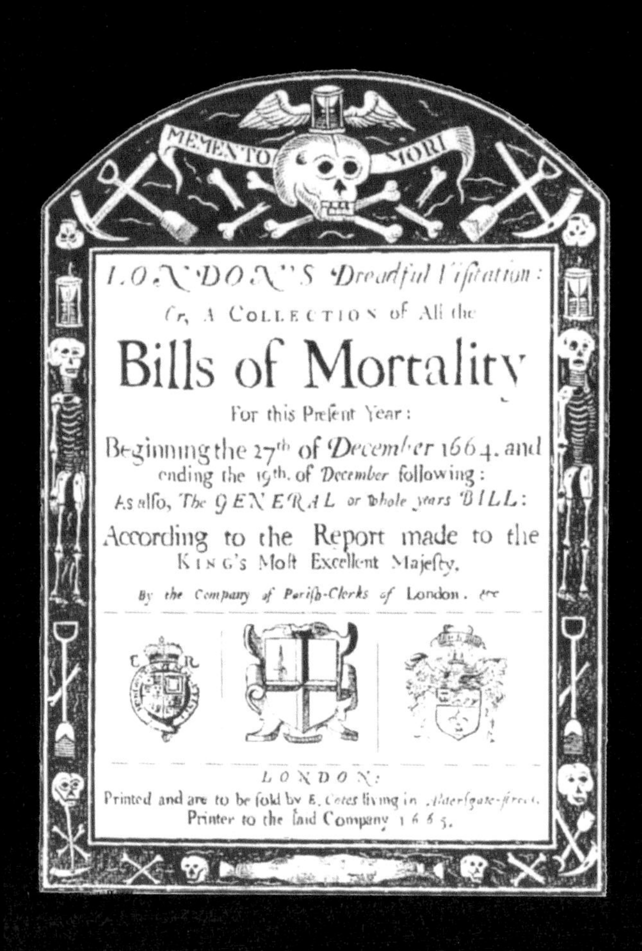

MEMENTO MORI

LONDON'S Dreadful Viſitation:

Or, A COLLECTION of All the

Bills of Mortality

For this Preſent Year:

Beginning the 27th of December 1664. and ending the 19th. of December following:

As alſo, The GENERAL or Whole years BILL:

According to the Report made to the KING's Moſt Excellent Majeſty.

By the Company of Pariſh-Clerks of London. &c

LONDON:

Printed and are to be ſold by E. Cotes living in Alderſgate-ſtreet, Printer to the ſaid Company 1665.

/ 死亡率的公告上记录每周的死亡人数。伦敦一开始的死亡率是每月一两人。到了 1665 年 9 月的高峰期，伦敦每周有超过六千名居民感染瘟疫死亡。受此重创，城里除了教堂的丧钟几无人声。/ /

/ 经历 17 世纪晚期动荡的伦敦，塞缪尔·皮普斯运用密码将过程记录在日记中。身为英国海军的行政官员，他的日记提到了办公室政治、与情妇的调情、与妻子的争执。他的记录是我们拥有的有关伦敦瘟疫和大火的最详细说明。/ /

/ 英国才刚脱离瘟疫的魔爪，第二场浩劫随之而来。在令人感到不祥的 1666 年——666 是个可怕的数字——伦敦失火。大火在城市里延烧四日，连监狱的铁窗也熔化了。十万人无家可归。愤怒的上帝显然对他的创造物失去了耐心。/ /

/ 在这种严酷的时代，公开进行刑罚好强化警告意味和提升娱乐性质。剖腹和大卸八块是最令人毛骨悚然的惩罚方式。在英国，犯人的脖子被套上绞索却并未吊死，接着将他活生生地剖腹并大卸八块。犯人的头颅和身体各部分被钉挂在城市各处。在法国，如本图所示，则是采用“五马分尸”的方式。//

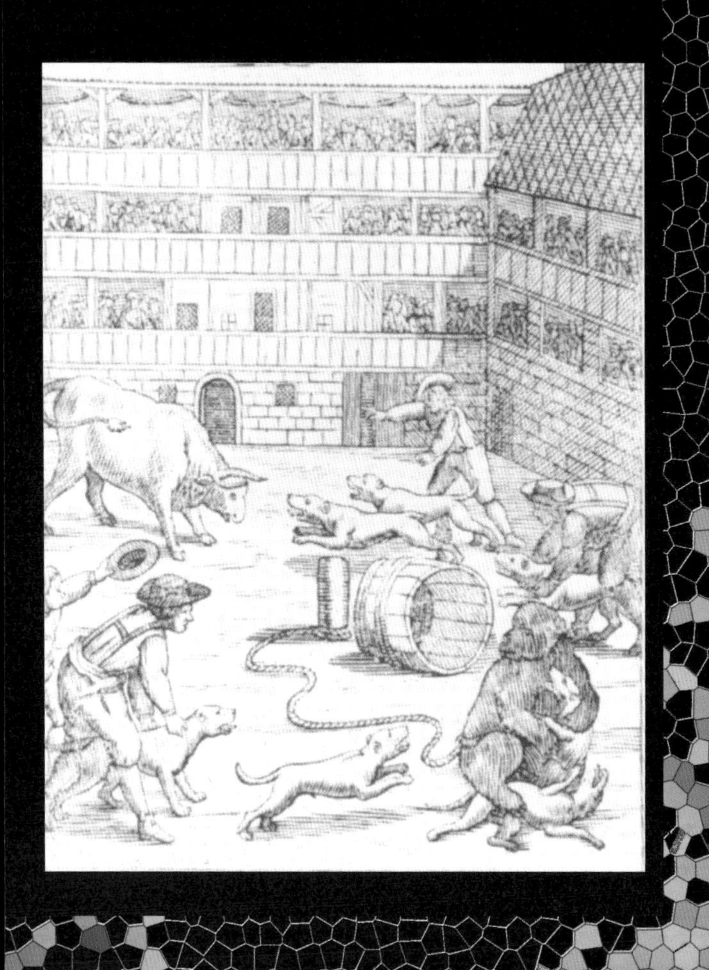

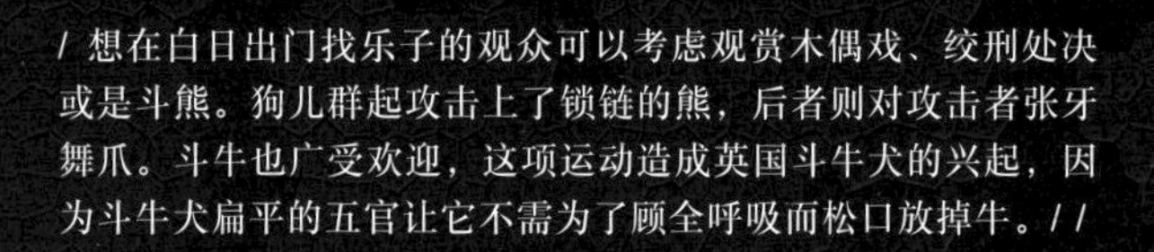

/ 想在白日出门找乐子的观众可以考虑观赏木偶戏、绞刑处决或是斗熊。狗儿群起攻击上了锁链的熊，后者则对攻击者张牙舞爪。斗牛也广受欢迎，这项运动造成英国斗牛犬的兴起，因为斗牛犬扁平的五官让它不需为了顾全呼吸而松口放掉牛。/ /

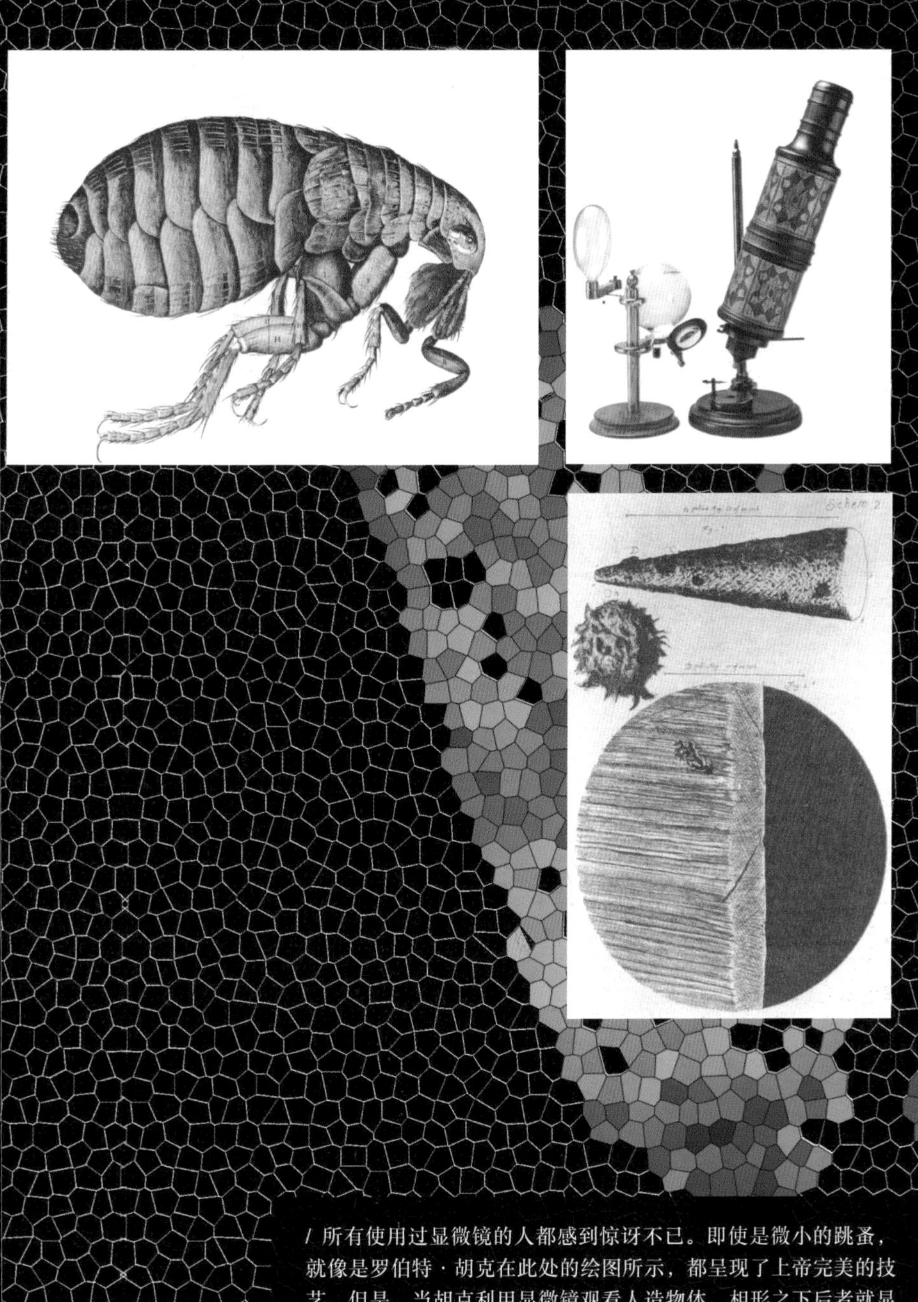

/ 所有使用过显微镜的人都感到惊讶不已。即使是微小的跳蚤，就像是罗伯特·胡克在此处的绘图所示，都呈现了上帝完美的技艺。但是，当胡克利用显微镜观看人造物体，相形之下后者就显得粗制滥造。针尖粗糙又有凹陷处，剃刀的刀锋也是如此。书页上的句号则“相当不规则，就像是伦敦飞扬的灰尘”。/ /

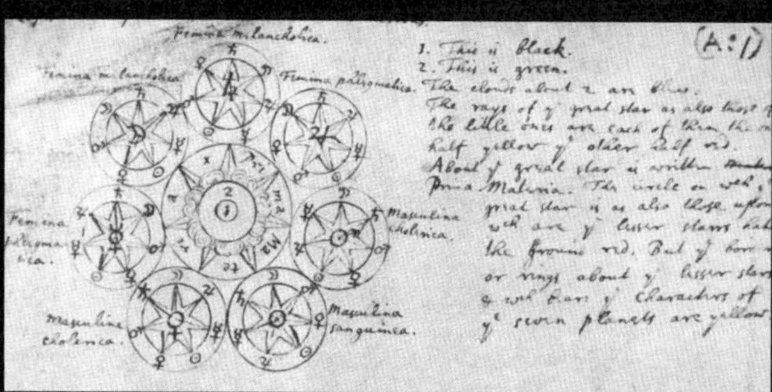

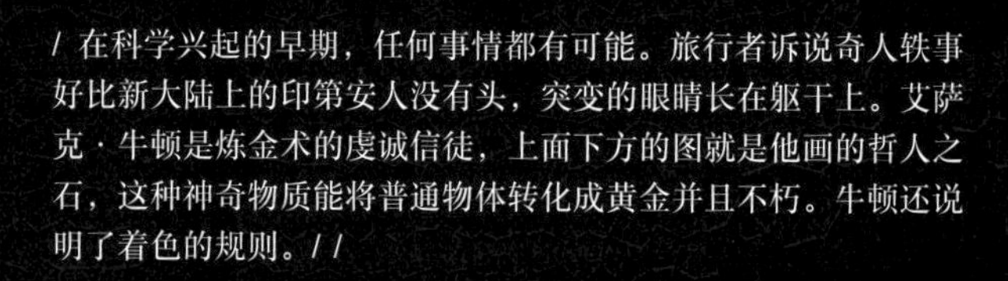

/ 在科学兴起的早期，任何事情都有可能。旅行者诉说奇人轶事好比新大陆上的印第安人没有头，突变的眼睛长在躯干上。艾萨克·牛顿是炼金术的虔诚信徒，上面下方的图就是他画的哲人之石，这种神奇物质能将普通物体转化成黄金并且不朽。牛顿还说明了着色的规则。/ /

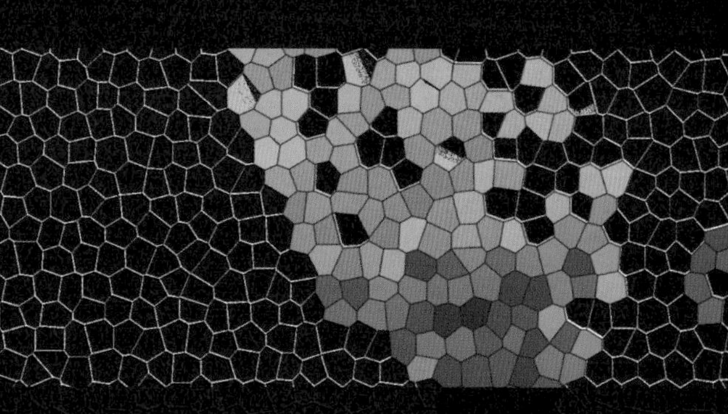

/ 第谷 · 布拉赫是开普勒和伽利略之前那个时代最杰出的天文学家。身家丰厚、个性古怪的第谷，在私人岛屿上主持一个壮观的天文台。他在决斗中失去一部分鼻子，之后装上用黄金和白银做的填充物示人。/ /

/ 约翰尼斯·开普勒是天文学家、占星家和数学天才。开普勒花费数十年时间研究第谷搜集的天文资料，借以寻找他热切地相信上帝隐藏在其中的模式，就像是藏在文件里的秘密讯息。//

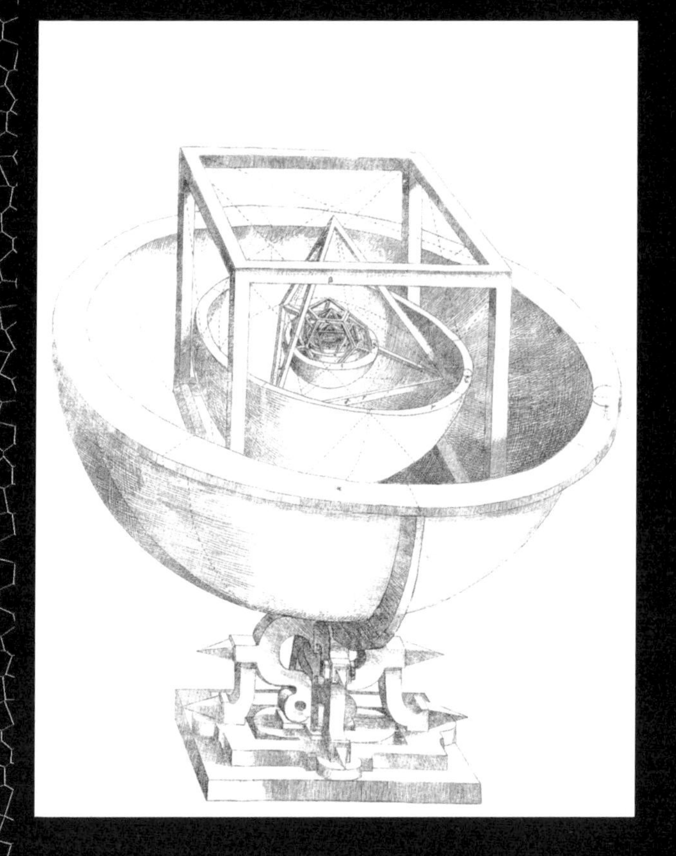

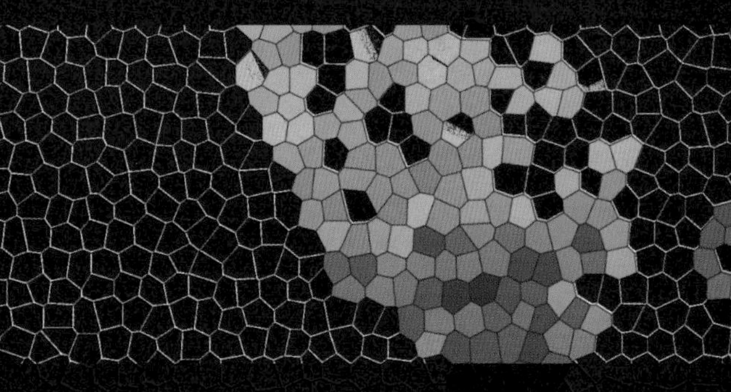

/ 开普勒最骄傲的成就是精心打造一个模型，解释上帝如何设立太阳系。开普勒相信上帝是位数学家，他所安排的行星轨道符合这个复杂的几何模型。太阳位于中心，外面罩着立方体、金字塔形、八面体等形状的笼子。最终我们将清楚地看到，这个模型虽然美丽，却非事实。//

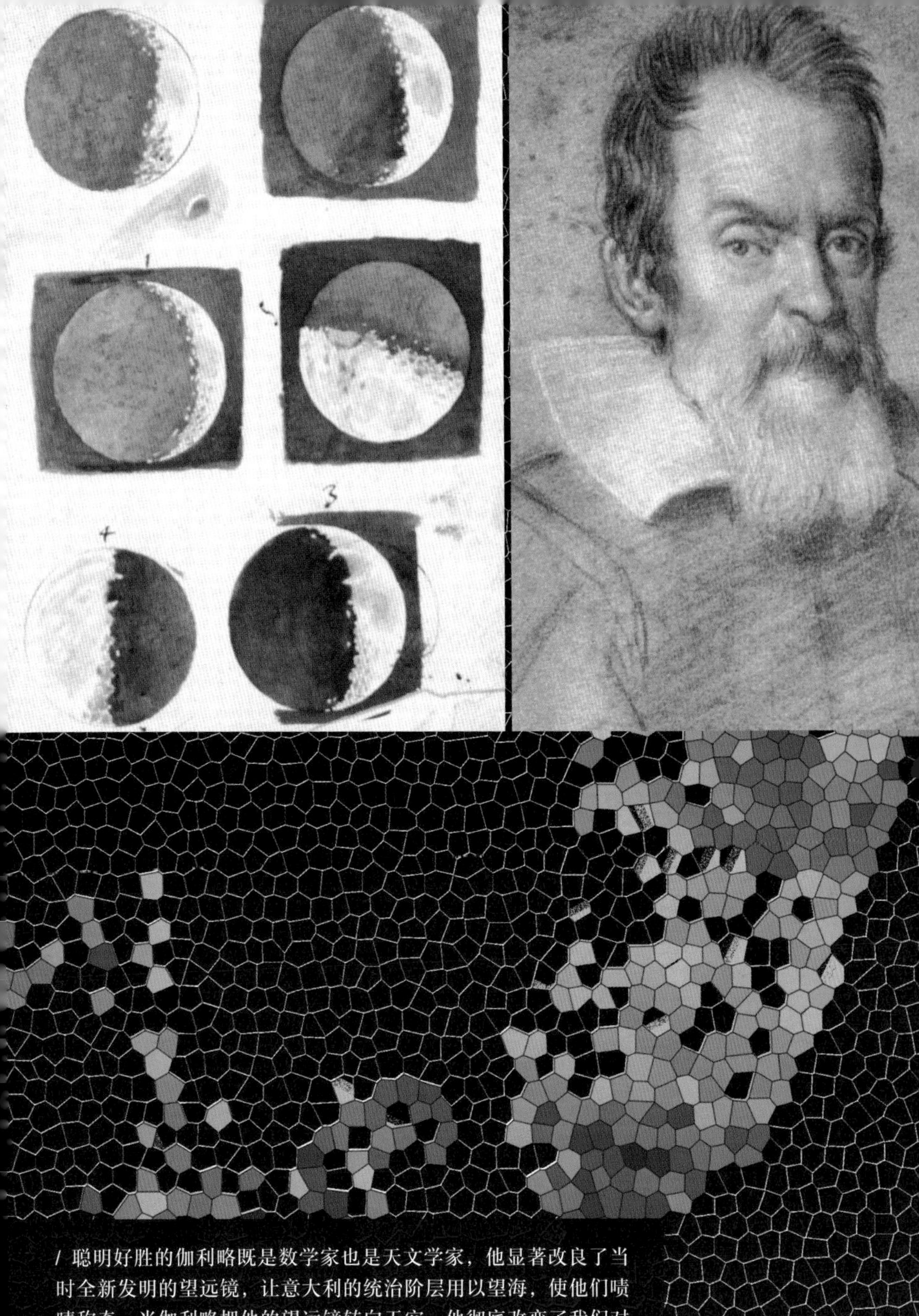

/ 聪明好胜的伽利略既是数学家也是天文学家，他显著改良了当时全新发明的望远镜，让意大利的统治阶层用以望海，使他们啧啧称奇。当伽利略把他的望远镜转向天空，他彻底改变了我们对天际的看法。他其他的诸多探索中还包含发现了月球表面粗糙布满坑洞，并非众人原本认定的完美球体。伽利略亲手绘制了上面左边这些水彩画。/ /

/ 艾萨克 · 牛顿和其他科学家同僚的关键信念，是上帝运用数学设计世界。自然界的一切都遵照精确的法则运行。这项信念来自希腊人，他们惊讶地发现音乐和数学间关系密切。这里我们看到希腊人如何探索钟的重量或玻璃杯的容量与音调之间的关系。上面图中的毕达哥拉斯据信是第一位找到当中关联的人，“这是人类历史上真正重大的发现之一”。//

/ 牛顿靠着引力理论一举成名。一如这幅日本画作所描绘的内容，牛顿喜欢讲述自己如何因为看见一颗苹果落下而获得他的重要见解。这个故事很可能系虚构。在他展露数学天分之前，牛顿就已经用图中这款小巧而功能强大的望远镜让皇家学会成员眼前一亮。/ /

HILOSOPHIÆ

NATURALIS

RINCIPIA

IATHEMATICA.

JS. NEWTON, Trin. Coll. Cantab. Soc. Matheseos
rofessore Lucasiano, & Societatis Regalis Sodali.

IMPRIMATUR.
. PEPYS, Reg. Soc. PRÆSES.
Julii 5. 1686.

LONDINI,
cietatis Regiæ ac Typis Josephi Streater. Prostant Vena-
ıd Sam. Smith ad insignia Principis Walliæ in Cœmiterio
ıli, aliosq; nonnullos Bibliopolas. Anno MDCLXXXVII.

/ 今日以哈雷彗星为人所知的埃德蒙·哈雷，不仅是一位出色的天文学家，也有着一副好脾气可以与牛顿相处融洽，这两方面皆是令人惊讶的成就。哈雷负起责任，劝说不愿意公开研究成果的牛顿出版他的杰作《数学原理》。如果没有哈雷的辛勤付出，这部满是密密麻麻的数学公式、以拉丁文写成的五百页巨著可能根本没有成书的一天。//

/ 位于威斯敏斯特大教堂的牛顿陵墓。从他发表引力理论那一刻起，牛顿几乎就被视作超人。伏尔泰旁观了牛顿的葬礼，目瞪口呆地看着皇亲贵族们为他抬棺。“我看见一名数学教授，单纯因为他自身的伟大才能，被像是爱民如子的国王般厚葬。” / /

其他许多重要的发现，我都已经成功地做出了证明。”[1]

上帝再次显现他对几何学的偏好。天上行星的行进路径不是随意的曲线，而是完美的椭圆形，而地面物体则沿着精确的抛物线运动。

同样是独立观察物体的水平运动和垂直运动，有人还能进一步挖掘出更大的惊喜。伽利略曾经有机会，但他并没有发现。发掘这一点的人是艾萨克·牛顿。想象有人朝水平方向开枪射击，同一时间另外有人站在射击者身旁，从与枪支等高之处让子弹落地。两颗子弹的落点相距甚远。枪支射出的子弹前进数百码的距离，另一颗子弹则是直接落向草地。哪一颗子弹会先着地呢?

令人惊讶的答案是，两者到达地面的时间完全相同。这代表子弹向下落地的垂直运动独立于其水平运动。对于牛顿来说，这一点已经足够让他推导出非凡的结论了。

180

假设子弹从一定高度落到地面需要一秒钟的时间。这意味着，从相同高度水平射出的子弹也会在一秒钟内击中地面。火力更强大的枪支可以将子弹射得更快更远，但是——在地面是完全平坦的假设情况下——这颗子弹也会在一秒钟内落地。

牛顿总是想象有座往水平方向发射的炮台。他想象炮弹的速度越来越快，在落地前这一秒钟的时间内所飞行的距离越来越远。然而，地球是圆的，而不是平的。

所有的差异都是因为这一点造成的。由于地球不是平的，加速前进的炮弹经过的是会弯曲的地面。与此同时，炮弹本身正向地面落下。假设你在大气层上方高处向水平方向发射炮弹。少了减缓炮弹速度的阻力，炮弹会持续以同样的速度不断向下坠落。如果你发射的炮弹的速度恰到好处，当炮弹落下比

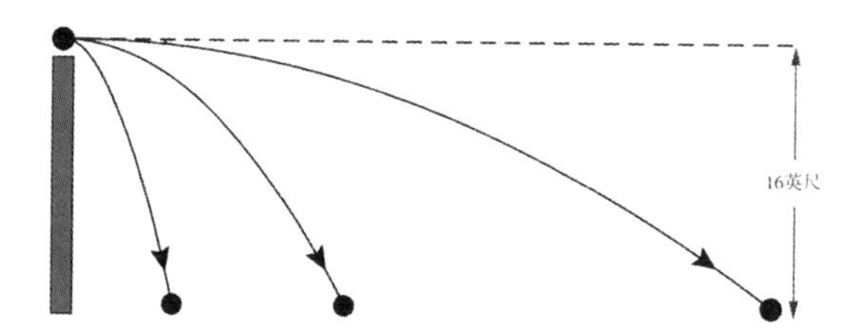

由不同火力的枪支水平射出的子弹在静止前射程相异，但它们都以同样的速度下降。子弹在空气中以每秒 **16** 英寸的速度落向地面。

方说 4 英尺时，地表也会往水平面下降 4 英尺。

181　然后呢？炮弹将永远保持前进，不断往下落但从来未能更贴近地面。为什么呢？因为炮弹总是以相同的速率下坠，而地表也总是以相同的速率弯曲，所以炮弹不断下降，而地表则会不断向下弯，这幅图像永远不会改变。我们所发射的炮弹成了一颗卫星。

1687 年，牛顿将这幅图像呈现了出来。[2]

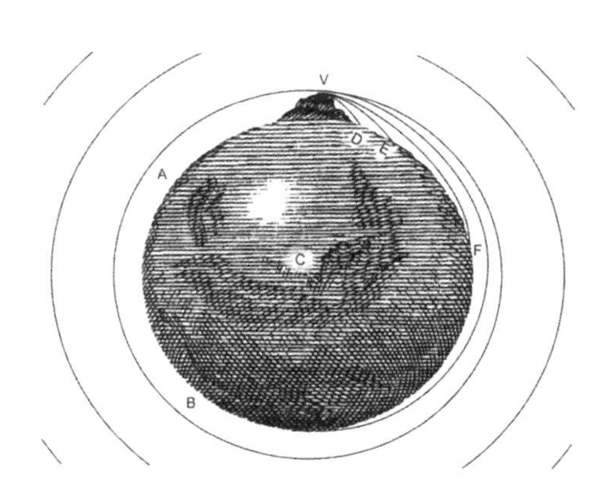

30. 呼之欲出

182

先有开普勒迈出一大步，揭示掌管天际的数学法则。接着，伽利略发现了地表上数学法则的运用。而牛顿的伟大成就，让我们在这里先偷偷透露一下，则是证明了开普勒和伽利略的发现完美契合，并为此提出了解释。

开普勒阐明了一条所有 17 世纪的伟大科学家都认可的明确信条。当他开始研究天文学时，他谈到行星就如同它们拥有灵魂一般。他很快地就改变了这种态度。行星当然会移动，但是它们的运行与奔腾的骏马或是跳跃的海豚并无共同之处。“我的目的是要表明宇宙这台机器并不像是神圣生命体，”开普勒宣称，“而是类似于时钟。”[1]

伽利略是掌握宇宙时钟齿轮运作详情的第一人。他喜欢讲述一个也许是他编造出来的故事，解释他的第一个伟大发现如何发生。年轻的伽利略在教堂里无聊地做起白日梦。教堂的工作人员点燃了巨型吊灯上的蜡烛，并且在不经意间晃动吊灯。伽利略不理会讲道望向吊灯。吊灯的晃动幅度一开始很大然后逐渐缩小。183他用自己的脉搏来计算时间（在他那个时代，带有秒针的时钟尚未发明）。从那时起，伽利略的这项发现就被称为钟摆原理——无论摆动弧度的大小，所需的时间是一样的。

也许这是因为伽利略生长在一个音乐家庭——他的父亲是一位著名的作曲家和音乐家——计算时间这件事对他来说再自然不过。① 他

① 作者注：“音乐，”莱布尼茨写道，“是人类灵魂在不知不觉中进行计算所体会到的乐趣。”Kline, *Mathematics in Western Culture*, p. 287.

的计算最终促成了历史上影响最深远的发现之一。在伽利略之前，没有人曾经如他一样找到一种新的方式来思考时间。这项成就好比鱼寻找一种新的方式来思考水。“伽利略和这个问题缠斗了二十年，才让时间不只是因为人类出于生物本能才在生活中运用、借以描述生命流逝之物，”[2] 吉利思俾这么写道，“在伽利略之前，时间是无法用科学来解释的。”①

伽利略的解决方案是如此的成功与颠覆，使得今日每个人——即使丝毫不具备物理知识——也将他的洞见视为理所当然。他的突破之处是确认时间——而非距离或温度或颜色或任何其他上千种的可能——是支配世界的重要变量。多年来，伽利略试图找出物体下坠的距离和速度之间的关系。他所有的努力都失败了。最后，他放弃了距离，将重点集中在时间。顿时一切豁然开朗。伽利略发现了为世界标号的方式。

关键的实验只有一名音乐家才可能设想得出来。实验再次涉及滚球下坡。实验设备简陋——木制坡道中间设有细细的沟槽、一颗顺着沟槽滚动的铜球、一连串可移动位置的羊肠线②细绳。细绳摆放在斜坡表面，与沟槽呈直角，就像是吉他把手的构造。当球通过羊肠线细绳时，它会发出“咔嗒”一声，但它的速度几乎保持不变。

184

伽利略可能真的一如传说那样从比萨斜塔上丢落石头，但如果他这样做，石头落下的速度会过快而无法进行研究。于是他拿起一个球，让它从斜坡上方滚下，并竖起他的耳朵。

---

① 译者注：这意味着在伽利略之前，人们还不具备准确的时间观念，如小时、分钟乃至秒。时间是人们自然而然用以描述生活经历、生命历程的手段，好比“今天我做了什么”“十年前我们如何如何”“上一代的人都是这么做的”。

② 译者注：用来制作弦乐器音弦的材料。

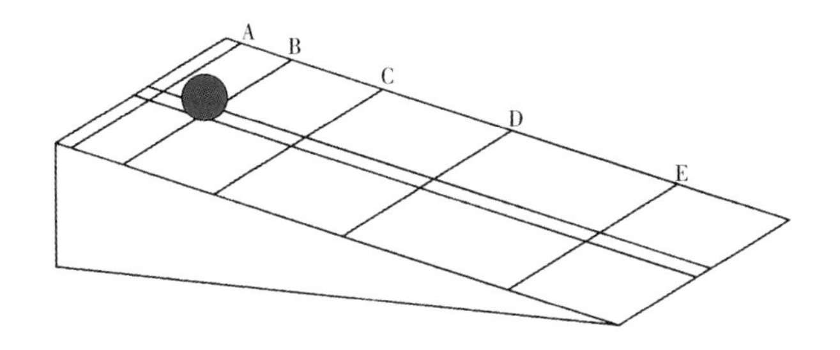

现在轮到细绳发挥作用了。伽利略可以听到球越过每条细绳时发出的声音，他精心安排球滚过一遍又一遍，每次都试图调整细绳的位置，以使球滚过每条细绳所需的时间是相等的。他需要排列细绳，换句话说，这样一来球从斜坡顶端滚落到细绳 A 所花费的时间与从细绳 A 滚落到细绳 B、B 到 C、C 到 D 所花费的时间是一样的，以此类推。（他测量时间的方式是称量从一个底部破洞的水壶所滴出的水量。滴出两倍的水量意味着花费两倍的时间。）这是一项讲究、烦琐的工作。

等到一切最终安排妥当，伽利略测量细绳之间的距离。得出了下面这张小表格。 185

	时间(秒)	距离(英寸)
起点到细绳 A	1	1
细绳 A 到细绳 B	1	3
细绳 B 到细绳 C	1	5
细绳 C 到细绳 D	1	7
细绳 D 到细绳 E	1	9

我们很容易看出表格右列中的模式，但是伽利略再度审视数据并用相同的数据制作新的表格。他看重的不是球滚过细绳

彼此间的距离，而是球从起点到细绳间的总距离。（他所要做的就是将表格右列中的距离数据加总在一起）。这一次，他看到了更诱人的东西。

	时间(秒)	距离(英寸)
起点到细绳 A	1	1
起点到细绳 B	2	4
起点到细绳 C	3	9
起点到细绳 D	4	16
起点到细绳 E	5	25

在这个新的表格中右列的每个数字都表示球在一定时间内——1 秒钟、2 秒钟、3 秒钟，以此类推——滚动的距离。伽利略看出球所滚动的距离，可以表示为时间的函数。在 t 秒

186

内，球受到引力影响滚下斜坡前进的距离正好是 t^2 英寸。[①] 1 秒钟滚动 1^2 英寸，2 秒钟滚动 2^2 英寸，5 秒钟滚动 5^2 英寸，以此类推。

这项法则未包含的另一个发现也很令人讶异——法则并未提及球的重量所带来的影响。在斜坡上设置两道沟槽滚落炮弹和塑料子弹，它们会一路并行同时抵达底部。对某一特定的斜坡而言，这条简洁的法则永远适用——球滚动的距离与时间的平方成正比。造成差异的仅有球滚落的高度。

在一个较为陡峭的斜坡上重复进行实验，炮弹和塑料子

① 作者注：更准确地说，球在 t 秒钟滚落的距离并非恰好是 t^2 英寸，而是与 t^2 英寸成正比（比方说，球滚落 $3\times t^2$ 英寸或 $10\times t^2$ 英寸或其他倍数，这是根据斜坡倾斜的程度而定）。我在这里提到的一切都适用于更一般的情况，但所产生的数字将令人厌烦。为了说明起见，我选择了最能清楚显示出模式的斜坡实验。

弹滚动的速度都会变快，但它们仍然会一路并行。这就足以让伽利略大胆地一步跳向结论——在斜坡与较陡的斜坡上所得的实验结果能推论至“最陡峭”的斜坡状况，也就是自由落体。所有的物体，无论重量为何，都以完全相同的速度落下。

187 31. 两块石头和一根绳子

一般人都以为，伽利略是借由从比萨斜塔的顶部抛掷重物的方式发现物体落下的法则的。不像大多数的传说——阿基米德和他的浴缸、哥伦布和平坦的地球、乔治·华盛顿和樱桃树——历史学家们认为有关伽利略的传说很可能是真实的。[1]这个高塔坠物实验驳斥了亚里士多德的主张，即物体越重下坠的速度越快。但毫无疑问，伽利略是通过斜坡实验，才得出有关距离和时间的定量法则的。

无论他是否真的曾爬上斜塔，伽利略提出了一个思维实验，以测试亚里士多德的主张。伽利略说，试想一下，如果较重的物体下坠的速度真的较快，他接着问道，那么你将一块小石头和一块大石头用一根松弛的绳子绑在一起会发生什么事情呢？一方面，绑在一起的石头下坠的速度会比单独一块大石头来得慢，因为小石头会落在大石头后面拖慢速度，就像一名短跑选手跟蹒跚学步的幼儿绑在一起速度会变慢一样。（松弛的绳子就是在这里发挥作用。）另一方面，绑在一起的石头下坠188的速度又会比单独一块大石头来得快，因为它们组成了一个新的、更重的“物体”。

伽利略扬扬得意地总结说，这意味着亚里士多德的假设会推导出一个荒谬的结论，必须被摒弃。无论亚里士多德曾经如何主张，根据逻辑，我们不得不得出这样的结论：所有的物体无论重量为何，落下的速度都是相同的。这是一个奇怪扭曲的故事。身为一名实验科学的伟大先驱者，伽利略可能从来没有费心去执行他最有名的实验。没有人知道答案。我们所确切知道的是，一如他所蔑视的亚里士多德学派，伽利略坐在椅子上，运用逻辑的力量而非工具推导出世界如何运作。

伽利略之后，无数的实验已经证实了他的比萨斜塔原则（其中还包括一些真的是在比萨斜塔本身进行的实验）。在一般情况下，空气阻力会让事情变得复杂——羽毛需要比炮弹更长的时间落地。一直到伽利略去世之后，空气泵的发明才使得真空中落物的实验得以进行。伽利略逝世后一个世纪，这项实验示范仍旧让人惊艳。英王乔治三世要求他的仪器制造匠为他安排测试羽毛和硬币下坠速度的实验。“实验进行中，”一位观察者写道，“这名年轻的眼镜商提供了羽毛，国王则提供了硬币。实验结束时，国王称赞了年轻人的实验技巧，但节俭地将硬币放回自己背心的口袋里。”[2]

今日，我们在每届奥运会都会见到这样的实验。当电视播放跳水选手从游泳池上方30英尺高的10米跳台一跃而下时，摄影机是如何锁定骤然落水的选手的呢？[3] 伽利略可能早已解决了这个谜团——就像石头无论大小落下的速度都是完全相同的一样，摄影机和选手也以完全相同的速度落下。关键在于将摄影机设置在跳水选手旁，距离水面完全相同的高度。将摄影机安装在一根垂直的杆子上，在选手开始朝水池跃下的瞬间放开相机。剩下的就交给引力。 189

“距离与时间的平方成正比”，伽利略沾沾自喜于他的发现。这不仅因为他能用数字描述自然现象，而且还因为他能以单一简洁的法则——从盘古开天就存在，但是直到此刻才被注意到（就像毕达哥拉斯定理在未被发现之前是无人知晓的真理一样）——应用到世界上各式各样的下落物上。从窗台上掉下的天竺葵、滚落梯子的画家、猎人射中的小鸟，都根据相同的数学法则落下。

正如我们所看到的，伽利略的世界和亚里士多德的世界有所区别。伽利略不理会让亚里士多德着迷的细节——鸟的羽毛是什么颜色、画家心不在焉背后的原因——而以抽象、几何的世界取代感性的日常生活，当中无论是鸟还是画家都单纯是天空中沿着某种轨迹移动的一个点。从那以后，我们就一直徘徊在庆祝科学和科技带来的恩惠与感叹这些创新所付出的代价之间。

32. 墙上的一只苍蝇

190

开普勒从天际以及伽利略在地表上发现的数学模式看似不同。这也许是可以预期的。往下落的石头与无止境地绕环、完全没有下坠迹象的行星间有何关系？

关于这个问题，艾萨克·牛顿提出的答案需要利用开普勒和伽利略所不知道的数学工具。这两人都是天才，但我们也能说他们发现的一切在两千年前希腊人就已经发现了。更进一步需要的是希腊人未曾有过的突破。

欧几里得和阿基米德（还有开普勒和伽利略）未曾洞察的，据说是笛卡儿在 1636 年的一个早晨，躺在床上懒懒地看着一只苍蝇沿着墙壁爬时所发现的。（“我每天晚上要睡上 10 个小时，”他曾吹嘘说，“没有任何焦虑能缩短我的睡眠。”[1]）笛卡儿的早期传记作者之一所说的这个故事，提及笛卡儿认识到苍蝇移动的轨迹可以被精确的数字描述。比方说，当笛卡儿第一眼注意到苍蝇时，它正在地板上方 10 英寸、从墙壁左边算 8 英寸的位置。过了一会儿，它移动到地板上方 11 英寸、从墙壁左边算 9 英寸的位置。你需要的只是两条交会成直角的线——比方说水平线是墙面与地板交会处，垂直线则是两墙交会处，从地板延伸到天花板。然后，无论在任何时刻，苍蝇所在的位置都可以被指出——从水平线上算来多少英寸、从垂直线算来多少英寸。

191

精确定位不是什么新观念，和经纬度的历史一样古老。这则故事带来的新转折是超越当下的静态描述方式——苍蝇的位置是从这里起算 11 英寸、从那里起算 9 英寸，雅典位于北纬 38°、东经 23°度——而去设想一个移动的点所经过的路径。以一个圆为例，它可以以静态的方式被设想成许多点以特定方式的集合——比方说，所有这些点都距离特定的某一点正好一英寸。但是，笛卡儿以更动态的方式设想了圆与其他的曲线。想象一条生气的德国牧羊犬被拴在木桩上，全身紧绷地想扑向戏弄它却刚好超出它可达范围的男孩身上。当牧羊犬在绷紧的狗链另一端来回移动时，它的活动路径就是个圆——或者更准确地说，是组成圆一部分的圆弧。当秋千上的六岁小孩使尽全身力气摆荡，秋千上下摆动时也会画出一部分的圆。

用曲线描述行经路径的概念催生了我们每日所见的曲线图。重点在于两轴并不一定只能显示经度和纬度，而可以用来代表任何两个相关的数量。好比说，如果横轴代表的是“时间”，那么各种数据变化立即能以曲线图的形式显现。

即便是最一般的曲线图——过去十年中房价的变化、今年的降雨量、过去六个月内的失业率——都在向笛卡儿致敬。一张数字表格也能包含相同的信息，但表格无法如曲线图般清楚呈现模式和趋势。我们已经习惯以曲线图呈现随着时间的推移而改变的事物，因而忘记了曲线图所代表的重大突破。（无数的口语表达都显示我们将对曲线图的熟悉视为理所当然：“破纪录”“陡峭的学习曲线”“道琼斯指数呈现下降趋势”。）教科书中任何一张寻常的曲线图——比方说，炮弹穿越空中每一刻的位置图——都涉及复杂的抽象化。它结合了一连串停格的画面。这样的画面一直到笛卡儿死后几个世纪都还不存在。[①]

192

① 译者注：这里指的是照相技术。

只是因为我们对曲线图过于熟悉才不再有惊喜的感受。①

即便是最简单的曲线图（换句话说，就算不去想他将曲线视为一个移动的点所经过的轨迹），都可见笛卡儿的这项发现所提供的无尽宝藏。只要设置好横轴和纵轴，他就可以很轻易地建造出一个网络——事实上，他可以将曲线图运用在任何地方。为世界上的任何一个点指定一个特定的位置：离这个轴 X 英寸，离那个轴 Y 英寸。然后，笛卡儿首度以一种全新的方式处理几何学。他将圆当作一个方程式，而非图形。

组成一个圆的所有点在 X 轴跟 Y 轴上的位置都以特定的方式结合。直线则是一个不同的方程式，当中 X 轴跟 Y 轴的位置以不同的方式结合，所有其他的曲线也是如此。曲线是种方程式，方程式也可以以曲线呈现。约翰·穆勒（John Stuart Mill）② 认为这点是长足的进展，“精密科学前所未有的一大进步”[2]。突然间，现在所有已经发展完备用来处理方程式的代数工具都可以用来解决几何问题了。

193

---

① 作者注：一位杰出的历史学家宣称希腊数学家从未构思图表的说法是“不可思议”的。但同样的情况也发生在传承希腊人知识的后辈身上，并持续了一千多年。甚至连一个巨大的暗示也被忽略了。中世纪的修道士们发明了乐谱，这就意味着他们再也不用花费大量时间去记忆那些数不清的圣歌了。历史学家艾尔弗雷德·克罗斯比（Alfred Crosby）写道，“五线谱是欧洲的第一张图表”，但要在几个世纪之后科学家们才会意识到，他们也能够用图表来描绘时间的变化。开头说的这位杰出的历史学家指的是所罗门·博赫纳（Salomon Bochner），载 *The Role of Mathematics in the Rise of Science*（Princeton, NJ: Princeton University Press, 1966）, p. 40。更多的关于五线谱发明的故事，可参见 Alfred Crosby, *The Measure of Reality: Quantification and Western Society, 1250 - 1600*（New York: Cambridge University Press, 1997）, pp. 142 - 44。

② 译者注：约翰·穆勒（1806 ~ 1873 年），英国著名古典自由主义思想家，边沁功利主义的重要代表人物之一。

但事情并非只是用代数处理几何问题这般简单，虽然这已经是实际运用上的一大突破，然而笛卡儿的洞见更是一项概念性的革命。代数和几何一直被视为各自独立、泾渭分明的学科。这两个领域不仅看起来不同，更涉及不同的主题。代数是符号的森林，几何则是图形的集结。现在笛卡儿却来告诉我们，代数和几何就像是描述一个共享的真实的两种语言。这一点完全出乎意料，令人震撼，就好像今天突然有人表示，每一份乐谱都可以转换成电影的场景，而每个电影场景也都可以转化成乐谱一样。

33. 赤裸的美景

194

1637年，笛卡儿在他的著作《方法论》一书的附录中用上了他的新曲线图。这本书是哲学史的里程碑，许多著名哲学格言都来自于此。在《方法论》中，笛卡儿决定拒绝所有可能不正确的信念，要以无可争辩的真理为主建立哲学。笛卡儿认为这个世界与万事万物都可能是假象，但即使世界只是梦幻泡影也是属于他自己的梦幻泡影，所以他本人不可能只是幻觉。“我思，故我在。”

为了展示他哲学方法的力量，笛卡儿为《方法论》一书加入三篇简短的后记。在一篇名为《几何学》的文章中，笛卡儿谈到曲线和移动的点；他解释曲线可以描绘成图形或是以方程式表示，并展示两者之间是如何转换的；他讨论曲线图和今天被称为笛卡儿坐标系（Cartesian coordinates）的使用方式。[1] 他明白自身成就的价值所在。“我不喜欢称赞自己”，[2] 他在给朋友的信中写道，但他强迫自己这么做。他继续说，自己这一套以曲线图为基础的几何学方法代表的是一大跃进，“与普通的几何相较，就像是西塞罗的修辞对比儿童程度的ABC”。

195

实际的情况确实如此。令人纳闷的是，以后见之明来看，如此有用而明显可见的系统，几千年来世界上伟大的思想家们应该早已发现。但这就像我们先前提过的，在现代世界兴起的过程中，同样的模式再三发生——一些天才构思出一个之前没有人掌握过的抽象概念，随着时间过去这概念影响我们的生活如此之深，使我们忘记了它必须先被发明出来。

抽象化始终是道巨大的障碍。怀特海认为，当有人观察到不管是两块岩石、两天或是两根棍棒都共享着抽象的特性“二”时，这是“思想史上的一大进步”[3]。长时间以来无人看出这一点。

几乎每一个突破性的概念都有相同的故事。例如，“零”是一个数字这个概念就证明比“二”或“七”的概念更难以捉摸。怀特海再次提到，“我们日常生活的运作中并不需要使用到‘零’。没有人会出门去买零条鱼。零因而可说是所有‘数字’中最文明的，只有出于表达文明思想的需求，我们才被迫使用它”。[4] 有了零，我们像是突然有了工具可以开始建造我们知道的世界。零让记数法成为可能——我们可以区分 23、203 跟 20003 的差别——也带来算术、代数和无数其他附加价值。

负数则是另一个同样奇妙的概念。今天我们知道什么是 5 美元钞票，什么又是 5 美元的欠条。理解气温 10 摄氏度与零下 10 摄氏度的概念对我们来说也不是问题。但在人类的历史中，超过千年的时间即便是最伟大的知识分子也难以理解负数的概念，就好像我们觉得时间旅行的想法莫名其妙一样。（笛卡儿花了一番力气才弄懂怎么可能有“比没有还少”的东西。[5]）数字是拿来计算用的——1 只山羊、5 根手指头、10 颗鹅卵石。负 10 颗鹅卵石代表着什么意思呢？

[为了避免我们太过沾沾自喜，我们应该记住今天的学生们遇到“虚数”① 时的沮丧之情。虚数这名称本身（由笛卡儿创造，他在解释自己所提出的新曲线图的同一篇文章中用到虚数）从一开始就传达了这个概念带给人的不安。尽管略觉奇

196

---

① 译者注：虚数指的是平方为负数的数。笛卡儿利用虚数对应所绘曲线图平面上的纵轴，虽然 17 世纪时的观念认为虚数是不存在的数字，却与对应平面上横轴的实数同样真实。所有的虚数都是复数，虚数轴和实数轴构成的平面称复数平面，平面上的每一点都对应着一个复数。

怪，学生还是用死记硬背的方式学习，“正正得正，负负得正”。因此，-2×（-2）=4，而2×2也是4，他们因而学到了新的定义——虚数乘以自己本身所得是负数！这一点是最伟大的数学家们绞尽脑汁耗费数百年的时间才得出的。]

要理解奇怪而非直观的概念，像是“2”“0条鱼”和“负10颗鹅卵石”，需要的是数学的核心能力。数学是一门抽象的艺术。看到地上有一堆3颗的苹果和一堆2颗的苹果并列是一回事。从中得出普遍规则，即2+3=5，又是另一回事。

197

左图：牛的照片。右图：荷兰艺术家西奥·范·杜斯堡所画的牛。

在科学史上，抽象化是至关重要的。抽象的能力使得人们可以在周遭的混乱中找出背后的秩序。在物理学的例子中，令人惊讶的是几乎所有的事物都无关紧要。较少的细节意味着更深入的了解。无论丢石头的人是穿着丝绸的美女或是衣衫褴褛的顽童，石头都是以完全相同的方式落下。这颗石头是钻石或一大块砖头也毫无影响，更遑论它是在昨日或一百多年前、是在罗马或伦敦落下。[6]

物理学所需要的能力是从细节中找出普遍性。就像是正在着手解决几何问题的人，不会考虑这个三角形是由铅笔还是由墨水绘制的一样，寻求如何描述世界的科学家对于真实存在但无关紧要的无数细节同样不予理会。大部分现代物理学家的早期训练，包括学习诸如将大象轰然滚下山坡等各式各样的问题转换成抽象的箭头符号、角度和质量。

将大象视为质量1万磅的物体，这个举动呼应了从亚里士多德到伽利略的世界观的转换。这两种观点之间的抗争影响范围很广，远远超过争论太阳环绕地球运行或正好相反的问题，抗争本身就跟议题一样重要。更广泛的问题是如何学习物理世界。对于亚里士多德和他的追随者而言，科学处理的是现实世界中所有的复杂性。讨论真空状态下落物的重量或是跨越无限平面永恒转动的完美球体，都是将理想化的图例误认为真实状况。地图不代表领土本身。探险家需要理解世界真实的情况，而非缺乏生气、死气沉沉的对应物。

198

伽利略认为这样的观点完全落伍了。了解世界不能只关注怪癖或缺点，而要超越这些分散注意力的事物，看出掩盖之下更深层的真理。比方说，当伽利略论及重物下降速度是否较快时，他设想了一个理想的状况——在真空而非空气中落下的物体——以避免空气阻力所带来的影响。但是，亚里士多德坚持认为自然界中没有所谓的真空状态存在（真空状态不可能存在，因为物体下落的速度在密度低的介质中，如水，比密度高的介质，如糖浆，来得快。如果真有真空状态存在，那么物体将会以极快的速度落下，就好像同时位于两个地方[7]）。① 即使

① 作者注：有很长一段时间，真空是否可能存在的问题使得人们争得面红耳赤。空气泵的发明并没有解决这个争论，对莱布尼茨和其他一些人来说，即便罐子里没有空气，仍可能包含一些比空气更轻的流体。莱布尼茨和笛卡儿都认为真空的概念是荒谬的——当“地方”这个词意指“某物恰好所在的位置”，怎么可能有个地方什么东西都没有？牛顿和帕斯卡则以同样坚定的态度主张真空状态是真实存在的。笛卡儿刻薄地认为，唯一的真空是帕斯卡的脑袋。Russell Shorto, *Descartes' Bones*（New York: Doubleday, 2008）, p. 25.

能以人为的方式制作出真空状态，难道就会有人认为物体在那种特殊条件下的表现，与日常生活有着任何关系吗？要推测在非真实的情况下可能会发生的情况是一个荒谬的行为，就像辩论鬼是否可能被晒伤一样。

伽利略坚决不同意这一点。抽象化不是扭曲，而是看见朴素真理的一种手段。“只有借助想象一种不可能的情况，才能制定清楚而简单的下落物法则，”套用现代历史学家 A. 鲁伯特·霍尔（A. Rupert Hall）① 的话，“而且也只有借助该项法则才可能理解实际发生的复杂事情。”[8]

199

伽利略利用商店店家为货物测量和称重的比喻，解释抽象的理想化数学世界与现实世界的关联。“就像是会计在计算糖、丝绸和羊毛的重量时必须扣除箱子、包装和包装填料的重量一般，数学家……也必须先去除物质的障碍。”

抽象化的重要性是一项关键的主题，伽利略反复陈述。他曾用更富有诗意的例子取代他的店家比喻。有了抽象化的帮助，他写道：“乍看起来似乎是不可能的事实……会抛下遮掩它们的外衣，以赤裸和单纯的美丽站出来。”

伽利略的论点赢了，此后科学的发展再也不曾回头。数学仍然是科学的语言，因为从伽利略以后，我们已经理所当然地认为抽象是获得真理的道路。

---

① 译者注：A. 鲁伯特·霍尔（1920～2009 年），著名的英国科学史家，以编辑牛顿未发表的科学论文而闻名，并曾整理出版牛顿所撰写的信件。

200

34. 这里有怪物!

科学即将面对巨大的禁忌之一。自古以来，研究运动中的物体，既引诱着又恫吓着思想家们。借助斜坡实验和落体法则的发现，伽利略已首度漂亮出击。凭借着对曲线图的洞见和描绘动点的曲线，笛卡儿发明了工具，使得毕其功于一役的攻击成为可能。只剩下一个巨大的障碍仍然挡住前方去路。

为什么在知识探索上极富胆识又让人难以超越的希腊人，会回避将数学应用于在空间中移动的物体上呢？正如我们已经看到的，部分原因是他们认为无常是不值得研究的数学课题，数学该调查的是永恒的真理。但真理也是变动不居的。这令人不安的事实主要是由芝诺（Zeno）引起的。大约在公元前450年，芝诺住在意大利南部某个鸟不生蛋的希腊殖民地。芝诺出现在柏拉图的《对话录》中，被描述为“看起来又高又帅”。我们对他的生平几乎一无所知。他的著作也几乎都未能留下，少数幸存的断简残篇困扰着从彼时至今的哲学家。

201

芝诺的论点一开始听起来颇为荒唐，甚至可以说是孩子气，他与一些哲学家一样不喜欢用复杂的词汇和抽象的概念，而是用说故事的方式阐述论点。芝诺的故事只剩四篇流传下来。每篇都是简短的悖论寓言，就像是流传两千年的博尔赫斯式[1]比喻。

---

[1] 译者注：作者此处应指阿根廷作家豪尔赫·路易斯·博尔赫斯（Jorge Luis Borges，1899～1986年），身兼诗人、小说家、散文家、翻译家，作品多为短篇诗文，以寓意深远见长。

其中一则故事的开头是有个人站在房间里，他的目标是走到房间的另一头。还有什么比这更简单的呢？但是芝诺指出，在他跨越房间之前，这人必须先达到路径的中点。这将需要一小段有限的时间。然后，他必须再跨越剩下一半的距离。这将需要一定的时间。然后又是剩余距离的一半，依此类推，永远持续下去。"永远"是故事的关键。在房间里走上这一趟，必须通过无数的阶段，每一阶段都需要有限但大于零的时间。芝诺欣喜地得出结论，这只能意味着，跨越房间必然需要无限长的时间。

芝诺肯定不会相信房里的人到死都无法走到另一边。他向同侪哲学家们提出的挑战不是跨越房间，而是在他的推理中找到错误。一方面，每个人都知道如何从此处走到他处；另一方面，这又似乎是不可能达成的。这是怎么一回事呢？

两千年来，没有人想出满意的答案。哲学家们争论不休，像是讨论将时间划分成更细小的单位是否有意义——时间是像丝带般连续的，还是更像用线串起的珠子？时间可以被不断地瓜分还是像原子一样不能再更小了？

希腊人早在挫折中退出。他们确实注意到，芝诺的每一则故事都从与运动有关的司空见惯的事开始，到围绕着无限的陌生概念结束。哪里是危险区域看来够清楚了。运动意味着无限，而无限意味着悖论。未能找出芝诺的错误，希腊数学家选择做审慎的事情。他们用三角锥和黄色警戒线划清界限，完全不涉及分析移动的物体。"借由灌输给希腊几何学家无限是很恐怖的观念，"数学家托比亚斯·丹齐格（Tobias Dantzig）[1]

202

① 译者注：托比亚斯·丹齐格（1884~1956年），美裔俄籍数学家。

说道，“芝诺的论点所产生的效果是部分地瘫痪了他们的创造性的想象力。无限成了禁忌，必须不惜任何代价拒之门外。”

那个放逐历时了两千年。

有时候，在漫长的沉寂之后会有特别大胆的思想家，蹑手蹑脚地来到无限的边缘，低头看了看，然后匆匆离去。14 世纪的逻辑学家萨克森的艾伯特（Albert of Saxony）就是这一小群人中最有见地的。[1] 为了证明无限是多么奇怪的概念，艾伯特提出了一个思维实验。想象有一根无限长的木梁，宽度与高度都是 1 英寸。现在用锯子将木梁锯成相同的 1 英寸立方体。由于木梁的长度无限，你可以锯出无限的立方体。

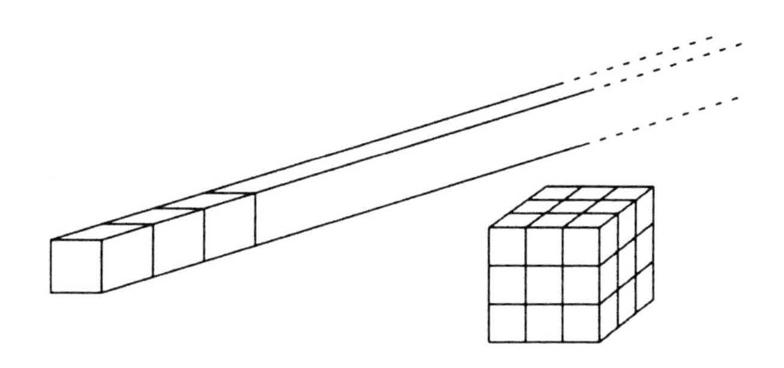

长度无限的木梁可以被锯成块，然后重新组装，变成越来越大的立方体。

203 艾伯特令人讶异的下一步就像是变魔术。原来的木梁，横切面只有 1 平方英寸，当然并不占据太大空间。它的长度不断延伸，但是你可以很容易地跃过它。可是如果你巧妙地安排从木梁上锯下的立方体，艾伯特解释说，你可以填满整个宇宙。方法很简单。你只需要建造一个小立方体，然后，一次又一次在其上堆积，建造出更大的立方体。

首先，你放一个立方体在地上。然后，以这个原本的立方体为中心建造一个 3×3×3 的立方体。接着再以这个立方体为中心建造 5×5×5 的立方体，依此类推。假以时日，一开始时的细木梁将会生产出一系列大过房间、邻里乃至太阳系的巨大立方体！

再一次，这个故事的寓意平易近人。探索无限会发现悖论。就像是 1500 年前的古希腊人一样，中世纪的数学家也避开了这道万丈深渊。

三百年后，伽利略冒险走回禁地。他从似乎不可能陷入险境的无害之举开始。伽利略说，想想看，所有智识活动中最卑微的配对，这是一种比计算更原始的技能。我们怎么知道两个集合的数目是否相同呢？我们从第一个集合中取出一个对象，然后将其与从另一个集合中取出的对象配对。我们将这两个对象搁置一边，然后重新开始。我们怎么知道有五个元音呢？因为我们可以将它们与我们的五指配对——比方说字母 *a* 配拇指，字母 *e* 配食指，*i* 配中指，*o* 配无名指，*u* 配小指。每个元音都与手指相配；每个手指也都有元音对应，无论是手指或是元音，两个集合中都没有任何一个成员被遗留或遗漏。

让我们暂停下来多做观察，这似乎非常明显。如果我们设想有个群体——好比住在意大利的每个人——接着我们再设想包含在当中的一个小群体——住在罗马的每个人——似乎毫无疑问，原本的群体大于次等的群体。 204

马上我们将会看到，为什么这些值得我们刻意挑出来予以说明。伽利略说，假设我们选取的不是像意大利公民这样的大群体，而是像连续的数字这样的无限群体。伽利略将它们成行写下：

1　2　3　4……

接下来，伽利略说，假如我们再设想包含在这个大群体当中的一个小群体。例如，数字 1^2，2^2，3^2，4^2，等等。（换句话说，即数字1，4，9，16……）。伽利略将它们独立出来成行写下：

$$1^2 \quad 2^2 \quad 3^2 \quad 4^2 \cdots\cdots$$

接着，他设计的陷阱就要出现了。由于数列1、4、9、16……显然省略了很多的数字，它毫无疑问地小于所有数字的集合。然而，伽利略将两行数字上下整齐地配对排列。

$$\begin{array}{ccccc} 1 & 2 & 3 & 4 & \cdots \\ \updownarrow & \updownarrow & \updownarrow & \updownarrow & \\ 1^2 & 2^2 & 3^2 & 4^2 & \cdots \end{array}$$

上方数列中的每个数字都能在下方数列中找到完全对应的伙伴，反之亦然。每个数字都有一个合作伙伴，没有数字拥有一个以上的伙伴，而两行数列中也没有任一数字被排除在外。（伽利略一开始选择数字 1^2，2^2，3^2……是因为它们可以很轻易地与1，2，3……配对。）这使我们得出一项结论。由于两个集合能够完全配对，它们的大小是相同的。伽利略发现了无限的操作定义——当部分集合的大小等同于整体时，这个集合是无限的！

205

历史上少有思想家像伽利略这般大胆，但即使对他来说，这项发现还是太过激进。有一天他会为了一个想法挑战宗教裁判所。但是，面对着无限的悖论，他眨了眨眼，匆匆离去。

在众多领域表现出众的伽利略，精确地指出无限最奇怪的特性。从某种意义上说，庞大的数字都是一样的。100万大于

1000，但你可以从 1000 数到 100 万。你只需要具有耐心。加 1、加 1 再加 1。最终你就能从 1000 数到 100 万。但无限远在深渊的另一边，你永远无法跨越。当涉及无限，加 1（然后加 1 再加 1）的这个方式并不能让你达到目标；更糟糕的是，它不能让你更接近目标一点。

无限这个概念，与日常世界中的所有事物都距离遥远，一直困扰着最深刻的思想家们。詹姆斯·乔伊斯（James Joyce）[1] 在《一个青年艺术家的画像》（*Portrait of the Artist as a Young Man*）一书中，尝试传达无限的概念。“在地狱该死地永恒受苦。永远！永恒！”乔伊斯写道，“不是一年或一个时代，而是永远。试着想象这可怕的含义。你经常看到海岸边的沙粒。这些细小的颗粒是那么精细！需要多少那样细小的颗粒才能构成玩沙孩童手中那一小撮沙呢？现在想象一下，有座由这种沙子组成的高山，它的高度有 100 万英里，范围从地球到最遥远的天堂，宽度达 100 万英里，延伸至遥远的太空，它的厚度也达到 100 万英里……”

乔伊斯不断地继续下去，这位才华无限的作家用海洋中的水滴与天上的星星增生沙粒。但他仍然无法穷究，无法将有限与无限之间的差距缩小。因为重点在于无限不仅是一个庞大的数字，而且是一个诡异得多的东西。

206

① 译者注：詹姆斯·乔伊斯，爱尔兰作家，被喻为 20 世纪最重要的作家之一。代表作包括《都柏林人》《一个青年艺术家的画像》《尤利西斯》。

207 # 35. 对抗野兽

数学家们越是近看无限，越觉得它陌生。我们可以用想象得到的最简单的绘图来说明，画一条1英寸长的线，这条线是由无限多的点所构成的。现在，再画一条2英寸长的线。较长的这条线所包含的点一定是较短的那条线的两倍多。（不然怎么会说是两倍长呢?）但是运用伽利略比较数列的配对技术，两条线上所包含的点的数目完全相同。

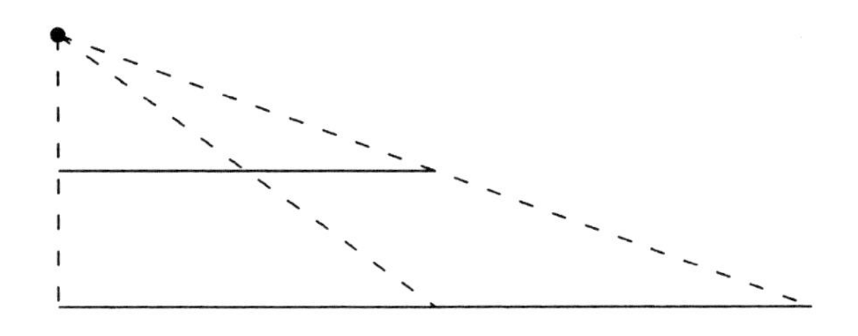

我们可以用图解的方式证明。在图上标出一个点，由这个点画线通过另外两条线。任何这样画出的线都会在两条线上得出相对应的点。像是井然有序完美进行的舞蹈，每个人都有舞伴。两条线上没有任何一点被遗漏，也没有任何一点需要与其他人共享舞伴。怎么会这样呢?

208

更糟糕的还在后头。完全相同的论点显示，一条10英寸长的线所包含的点与1英寸长的线上所包含的点的数目完全相同。10英里或10000英里长的线也是如此。事情再清楚不过了，无限的议题最好留给哲学家和数学家，它对脚踏实地的科学家来说完全不适合。

无限从一开始就是一项数学议题，因为数字会永远持续下去。如果有人针对地球上的人类提出声明——像是今日没有人身高 9 英尺——原则上，你可以借由让人排成一排，从第一个人到最后一个人检视这项主张。但是这种测试方式在数字上行不通，因为这个行列永远不会结束。每一个数字都有比它更大的数字（以及仅值一半的数字）。

但无限与现实世界的关联却从来理不清，这一点不成问题。17 世纪的科学家和他们的前辈一样，乐于将无限的悖论留给乐在其中的人。个性实际的科学家们仅瞧了无限一眼，看到它不能被驯服掌握，就将它赶出门，好专注于他们已经开始着手的现实生活问题。

他们才刚开始工作就听到有人敲窗户的声音。

17 世纪时科学最基本的挑战是描述物体如何移动。移动意味着改变位置。无限引发的议题一直出现，因为改变有两种形式。一种很简单，另一种则挑战和逗引着一些世界上前所未见的最有能力的思想家。 209

简单改变形式是稳定的转变，好比把一辆车的行车速度设定在每小时 60 英里然后开上高速公路。车子的位置正在改变，但无论何时看起来都很像。现在设想有块石头掉下悬崖。就像车子一样，石头的位置正在改变，但它在每一瞬间的速度也在发生变化。那种不断变化的变化在我们周遭随处可见。当人口增长、子弹穿过空气或瘟疫席卷全城时，我们能看见这样的变化。有东西正在改变，而它改变的速率也在变化中。

再来看看落石。伽利略发现，随着时间的推移，石头落下的速度越来越快。它的速度在每一瞬间都是不同的。但是谈论特定时刻的速度意味着什么？结果发现，这就是无限的用处所在。即便是回答最平凡的问题——石头移动的速度有多快？——这些 17 世纪的科学家也必须要掌握最抽象的、所能想象得到的最夸张的问题：无限的本质是什么？

针对平均速度的讨论是很容易的，因为它没有深奥的谜团。如果搭乘出租马车的旅客在一个小时内前进 10 英里，那他的平均时速很清楚地就是每小时 10 英里。但如果我们讨论的不是一段长时间内的速度，而是某个特定的时刻呢？这就麻烦了。如果拉车的马匹先是吃力地爬上陡峭的山坡，然后加速冲下另一侧的山坡，结果因为被绊倒而有片刻速度减缓了，最后它站稳了脚跟恢复原本前进的速度，这该怎么算？马车的速度变化无法预知，你怎么可能知道它在某个特定时刻的速度，例如当它经过狐狸和猎犬酒馆前方时的速度呢？

210 重点不在于我们需要精确知道马车运行的速度。对任何从此处前往他处的实际问题，我们只需粗略的估算。马车的速度之所以重要，是因为它是回答一个更大问题的关键——你要设计一种什么样的数学语言，才能掌握不断变化中的世界，以及当中五花八门的运动？你怎么能用上帝的眼光观看世界呢？

一般来说，在你可以着手处理世界之前，试图厘清类似马车的例子是有道理的。数十年来，数学家都以同样的方式试图解开瞬时速度这个谜团。[1] 他们知道速度衡量的是在一定时间内马车所移动的距离。假设马车路经狐狸和猎犬酒馆时正好是中午时分。粗略估计它在那一刻的速度，你大抵知道一个小时以后它所在的位置。如果马车在中午 12 点和下午 1 点钟之间前进 8 英里，其时速大约是 8 英里。但也许并非如此。一个小时是很长的一段时间，在这段时间里什么事情都可能发生。马匹可能停下来吃草，也可能被黄蜂蜇咬而加速疾冲。推测马车在中午那一瞬间的速度最好能观察它在包括中午在内的一段较短时间内所前进的距离，比如 12 点 30 分。再短一些的时间间距，像是从中午 12 点到 12 点 15 分或者从中午 12 点到 12 点 1 分会更好，而从中午 12 点到 12 点过后 1 秒则又会比前者来得更佳。

成功似乎在望。为了测量时钟敲响 12 点那一刻的速度，你所需要做的是观察马车从 12 点开始在尽可能短的一段时间间隔里所行驶的距离。

然而，原本以为的胜券在握就像煮熟的鸭子飞了。根据定义，所谓的瞬间比 1 秒钟所能切割出的最小时间单位都还要短。马车在一瞬间能前进多远？答案是无，因为即便是最短的距离都需要一定的时间才能涵盖。“时速 10 英里”是非常合理的速度。但是，“在零秒钟内前进零距离”又可能意味着什么呢？

211

212

36. 从漩涡中脱身

要回答这问题得从笛卡儿的曲线图开始。由于稳定的运动比速度不平均的运动容易处理得多，科学家们便从那里着手。设想有个人在结束漫长的一天工作后拖着沉重的身子以每小时2英里的速度跋涉返家。一名年轻的同事以每小时4英里的速度快走。而跑步者可能以每小时8英里的速度嗖嗖而过。

我们可以用表格列出他们的脚程以显示他们所移动的距离。

	30分钟	60分钟
跋涉者	1英里	2英里
年轻人	2英里	4英里
跑步者	4英里	8英里

但是，笛卡儿式的曲线图使事情更清晰。以稳定的前进速度对应直线，就像在下图中我们所看到的，前进速度越快直线的倾斜角度越陡。换句话说，斜率能用来衡量速度。（斜率是一个具有符号内涵的教科书术语，但其技术性的意义与我们在日常生活中所使用的方式相同，一条线的斜率就是用以衡量情

213

况的变化快慢程度。平坦的直线意味着没有变化；像血压飙升般陡峭的斜线意味着快速变化。）

辅以图片，我们可以准确地指出以时速2（或4或8）英里的稳定速度前进意味着什么。这意味着，如果我们将行人的路径制成曲线图，结果将是具有特定斜率的直线。

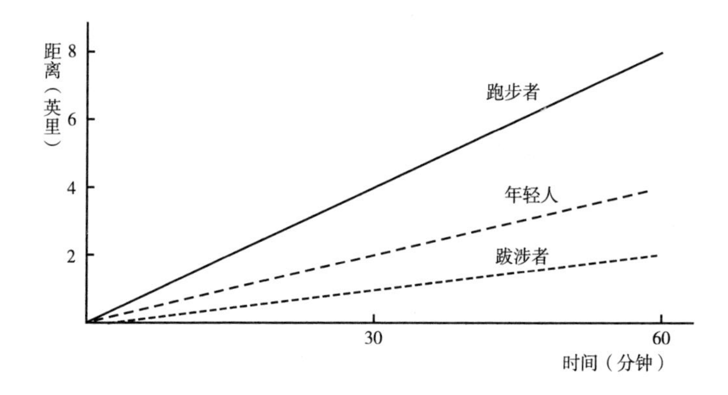

这似乎很简单，情况也确实如此，但在整齐的曲线图中藏着微妙的一点。这张图让我们回避了一个重要而棘手的问题：如果你的行进时间不足一小时，以时速 2 英里前进是什么意思？在笛卡儿之前，这样的问题已经衍生出无尽的困惑，但我们无须消失在哲学迷雾中。我们几乎不需使用文字、辩论和定义就能做到。至少在以稳定的速度前进的情况下，我们可以愉快地陈述："就在这一刻，她以时速 2 英里的速度前进。"这一切需要的是曲线图的辅助。

但是，假如我们的任务是比稳定地在街上行走更复杂的情况呢？描绘炮弹飞行的曲线图长什么样子呢？正如我们已经看过的，伽利略知道它看起来是什么样的。 214

现在，我们的绝招恐怕要让我们失望了。一直以来我们处理的是直线的曲线图，并从中发现了讨论瞬时速度的方式。讨论直线的斜率是很容易的，因为斜线的状况始终相同。但是讨论曲线的斜率是什么意思呢？曲线顾名思义就是非直线。

这个问题之所以重要有两个原因。首先，现实生活中很少有像漏水的水龙头般稳定地滴滴答答滴水的单纯变化。其次，如果

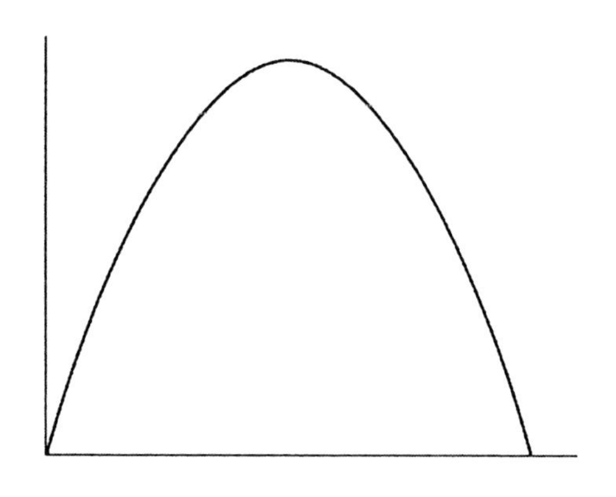

炮弹飞行轨迹。

思想家们可以构思出一种方式来处理某类复杂的变化，那么他们也可以处理各种不同的复杂变化。数学之所以如此强大——对我们来说如此困难——是因为它是通用的工具。例如，我们对代数望而却步，因为那些高深莫测的 X 和 S 令人厌恶，但代数有用之处恰恰是因为它可以让我们以无数不同的方式填入。

研究变化的数学也以同样的承诺引人入胜。行星和彗星加速横跨天际，人口增长和下跌，银行账户膨胀，潜水员直线下降，雪堆融化，这些都会各自产生令人不解之处。在此我们要问的是，一个特定的变化何时将达到最高点或最低点——什么样的倾斜角度能让大炮射向最远处？不断增长的人口何时将达到持平？拱桥的理想形状是什么？——这些都要能被迅速而明确地回答。

215

这是一个闪闪发光的奖项。但是，要如何赢得呢？

运动奥秘的核心谜团在于特定时刻的速度问题。这是什么意思？你怎么能“在零秒钟内前进零距离”的状态下免于在漩涡中溺水呢?

回答这个问题意味着要学习如何将重点放在极其短暂的一段时间之上。第一步就是别再为了芝诺而感到胆怯不安。芝诺说，跨越房间将会耗上一辈子的时间，因为走到中点需要一定的时间，然后又需要更多的时间来跨越剩下距离的一半，以此类推。

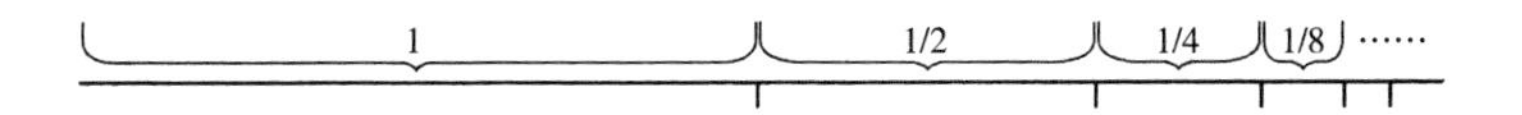

芝诺的悖论。如果走到房间的中间需要 1 秒钟的时间，然后走到剩下距离的一半又需要 1/2 秒钟的时间，接着再走到剩下距离的一半需要 1/4 秒钟的时间，以此类推，则跨越房间需要无限长的时间。

芝诺的论证本质上就是提出关于无限的论题。这似乎是常识，亦即如果你持续进行加法，而你所加上的每个数字都大于零，那么最终得到的总和就会是无限。如果你持续堆积砖块，无论你开始时待在多大的房间里，这堆砖块最终会达到天花板，不是吗?

哦，不，其实情况未必如此。

这一切都取决于新添加上的砖块的尺寸大小。如果所有的砖块大小都相同，那么堆积成塔后最终将达天花板、月亮与星星。即使每块新砖的厚度都比前一块来得薄，这座塔仍可能持续增长。[①] 但情况可能并非如此，如果你所挑选的砖块越来越 216

① 作者注：如果第一块砖的厚度是 1 英寸，然后接下来是 1/2 英寸、1/3 英寸、1/4 英寸、1/5 英寸，以此类推，所堆栈出的塔高将向上增加到无限(尽管是以令人难以忍受的缓慢速度上升)。

薄的话。

用现代的术语来说，芝诺悖论的总和就是下列数串加总起来的结果——1 + 1/2 + 1/4 + 1/8 + 1/16 + ……——总计结果是无限的。芝诺从来没有以这种方式架构他的问题。他并不注重这样特定的分数链，而是一般性地议论对任何无尽的数列来说，怎样才是真实的状况。

不过，芝诺是错的。如果总和如他所相信的应该是无限的，那么它将会比任何你能想到的数字来得大——大于 100，大于 10 万，以此类推。但是，芝诺的总和并不会超过任何你所能说出的数字。正好相反，总和恰恰是普通的数字 2。

马上我们会看到结果为什么是如此。但想想这个结果是多么令人惊讶。假设你拿了一块 1 英寸高的砖块，在上面堆积一块 1/2 英寸厚的砖块，然后再在上面堆积一块 1/4 英寸厚的砖块，以此类推。如果你一秒一块持续堆积新的砖块，那么即便终你一生，再加上你的孩子和宇宙的寿命，所堆栈出来的塔永远也无法达到两岁小孩脚踝的高度。

第三部分

曙光乍现

37. 人人生而平等

219

驾驭无限代表的突破就像是曾经令人费解的抽象概念“零”或“负五”，在事后看起来都很容易理解。关键是要脚踏实地，坚持不懈地努力，并且绝不要冒险进入“无限的性质”这类灰色地带。

扭转败局的抽象概念是“极限”的想法。它的数学意义接近日常生活的使用方式。在林肯与道格拉斯的一场辩论中，[①] 亚伯拉罕·林肯询问听众，为什么《独立宣言》宣称“人人生而平等”。[1] 林肯说，这不是因为开国元勋们相信所有人都已经获得平等，因为这是一个“明显的谎言”。林肯宣称，开国元勋们的想法是以人人平等作为目标，应该“持续地观望，持续地努力，即使永远无法完全达到目标，也要持续逼近目标”。

在同样的意义上，数学的极限也是一个目标，是数列越来越接近的目标。序列无须达到极限，但它确实会越来越接近极限。数列 1，0.1，0.01，0.001，0.0001……的极限是数字 0，即使这串数列永远不会达到 0。同样地，1/2，3/4，5/6，7/8，9/10，10/11……的极限是数字 1，但这串数列也同样永远不会达到它的极限。数列 1，2，1，2，1，2……没有极限，

220

① 译者注：1858 年，身为共和党伊利诺伊州参议员候选人的林肯，与民主党参议员候选人史蒂芬·道格拉斯（Stephen A. Douglas）为了选举展开了连续七场辩论。辩论的主题主要围绕蓄奴制度以及背后的道德、价值观与逻辑等。

因为它的数字持续来回反复，目标并不在一处。[①]

芝诺将他的悖论投射在跨越房间的故事形式上。在16～17世纪，几名勇敢的数学家重新将它的故事定义为关于数字的声明。从这个角度来看，问题在于序列 1 + 1/2 + 1/4 + 1/8 + 1/16 + ……是否会一直增加到无限。芝诺给了肯定的答案，因为数字会持续下去，而每个数字都会使总和增加。但是，当数学家将芝诺的故事转为数字开始计算总和时，他们发现了奇怪的事情。他们从 1 + 1/2 开始，得出 1 又 1/2 的结果。这没有什么好吓人的。那么 1 + 1/2 + 1/4 呢？结果是 1 又 3/4，还算能接受。1 + 1/2 + 1/4 + 1/8 呢？结果是 1 又 7/8。他们加总的数字越来越多，从没遇到麻烦。加总的数字继续增加，情况变得越来越清楚，数字 2 代表了某种临界边缘。你可以任意获得接近边界的数字——千分之一或十亿分之一，甚至更接近——但可以肯定的是，你永远无法像赛跑者冲破终点线那样突破这道边界。

在 17 世纪实事求是的科学家眼中，这意味着芝诺悖论的结束。他们宣称在这场无限的战役中获胜。芝诺主张，如果到达房间的中间需要 1 秒钟的时间，要跨越到房间的另一侧将耗时永远。新兴数学家们说事实并非如此，所需耗费的时间将是 2 秒钟。

221

为什么这件事如此重要？因为当他们开始着手处理他们真正想回答的问题——瞬时速度意味着什么？——他们必须正视芝诺的悖论。他们想知道一辆出租马车在中午 12 点那一刻的瞬时速度，结果发现自己被无限后退的形式问题缠上，马车在

---

① 作者注：有个序列可以达到目标。序列 1，1，1……的极限是数字 1。但一个“典型”的序列会非常接近其目标却不真正达到目标。序列 0.9，0.99，0.999……永远不会达到它的极限数字 1。

12 点和 12 点 1 分之间的速度是多少？在 12 点和其后 30 秒之间呢？12 点和其后 15 秒之间呢？在 12 点和……呢？

这就像是 17 世纪的电话客服地狱（“如果您有通话费的问题，请按 1”），早期科学家们在绝望中呻吟，因为问题持续不休，似乎不可能从中脱身。但现在，战胜芝诺悖论给了他们希望。是的，关于马车的问题将永远持续下去。但是，假设你以越来越短的时间间隔看待马车速度，会发现速度的序列有极限吗？

接着你的烦恼将一扫而空。这个极限将是一个数字——一个明确、非常普通的数字。这就是“瞬时速度”的意思，就这么简单。但远古伟大的数学家，以及之后 15 个世纪的后继者都没能看出。

这还称不太上是微积分，但已经向前迈出了一大步。微积分在本质上就是数学的显微镜，让你能固定动作并将之从头到脚看仔细的工具。有些时刻显得更为重要——箭镞达到射程最高点那一瞬间的高度、炮弹砸毁城墙那一瞬间的速度、彗星环绕太阳时的速度——而有了微积分的帮助，你可以将那些特定的时刻固定在显微镜的载玻片上仔细研究。 222

至少那些最近的乐观派数学家是这么认为的。但是，当他们拿起这台“显微镜”（指微积分）的时候，不管怎么扭动它的“旋钮”，他们都无法得到清晰的画面。很快他们就意识到问题在于所有的一切都依赖于极限这个概念，而极限并不如他们想象的那般直截了当。

就像所有其他抽象的问题，我们试图与幻象搏斗。非常接近极限数列的准确量化定义是什么？“一方面，当我们说火星接近地球时，它距离地球还有 5000 万英里远，”一个现代数学家观察道，“另一方面，接近人的子弹则意味着仅离人体几英寸。”[2] 那么，多接近才算是接近呢？

即使是牛顿和莱布尼茨，身为该时代最大胆的思想家以及进攻无限议题的领导者，都发现自己卷入了混乱和矛盾之中，因为无限似乎有各种各样的形式。在普通的用法中，“无限”让人联想到浩瀚无边。但如今在一切关于特定时刻速度的讨论中，厘清“无限短”的长度和“无限短”的时间跨度似乎至关重要。

更糟的是，极短的距离和极短的时间间隔都混杂在一起。速度意味着距离除以时间。当你处理像是英里和小时这般大而熟悉的单位时，这一点并不成问题。但当你要用越来越短的距离除以越来越短的时间时，怎样才能看清楚呢？

没有人想得到该如何分类这些短到不能再短的时间间隔和距离长度。莱布尼茨曾谈到“无限小”的定义就是“最小的可能数字”，但该定义引起的问题就跟它能回答的一样多。一个数字怎么可能比所有的分数都小？也许真的有无限小，但小到看不到，就像列文虎克最近用显微镜发现的微生物吗？[3] 无限小但再小都比 0 大。有时候情况并非如此。

223

莱布尼茨试图解释，但他只是使事情变得更糟。[4]“……无限小，让我们了解无限小的东西……使每一个事物本身都是一种类型，而不仅是作为一种类型的最后一物。如果有任何人希望将这些‘无限小’理解成最终的东西……这就对了。”莱布尼茨的两名弟子承认这是“一个谜团，而非解释”[5]。为取代“消逝数量的最终比例”[6] 这种大概只有牛顿自己清楚、但几乎所有人都莫名其妙的解释，牛顿提到“即便是最微小的错误在数学上也不能忽略”[7]，但他马上又接着指出，这些极微小的数字碎屑是如此接近 0，所以可以放心地忽略它们。

令人惊讶的是，绝大多数的问题就此迎刃而解了，就像先前世代的人发现运用当时仍是新奇和神秘的负数能解决绝大多数问题一样。在微积分的例子里，一个看似神秘的胡乱咒语却为有关炮弹射程和落地时造成的损害问题带来极为实际的答案。“微积分”这个名字本身就证明了这项新艺术的实用价值；“微积分”是拉丁文的“小卵石”（pebble），意指曾经被用来作为辅助加法和乘法计算的石头。[8]

怀疑论者争辩说，任何正确的结果必定出于令人开心的意外，并导致多重错误自行消失。（一位评论家稍后指控道：“如果你在过程中戴着眼罩，不知如何或是使用何种手段揭示真相，就不能称为科学。”）[9] 但只要这马虎的新技术能针对一直以来遥不可及的问题不停地吐出答案，没有人会浪费太多时间担心它是否严谨。性格及哲学观点都极为乐观的莱布尼茨，明确主张这份礼物应该被善加利用，而非检验。[10]一切问题将迎刃而解。 224

混乱的局势将持续到19世纪。只有到了那时候，新一代的数学家才找出明确定义取代空泛的直觉。（这项突破在于找出定义“极限”的方式，并同时贬低所有关于无限小数字的讨论。）在中间这些年，数学家和科学家为他们并不明白的奖赏欢欣鼓舞。他们并不寻求理解，而是遵循法国数学家让·达朗贝尔的①建议。达朗贝尔生活在牛顿和莱布尼茨后的一个世纪，一个微积分的基础仍然笼罩着神秘感的时代。

“坚持，”达朗贝尔建议道，“信心就会来到你身边。”[11]

---

① 译者注：让·勒朗·达朗贝尔（Jean le Rond D'Alembert，1717～1783年），在物理学、数学和天文学等众多领域广泛进行研究，是著作等身的法国科学家。

225 # 38. 奇迹岁月

牛顿和莱布尼茨两人自大的程度可以与他们在智性上的表现相提并论。在追寻微积分的过程中，两人都将自己看成独自探索处女地的冒险家。然后在彼此互不知情的情况下，各自都得到了他们所寻求的奖赏。两人都认为自己的胜利不同于领先众多对手的跑者，而是像独自成功登顶的登山者，甚至没有其他人知道这座山的存在。或者该说他们两人都以为如此。

试想两人当时的欢欣感受：在雪地里插上自己的旗帜，饱览眼前一望无际的景色。再想象一下独享这片广袤和诱人领域带给他们的自豪和满足之情。然后，某天早上，独有的喜悦在瞥见远处一缕烟雾的时刻被震惊和恐惧取代——困惑是一定的，在这渺无人迹之处怎会有人生火？——然后马上见到雪地里出现他人明确无误的脚印。

是牛顿先学到如何确定神秘的无限小，这是解释运动的关键所在。在长达三十年的时间中，他将这项发现当作秘密，只让一小部分的人知情。受自身个性所害，牛顿永远都在犹226 豫——牛顿总是在两种愤怒的情绪间徘徊，看到他人因他首先做出的成就得到赞誉而发怒，或是想到公开他的发现会引来批评而愤慨。一如往常，他延后发表成果的决定，造成科学史上最激烈的争斗之一。

在旺盛的创造力的推动下，牛顿在数学（和其他同等重要的）领域获得突破性的成就，历史学家后来称这段时间是他的“奇迹岁月”。从 1665 年到 1667 年，为了躲避导致剑桥大学关闭的瘟疫，牛顿在他母亲的农场度过了 18 个月的光阴。返家时的牛顿尚是一名默默无闻和孤独寂寞的 22 岁青年。

但这些不完全是牛顿自身的智力成就。人人都在谈论微积分，著名数学家费马、帕斯卡和笛卡儿都已在这方面取得了长足的进步。[1] 牛顿在剑桥大学上过数学课；他买过也跟人借过一些课本；他勤奋地研究笛卡儿新奇的几何学。

他从来没有说过是什么在一开始引发了他对数学的兴趣，但我们可以找出时间和地点。每年八月，剑桥都会主办被称为斯托桥博览会（Stourbridge Fair）的大型露天市集。[2] 鳞次栉比的帐篷和摊位一字儿排开，商家和小贩们贩卖衣服、餐盘、玩具、家具、书籍、珠宝、啤酒、麦芽酒，以及用约翰·班扬（John Bunyan）① 令人反感的用语来说，“各种情欲、欢乐和愉悦”。牛顿完全避开成群的妓女、杂耍艺人和金光党。（对于诱惑，特别是针对性方面的诱惑，他有过一番深思熟虑并形成了一套策略。他在一篇谈论修道院和早期教会的文章中写道：“守贞的方式不是直接与无能把持的想法抗争，而是用工作、阅读或沉思其他事情来转化。”[3]）

227

牛顿买了两样东西。它们看似无害，但将彻底改变知识世界。“1663 年（牛顿）在斯托桥博览会买了一本占星学的书，想看看书中写些什么”，他后来将这件事告诉了一名年轻的仰慕者。或许就是在同一年——学者们还不确定这一点——他买

① 译者注：约翰·班扬（1628～1688 年），英国宗教作家与布道家，著有著名的基督教寓言文学《天路历程》。

了玻璃棱镜这个小玩意儿。孩子们喜欢玩玻璃棱镜，因为它能将光线转化为漂亮的景象。

这本占星书本身并不重要，但它改变了历史。牛顿“读了它，所看到的天际景象让他不能理解，于是促成他熟读三角函数”。[4] 他在多年以后回忆道：“买了一本有关三角函数的书，却无法理解书中的论证。于是研究起欧几里得的学说以便能从根本上理解三角函数。”

牛顿的回溯在这里走到了尽头。他发现欧几里得的论点并不困难，这令他感到宽慰。“只消读读这些命题的标题，”之后他忆道，“就会发现它们很容易理解，我不知道为什么有人会花时间去论证它们。”[5]

牛顿从欧几里得的古典几何转向笛卡儿对整个主题的最新重塑。这并不是那么容易的一件事。他才读了两三页的笛卡儿就失去了他的方向。他重新开始，这次设法理解三或四页的内容。以这种缓慢的方式，他一步步增进理解直到他又失去方向，然后回到开始从头来过，如此“反复直到他自己完全掌握相关领域的知识，并且无须借助任何人的见解或指示”。每一位有抱负的数学家都知道花费一整天的时间盯着教科书上的某一页，甚至仅是某一行，等待理解那一刻到来的那种挫折感。看到最伟大的数学家也遇到过几乎是相同的困境，这也令人欣慰。

228

牛顿扬扬得意于自己终于驾驭了笛卡儿的几何学，我们可以从两个方面来看这件事，而这两者都是典型的牛顿作风。他无须“任何人”的意见指导来完成一件大事。而这只是开端。他通过研究前人的工作来到这一点。从现在起，他将进军无人探索过的领域。1665 年年初，从他拿起占星术的小册子算起不到两年的时间，他记下了他的第一个数学发现。他证明了现在所谓的二项式定理，直到今天它仍是所有数学成果中最重要的一项。① 这是“奇迹岁月”的序幕。

牛顿对接下来发生的事所做出的总结就算经过三个半世纪仍然令人感到吃惊。即使是对他所使用的词汇不熟悉的人，也无法错过他那出现节奏几乎紧密快速到无法列表细数的一个个新发现。“同年 5 月，我发现计算切线的方法……11 月我能直接计算微分。来年 1 月提出色彩理论，接着 5 月我一头栽进反微分的方法。而就在同一年，我开始思考延伸到月球的引力……”[6]

也就是说在 18 个月的时间内，牛顿首先发明了一部分的微积分，都是有关于我们现在所说的微分。然后，他暂时地把数学搁置一边，转向物理学。除了留下能透进一丝阳光的小洞，他把自己关在房间里，利用从斯托桥博览会买来的棱镜（他后来买了第二个棱镜），发现了光的本质。接着他又回到微积分。尽管在早期看不出来，这个主题自然地分为两部分。在 1665 年年初，牛顿就发明并且研究了前半部分；现在他要解决剩下的另一半，就在这时候他发明了现在被称为积分的技术。之后他证明这两个看起来完全不同的部分事实上密切相关，而且可以用非常有力的方式配合使用。再后来，他开始思考引力的性质。“所有这一

229

① 作者注：在众多揭露这层道理的说明中，吉尔伯特和沙利文的《少将颂》表现得最淋漓尽致。“关于二项式定理，我知道很多新消息/伴随很多令人振奋的有关斜边平方的事实。”译者注：《少将颂》出自吉尔伯特和沙利文所写的歌剧《彭赞斯的海盗》。歌词里的“斜边平方”指的是毕达哥拉斯定理的证明。

切，”他写道，“都发生在1665～1666年瘟疫盛行的时候。那些日子是我的发明黄金时期，我对数学与哲学的清晰思路胜过后来任何时候。”[7]

牛顿确实是在他23岁时达到顶峰，因为数学和物理学是年轻人的游戏。爱因斯坦在26岁时构思出狭义相对论，海森堡25岁时阐明不确定性原理，尼尔斯·玻耳（Niels Bohr）①28岁时提出革命性的原子模型。“如果你到30岁还未能在数学领域做出杰出的工作，那你就永远做不到。”[8] 今天最受推崇的数学家之一罗纳德·葛拉汉这么说道。

就像运动员一样，伟人的光芒总是早早散发，快快燃尽。26岁那年赢得诺贝尔奖的物理学家保罗·狄拉克（Paul Dirac）② 凄凉苦笑着以诗道出了这一点。（他在20多岁时写下这首诗。）

230

老化当然令人打冷战，
每个物理学家都惧怕。
死去胜过活着，
一旦年过30。[9]

---

① 译者注：尼尔斯·玻耳（1885～1962年），1922年荣获诺贝尔物理学奖的丹麦科学家。他提出了玻耳模型解释氢原子光谱，并提出对应原理、互补原理和“哥本哈根解释”来解释量子力学，对海森堡、狄拉克等人的研究影响深远。玻耳与爱因斯坦、普朗克三人可说是量子力学的奠基者，他和爱因斯坦针对物理学的辩论广为人知。

② 译者注：保罗·狄拉克（1902～1984年），英国理论物理学家，他所提出的狄拉克方程式是量子力学的基本方程式之一，并因此于1933年荣获诺贝尔物理学奖。曾主持剑桥大学的卢卡斯数学教授席位。

最抽象的领域——音乐、数学、物理甚至国际象棋——是年轻人的天下。神童并不常见，但他们定期出现。如果有像是莫扎特或博比·菲舍尔（Bobby Fischer）① 的神童出现，将会是在一个无须洞见人类心理转折、自成一体的领域，这一点也许是有道理的。我们永远不可能遇见12岁的托尔斯泰。

不过，这只是故事的一部分。穿透抽象领域的核心似乎需要有一定程度的智力、强大的专注力和毅力，这些只有年轻人才具备。对于伟人来说，这段年岁确实是他们的奇迹岁月。“我知道当我在十几二十岁出头时，脑袋里的想法就像烟火般不断喷射而出，”另一位诺贝尔奖得主、物理学家伊西多·I. 拉比（Isidor I. Rabi）② 回忆说，“……随着时间推移你失去了那种能力……物理学是另一个世界。它需要对未见未闻之事具备敏锐的感官——高度抽象化……这些官能不知何故随着年龄增长而消失殆尽。”[10]

胆量和自以为是就跟智力一样重要。一名新手下决心改变这个世界，相信他能找到别人遍寻不着的目标。专家们知道所有不可能办到的原因，结果就是年轻的一辈取得突破。这与艺术成就的模式有所不同。“看看作曲家或是作家——他们能够把工作成就分为早期、中期和晚期，而后期的工作始终较前期更佳，更趋成熟”，[11]以黑洞领域的研究获得诺贝尔物理学奖的天体物理学家钱德拉塞卡（他工作不辍一直到80多岁）观察后写道。即便如此，他在他的晚年仍宣称：“对于科学家来说，早期的工作永远较佳。”

231

① 译者注：美国国际象棋天才，有“国际象棋坛莫扎特”之称。

② 译者注：伊西多·I. 拉比（1898～1988年），美国物理学家，因核磁共振方面的研究于1944年获诺贝尔物理学奖。

35 岁或 40 岁的政治人物仍然算是新人，特定领域的博士也才刚完成训练，但是数学家和物理学家们都知道，此时的他们可能已经走下坡路了。在艺术领域，才华之士往往在 40 岁左右达到顶峰。米开朗基罗 37 岁时完成西斯廷教堂的天花板壁画；贝多芬 37 岁时谱出《第五交响曲》；托尔斯泰 41 岁时发表《战争与和平》；莎士比亚 42 岁时写下《李尔王》。而在此之后继续产出杰作的艺术家名单还很长——莫奈、塞万提斯、毕加索、提香、威尔第，等等。

科学与数学领域找不出这样的阵容，研究工作到了后期就会变得过于困难。牛顿在奇迹岁月后仍能在数学上取得重大进步，但他绝不会再有能与初始时相匹配的创作热情。他在晚年回首职业生涯时说："没有老人（除了沃利斯博士）——这里是指与牛顿同时期的杰出学者约翰·沃利斯（John Wallis）① ——会喜爱数学。"[12]

早从青年时期起，牛顿就自视与众不同，自觉是被挑选出来注定要做出一番成就的人。[13]圣诞节出生、丧父、婴儿时期看似奇迹般的幸存，这些事件对他来说意义非凡。他深挚真诚的宗教信仰是毫无疑问的，他也深信上帝选中他在他耳边低声说出他的秘密。牛顿指出，其他和他一样研究《圣经》预言的人都只遇到"困难与失败"[14]。这一点他毫不惊讶。因为只有"上帝拣选的少数几个人"才能理解。猜猜他指的是谁？

232

他在自己的拉丁文名字 Isaacus Nevtonus 中发现字谜 Ieova

① 译者注：约翰·沃利斯（1616～1703 年），英国皇家学会创办人之一，他在数学上的研究有助于现代微积分的发展。

sanctus unus，意指“唯一的神圣耶和华”。[15]他注意到《圣经》以赛亚书中有一段提到上帝向义人承诺：“我要将暗中的宝物和隐秘的财宝赐给你。”[16]

到了这段奇迹岁月的尾声，牛顿发现自己被这些隐秘的财宝淹没。他比世界上任何其他人都更了解数学（也就是说比任何曾经活在这世界上的人知道得都多）。没有人会怀疑这一点。“虽然他默默无闻，却不会改变这个事实，亦即这名未满24岁并且未受益于正式教育①的年轻人，已成为欧洲领先的数学家，”著名的牛顿传记作家理查德·韦斯特福尔（Richard Westfall）② 写道，“而唯一举足轻重者，也就是牛顿他本人，清楚了解自己的重要性。他研究过公认的大师作品，知道他们所无法超越的极限，而他远远超前他们所有人。”[17]

牛顿一直觉得自己孤立于众人之外。韦斯特福尔写道，现在23岁的他终于有客观证据证明自己的与众不同。“1665年，当他充分意识到他在数学领域的成就，牛顿必然感受到身为天才的负担加诸己身，他必须独自承受这可怕的负担超过60年之久。”[18]

---

① 译者注：因为瘟疫的关系，牛顿几度中断学业。

② 译者注：理查德·韦斯特福尔（1924～1996年），美国传记作家和科学史家。以所撰写的《牛顿传》与《17世纪科学革命史研究》闻名。

233

39. 解开所有奥秘

牛顿相信，上帝选中他破译宇宙的运作。莱布尼茨则认为牛顿还不足够有远见。莱布尼茨与牛顿一样向往找出大自然的数学结构，这在他们的时代意味着两人几乎不可避免地都要从微积分下手，但莱布尼茨认为数学只是大谜团的一小部分。

莱布尼茨也许是最后一个认为我们可能穷尽万事万物的人。他相信宇宙是完全理性的，任何功能都有其目的。只要投入足够的专注力，就能为一切事物提出解释，就像你可以推断出马车每根轮辐与弹簧的功能一样。

莱布尼茨是当时最伟大的哲学家之一，对他而言，这显现的不只是近乎病态的乐观（虽然这态度的确是近乎病态的乐观）。更重要的是，莱布尼茨的信念出于一种哲学信念。它认为宇宙必定是完美地合理，因为它是由具备无限智慧与理性的上帝所创造的。只要你够聪明，关于这世界的每一点真实观察都是不证自明的，就像几何学中每一项真实的陈述都是当下立

234

见的一样。在所有这类情况中，结论从一开始就准备好了，就像是“所有的单身汉都是未婚的”这句话。我们人类可能不够聪明，无法看穿遮盖世界的灌木丛，但在上帝看来每项真理都是清楚明白的。

事实上，虽然莱布尼茨笃信是上帝设计了我们能够理解的世界[1]，牛顿在这方面却采取更为谨慎的立场。他相信人类可以理解上帝的心意，但这也许不是所有人都能办到的。“我不知道世人如何看待我，”这是牛顿晚年的一句名言，虽然他十

分清楚地知道自己的名声，“但是，对我自己而言，我似乎一直就只像是个在海边玩耍的男孩，偶尔开心地找到较为光滑的鹅卵石或较漂亮的贝壳，而尚未被发现的真理大海就在我面前肆意敞开。”[2]

牛顿的观点并不只是简单地认为有些问题有待回答。有些问题可能没有答案，或至少不是我们可以理解的答案。为什么上帝选择创造有而非无呢？为什么他所创造的太阳尺寸是这般大小呢？牛顿认为，这样的奥秘可能超出人类的理解范围。它们当然也在科学探究的范围之外。“就像是盲人不知道何谓颜色一样，”牛顿写道，“我们也不知道明智的上帝感知和理解所有事情的方式。”[3]

莱布尼茨不接受这样的限制。他有句名言，上帝创造了所有可能世界中最好的一个。在莱布尼茨看来，这不是一项假设，而是推论所得。上帝的定义就是全能全知，从此可以立刻推论出世界不可能被设计得更好。（即使身为最优秀的哲学家之一，他所说的这一点还是让人在可能与否的麻烦议题上打转。如果逻辑迫使上帝创造我们所处的这个世界，这是否意味着他在这件事上没有选择的余地呢？但成为上帝不就意味着肯定能有无限多的选择吗？）

235

稍后伏尔泰会在其所著《赣第德》一书中快意地不断打击莱布尼茨。在《赣第德》书中的第一页，代表莱布尼茨立场、世界上最伟大的哲学家潘格洛斯博士（Dr. Pangloss）就出现了。潘格洛斯的专长是“形而上神学宇宙论”。潘格洛斯自满地解释这个世界明确地为我们的利益所创造。“鼻子的形状是为了要戴上眼镜，因此我们戴眼镜……猪注定要被吃掉，所以我们一年四季都有猪肉可吃。”

潘格洛斯和小说中的主人公，名叫赣第德的天真年轻人，饱经灾祸——伏尔泰爽快地让他们历经地震、梅毒，以及成为船上的奴隶，什么都来一点。虽然两人可能浑身是血、焦头烂额，潘格洛斯还是一如开盖就跳起的玩偶匣中的小丑，一次又一次指出这是所有可能世界中最好的一个。

这是一本非常有趣的书——伏尔泰是非常受欢迎的作家，《赣第德》则是他最受欢迎的作品——但它带来些许误导。莱布尼茨很清楚地知道世界上充满了悲惨的事情。（他在三十年战争期间出生。）他并不认为万事美好，而是不可能有其他更好的替代方案。上帝在创造这个宇宙之前已经考虑过所有可以想象得到的宇宙。其他的宇宙可能很好，但我们所处的宇宙更胜一筹。比方说，上帝可以使人类的智力仅仅如同狗一般。这可能会让世界更快乐些，但幸福不是唯一的美德。在一个只有贵宾犬和大丹犬的世界上，谁来画画和谱写交响乐章呢？

又或者上帝可以创造出永远只做好事不做坏事的人类。在这样的一个世界里，我们虽然都是好人，但也都像机器人。上帝的智慧让他决定反其道而行之。罪恶的世界胜过缺乏选择的世界。换句话说，不完美好过任何可能的替代方案。正是这种自圆其说激怒了伏尔泰。他激烈地反对莱布尼茨，不是因为莱布尼茨对世界的苦难视而不见，而是因为他如此轻易地安于现状。

236

但莱布尼茨的上帝正如他本人一样理性。他评比每一个可以想象得到的世界的优点和缺点，加加减减计算出最终成绩。（这可能也就难怪莱布尼茨会发明微积分了；上帝在寻找得分最高的可能世界时，基本上就是在解决微积分问题。）既然上帝必定创造了所有可能世界中最好的一个，延续这一点，莱布尼茨认为我们可以单靠思考来推断其属性。最好的可能世界在追求智识的愉悦这一点上的得分最高——这里我们可以看见哲学家的影响——最伟大的智识愉悦是在明显的失序中找出秩序。因此，上帝肯定要我们解开世界上所有的谜团。莱布尼茨“也许是哲学史上前所未见最坚决的理性主义冠军”，借用哲学家恩斯特·卡西尔（Ernst Cassirer）① 的话，“对莱布尼茨来说……天上人间没有任何事物，不管是宗教的奥秘或是自然的秘密，可以无视理性的力量与成就”。[4]

那么，莱布尼茨当然可以解决用数学语言描述自然世界的问题。

① 译者注：恩斯特·卡西尔（1874～1945年），德国哲学家，延续马堡的新康德主义传统，发展出一套独特的文化哲学。他的作品涉及认识论、科学论与哲学史，《符号形式的哲学》《人论》皆是卡西尔在文化哲学方面的重要著作。

237

40. 会说话的狗和意料之外的权力

莱布尼茨给人的印象是他打算独立探究自然的每项秘密。“在开普勒、伽利略、笛卡儿、帕斯卡和牛顿的世纪，”一位历史学家写道，“戈特弗里德·威廉·莱布尼茨是最多才多艺的天才。”[1] 他的兴趣涵盖大大小小的议题。莱布尼茨曾发明一种新钉子，侧边带有脊线使用起来不会手滑。他曾跋涉探看一条会说话的狗，并回报法兰西学院指出这条狗的“特质很难在另一条狗身上找到”。[2]（这条神奇的小狗能发出“茶”“咖啡”“巧克力”和两打以上法语单词的声音。）

他详细规划了一间包含“所有可以想象到的事物的博物馆”[3]，大致包括从科学展览到信不信由你博物馆的等级。博物馆内展示有小丑、烟火、机械马赛事、走钢丝特技表演、吞火、自动演奏乐器、赌场（这样才能赚钱）、发明创造、解剖室、输血、望远镜，以及展示人类的声音如何能够打破水杯或是如何利用镜子反射的光线来点火。

238

莱布尼茨的精力和好奇心向来旺盛，但他几乎无法跟上脑中倾倒出的所有想法。他写道：“我有这么多的数学新点子、这么多的哲学新想法，还有其他方面众多的文学观察，这些我都不希望失去，导致我常常不知道该先从何处开始。”[4]

这些探索活动耗时多年，除了因为它们本身是如此耗人精力，也因为莱布尼茨想要一次解决所有事情。比方说，他一方面继续着手计算器的研发，另一方面又要制定符号语言，让伦理学和哲学的争议能够比照代数问题解决。“如果有争议出现，哲学家们或是会计师们将不再需要争辩。只要双方手持铅笔坐在黑板前，对彼此说（如果他们想要的话，也可以由朋友见证）：‘让我们开始计算。’”[5]

莱布尼茨笔耕不辍，产量惊人，他往往在颠簸的马车上写作。今日有个勤奋的编辑团队努力将他超过100000页的手稿集结成册，但他们不敢奢望能在有生之年完成这项计划。[6]随便举个例子，“哲学作品”第四卷就包含三本书。每本书的内容都超过了1000页。编辑们预料能够整理出60卷这样的作品。

像莱布尼茨那样对世界整体进行思索的思想家在今日已经过时了。即使在他所处的时代，人们也难以理解他的一切作为。惊人的聪明才智、让人瞠目结舌的虚荣炫耀、富有魅力却又咄咄逼人，前一分钟看似有远见，下一刻钟又像是自欺欺人的梦想家，他是个多面向的人。不是每个人都愿意像他一样努力。还有，套用伯兰特·罗素的话说，“无论在任何时代，莱布尼茨都是最杰出的知识分子”[7]。要说有什么不同的话，就是他在科学和数学领域的声誉随着时间提升，曾经纯粹让人感到莫名其妙的想法，已经成为众人关注的焦点。

239

例如三百多年前，莱布尼茨就设想了数字计算机的可行性。他发现的0和1的二进制语言，是现在每位计算机程序设计师都熟悉的语言。① 更值得注意的是，他设想了如何使用这

---

① 作者注：莱布尼茨有所不知，英国数学家和天文学家托马斯·哈里奥特（Thomas Harriot）早在几十年前就已经首先讨论过二进制数字。但哈里奥特从来没有发表过任何作品，他的论文直到18世纪后期才为人所发现。事实证明，哈里奥特在其他方面也创下多个第一的纪录；哈里奥特也比伽利略早几个星期将望远镜转向天空。

套双字母的字母表，为一台多用途的推理机器编写使用手册。

莱布尼茨脑中所设想的计算机不依靠电子信号——这是本杰明·富兰克林在雷电交加的户外放风筝之前近一个世纪的事情——而是端赖类似弹珠台中滚落沟槽的弹珠。“应该准备一个容器，上头有以某种方式排列开合的孔洞，”莱布尼茨写道，“这些孔洞在某些对应 1 的地方打开，而在某些对应 0 的地方保持关闭。小方块或是弹珠会通过开孔落入轨道，遇上关闭的孔洞则不起作用。”[8]

莱布尼茨生于德国，但在路易十四辉煌的巴黎度过了他的全盛时期，那时太阳王刚开始挥霍皇室库房兴建凡尔赛宫。26 岁的莱布尼茨在 1672 年抵达巴黎，身份是一名头顶长假发衣冠楚楚的年轻外交官。他的穿着是标准的深色卷发和丝质长240袜，但这位初来乍到者口若悬河，让他的听众晕头转向为之迷惑。莱布尼茨抱着特殊而大胆的计划来到巴黎。德国害怕拥有开疆拓土宏大野心的法国人入侵，莱布尼茨的使命就是要说服路易十四，入侵德国对他毫无益处。他应该要转而征服埃及，这才是与显赫君主相得益彰的胜利。

莱布尼茨从未在这四年的时间内成功地说服包括国王在内的听众。（如同众人所担心的情况，法国在接下来的几十年内在欧洲接连征战。）然而莱布尼茨在这段时间内成果颇丰，包括不知何故地不停拜访一位接一位的伯爵、公爵或主教，深入讨论科学和数学问题。

莱布尼茨在数学领域的斩获令人惊讶。不同于几乎所有这个领域的伟大人物，他起步很晚。莱布尼茨的学术训练集中在法律和外交。他知道这些领域以及哲学和历史等众多学科的一切知识。但26岁的莱布尼茨，根据一位历史学家所言，他的数学知识“很糟糕”[9]。

他将弥补这一点。在巴黎，他接受顶尖数学家们的指导，尤其是杰出的荷兰科学家克里斯蒂安·惠更斯（Christiaan Huygens），但大多数情况下他其实是在自学。他研究诸如欧几里得的经典作品，也涉猎像是帕斯卡和笛卡儿的晚近学说，还好比图书馆的老主顾一般随意翻阅新上架的书籍。笛卡儿的几何学这类崭新的学说即便是牛顿都得花时间慢慢参透。对莱布尼茨来说却不成问题。“我读‘数学’几乎就像是在读罗曼史。”他吹嘘说。[10]

他贪婪而好胜地阅读。这些由优秀学者所撰写的作品困难而扎实，锁定的读者是少数的研究同侪，而非提供给学生作为教科书之用，不过莱布尼茨自视能与这一新领域的顶尖人物相抗衡。“在我看来，”他在开始速成课程后不久写道，“不知道从何而来的鲁莽信心让我相信以我自己的能力，如果我想要的话，我能与他们相提并论。”现在，停止阅读他人的作品，转而提出自己发现的时候到了。

241

时间是1675年。30岁的莱布尼茨在高等数学领域年纪已经算是过大了，能力却仍旧保持在顶峰。无限小是了解特定瞬间运动的关键，像个谜团嘲笑所有的数学家。在将近十年前，牛顿已经解开这个谜团，并发明了现今所称的微积分。他几乎不曾向人提起，宁愿将这秘密知识像温暖的斗篷般留在自己身边。现在，在未察觉牛顿所为的情况下，莱布尼茨也开始朝相同的目标出发。

在惊人的一年时间内——这是莱布尼茨个人的奇迹岁月——他做出了这项发现。牛顿未曾公开他的发现，不仅因为他厌恶引来争议，也因为他的剑桥教授职位提供保障，让他无须争取世人的认可。但莱布尼茨未曾公布他发现微积分的论文长达 9 年，其沉默的态度就很难解释。莱布尼茨从未有过像牛顿一样的安全职位。在他漫长的职业生涯中，莱布尼茨依靠的是王室赞助人的心血来潮，永远被困在宫廷知识分子小丑的角色里。这种处境应该使他更急于发表任何能巩固自己地位的发现，但实际情况并非如此。

他延迟宣布发现的原因无法在其生平传记与资料中找到。莱布尼茨针对任何可以想象得到的话题书写不辍——单是信件他就留下了 15000 封，当中有许多内容与其说是杂记更像是论文[11]——但他对于何以推迟这么长一段时间发表论文却保持沉默。学者只能靠猜测填补这段空白。

242

或许是因为他的数学生涯开始时的一场惨败让他抱持小心翼翼的态度。1672 年莱布尼茨首度抵达英国，会见了几位著名的数学家（但不包括牛顿在内），并愉快地侃侃而谈自己的发现。吹牛原本无害，但莱布尼茨这样一名数学新手让自己惹上了麻烦。在伦敦一场由罗伯特·波义耳主持的优雅晚宴上，莱布尼茨声称一项实际上众所周知的数学发现是他自己的研究成果（论及特定无限长分数序列的总和）。[12]另一位宾客直接点破。这个插曲随时间消逝了。不过，莱布尼茨可能已经决定，要先确认无误再宣布他过于大胆的数学主张。

或许他认定正式发表不是重点，因为他需要传达的对象已经通过传闻和信件的非正式渠道获悉他的成就。[13]或许发展一个完整的理论，不同于特殊情况所需技巧的集合，可能已经证明是意想不到的困难。或许莱布尼茨判断，他需要更引人注目的成就——不管是像望远镜这样不可能错过的发明还是某种外交成就。

莱布尼茨终于在1684年向世界公开他的发现。在那之前他和牛顿曾友好但谨慎地通信，讨论数学的细节却小心地确保对微积分只字不提。（牛顿并不直接告诉莱布尼茨他的发现，他将自己最重要的发现隐藏在两个加密的讯息中。其中一则是“6accdae13eff7i319n4o4qrr4s8t12ux”。[14]）在公开微积分发现的文章中，莱布尼茨并未提到牛顿或任何其他前辈。[15]

至少就牛顿的例子来看，这个疏忽是不可避免的，因为莱布尼茨无从得知牛顿的发现。人们可能会认为莱布尼茨具有完美的不在场证明，但从结果看来，莱布尼茨的“疏忽”注定要妨碍他最后几十年的人生。

244

41. 特写下的世界

牛顿和莱布尼茨的发现是相同的，只是他们以不同的词汇进行构筑。两人所面临的挑战是找到一种方法来锁定时间。在摄影技术诞生前数百年，他们提出的解决方案基本上是想象有台摄影机，让世界不再是如我们眼睛所见的连续而流动的景象，而是一连串相差细微的静态照片快速闪过眼前，让人分不出是由静态影像组成。

但是，你怎么能肯定地说，无论你想检视的片刻为何，手头上都恰巧有张清楚对焦的影像呢？很明显，连续静态照片之间的时间间隔越短越好。问题是要何时定格——如果每秒 64 个镜头的效果不错，每秒 128 个镜头是不是会更好？或是每秒 1000 个、100000 个镜头？

试想伽利略气喘吁吁地爬上比萨斜塔顶端。他向空中伸出手臂，松开手指，丢下一路吃力携带的石头。在连续的每一秒中，石头下降的速度越来越快——也就是说它所经过的距离每一秒都比前一秒更长——如下表中的数字所显示的。（正如我 245 们所看到的，在少了钟表或相机的情况下，要做出这样的测量并不是件容易的事，这就是为什么伽利略最后研究的是从坡道而非高塔上落下的物体。）

时间(秒)	距离(英尺)
1	16
2	64
3	144

伽利略发现，石头根据精确的规则落下，该规则可以用符号表示。科学家将这项规则写成 $d=16t^2$，其中 t 表示“时间”，d 表示“距离”。1 秒钟内，石头落下的距离为 16×1 英尺或 16 英尺；2 秒钟内，它落下 16×4 英尺或 64 英尺；三秒钟内，落下 16×9 英尺或 144 英尺。

和往常一样，这张表格可以转换成曲线图，图像有助于揭示数字的意义。（不同于表格，图像显示出石头在每个时刻的位置，而非仅限于选定的时刻。）横轴表示时间，纵轴表示距离。该曲线显示石头在特定时间内落下的距离。在伽利略放手松开石头的那一刻（换句话说，即 $t=0$），石头落下的距离是 0 英尺。1 秒钟后，它落下 16 英尺；2 秒钟后，它落下 64 英尺；以此类推。 246

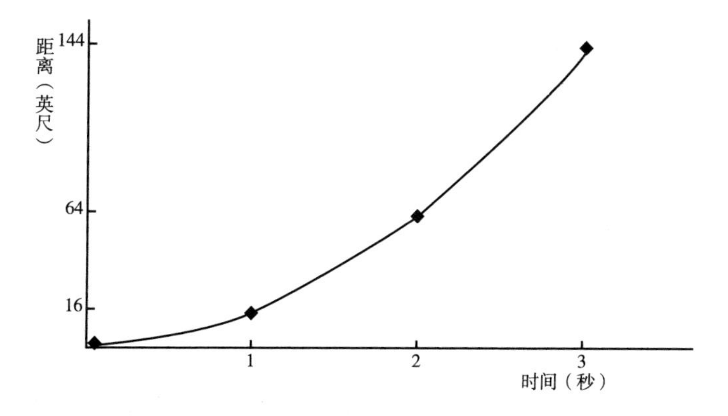

这张曲线图显示从高处落下的石头在 t 秒内经历的距离。落石依循 $d=16t^2$ 的规则。

从石头转换成表格再到曲线图是个越来越抽象的过程，早期的数学家要很努力才能接受这一点。少有事物比石头更实在。当伽利略松手时，任何碰巧路过的人都可以看见石头落下。表格将一件普通的事情——石头咻的一声落地——转化成数字列表。曲线图更是远离日常现实。曲线代表石头从伽利略手中落下后经历的距离，但是图中的曲线仅以一种微妙的方式符合石头下坠的现实情况。石头实际上是直线落下。图上呈现的曲线则是抛物线。更糟糕的是，石头向下坠，抛物线却往上扬。比起单单观看石头落下，“看懂”图表描绘的落石方式，更为费力迂折。

但就是第二种观看石头落下的不自然方式，握有解开自然秘密的关键。是这条曲线告诉牛顿和莱布尼茨如何掌握时间并将之定格。我们在本书第 36 章见到以直线对应稳定的速度，显示时间与距离关系的图表。（速度越快，直线的斜率越陡，因为直线越倾斜表示在特定长度的时间中移动的距离越长。）但是在落石的曲线图中，我们处理的是曲线而非直线。我们要怎样讨论落石的速度呢？特别是我们要如何找出落石在特定瞬间的速度，好比说它落下正好一秒钟时的速度？

247 根据牛顿和莱布尼茨的解释，如果我们能够找到曲线正好在那一秒钟的斜率，我们就能办到。他们继续朝这个方向努力。抱持的想法是尽可能像是特写般地细看曲线。如果你仔细看的话，曲线看起来像是一条直线。（在一个巨大的圆形田径场上慢跑的人会觉得自己好像跑在直线上，只有通过鸟瞰图才能看出田径场的真实形状。）曲线很难处理，直线却很容易。

首先，他们冻结时间，选择自然这部持续播放电影中的单一镜头。（正如我们先前所见，他们在不知道彼此研究的情况下同时进行，但分别采用相同的策略。）其次，他们仔细挖掘该幅画面，态度就好像使用显微镜观看载玻片上的东西。

在落石的例子中，他们从图像冻结在 $t=1$ 秒钟的那瞬间开始着手。他们想知道落石在那一刻的速度，但他们唯一能运用的信息是描绘时间和距离的曲线图。即便如此，他们也几近大功告成。

他们所需要做的就是盯住那台概念性的显微镜。速度衡量的是特定时间内前进的距离，如每小时60英里或是每秒3英寸。为了解决他们关心的问题，他们从处理比较简单的问题着手，希望通过解决简单的问题，找出他们真正想要的解决方案。

因为落石的速度是持续变化的，所以特定瞬间的速度难以求得。但是，落石在任何特定时间长度中的平均速度却很容易找出。（只要将石头落下的距离除以时间长度。）考虑到这一点，牛顿和莱布尼茨使出聪明的一招。他们暂时不论石头落下的实际情况，反而专注在比较容易处理的虚拟状况上。与实际情况相比，虚构的落石的一大优点在于它以恒定的速度下降。那么，该挑选什么样的速度呢？

248

牛顿和莱布尼茨决定，答案就是这颗稳定下坠的虚构落石的速度应该完全符合实际落石介于 $t=1$ 与 $t=2$ 这段时间内的平均速度。这种迂回的过程看似绕了远路，但实际上却让他们离目标更近一步。

看看下面的曲线图。虚线描绘了虚构的落石的情况，曲线则代表落石的实际状况。在图上标示石头落下1秒钟的地方（换句话说，在 $t=1$ 的时候），虚构的落石和真正的落石都下坠16英尺。在 $t=2$ 的时候，虚构的落石和真正的落石都下坠64英尺。

这条虚线是直的，这点至关重要。为什么呢？因为这意味着我们可以讨论它的斜率，斜率是个数字——一个固定而寻常的数字，既非无限小也非任何其他花花绿绿的野兽。这个数字

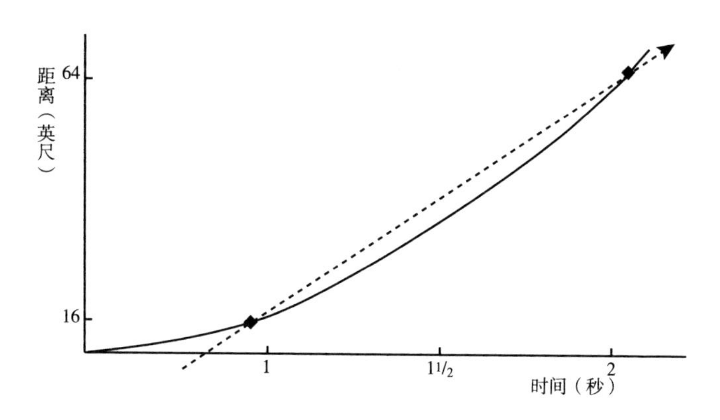

虚线代表虚构落石以恒定速度落下的状况。虚线的斜率显示虚构落石在 $t=1$ 和 $t=2$ 这 1 秒钟内的速度。

是虚构落石的速度。［这很容易计算。斜率指的是倾斜的程度，表示垂直变化与水平变化的比率。在这种情况下，垂直变化指的是从 16 英尺到 64 英尺，水平变化则是从 1 秒钟到 2 秒钟，所以斜率为（64 – 16）英尺/（2 – 1）秒，或是每秒 48 英尺］。

249

现在，牛顿和莱布尼茨要往前迈一大步。每秒 48 英尺是虚构落石在 1 秒内的速度。这数字相当接近他们想知道的实际落石正好在 $t=1$ 那瞬间的速度。

要怎么才能得到更接近的数字呢？方法就是仔细研究放大的曲线图。要做到这一点需再次将注意力集中在 $t=1$，不过这次观看的是比 1 秒钟更短的时间长度。像往常一样，我们需要图片的帮助。

看看下图中的直线。一条新的虚线代表一颗虚构的新落石的路径。这颗虚构的新落石也以恒定的速度落下。是什么样的速度呢？与第一颗虚构的落石不一样的速度。这颗虚构的新落石的下降速度正好等于实际的落石在较新、较短的时间间隔中的平均速度，亦即在 $t=1$ 和 $t=1$ 又 1/2 之间的平均速度。关键在于这颗虚构的新落石的速度让我们能准确估计实际落石在 $t=1$ 的瞬时速度。

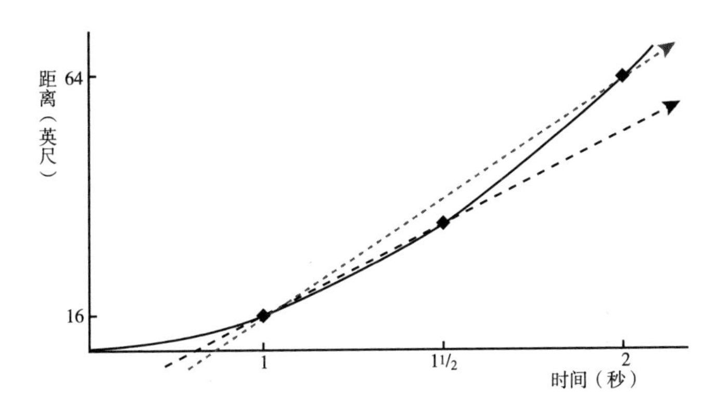

新的虚线代表虚构的新落石。虚线的斜率显示这颗虚构的新落石以恒定速度在 $t=1$ 和 $t=1$ 又 1/2 之间，这半秒钟内落下的速度。

250

* * *

如果我们靠近被放大的从 $t=1$ 算起的一段更短的时间长度，我们还可以画出另一条直线。例如，我们可以专注 $t=1$ 和$t=1$ 又 1/4 之间。新的直线也有我们可以用以计算的斜率。我们可以再一次重复这个程序，这次我们专注更短的时间长度，好比说 $t=1$ 和 $t=1$ 又 1/8 之间。以此类推。

牛顿和莱布尼茨看出你可以不断地继续绘制新的直线。以图来表示，你画的直线都会通过曲线上的两个点。一个点固定在 $t=1$ 的地方，其他的点则沿着曲线下移，像是串珠一样，越来越趋近固定的一点。

这些线将越来越趋近一条特定的直线。这条被“锁定”的直线自然是独一无二的——这条直线在对应 $t=1$ 的单一点上擦过曲线。被锁定的这条线——数学术语称为切线——就是让人大惊小怪的目标。（在下图中，切线是由短横线组成的直线。）在此之前，数学家们从来没有办法处理瞬时速度的概念。现在他们找到方法了。

这是一项巨大的突破，重述要点也许能确保我们所见的正是牛顿和莱布尼茨所为。他们找到方法定义运动物体在特定瞬间的速度。瞬时速度是越来越短的时间长度中平均速度所趋近的数字。

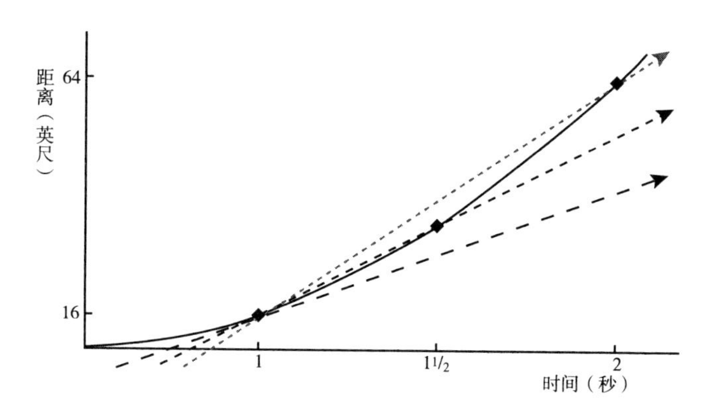

切线的斜率（以短横线表示的直线）
代表落石在 $t = 1$ 秒的瞬时速度。

瞬时速度不是矛盾或晦涩的概念。你可以在有空时研究掌握它。特定瞬间移动物体的速度只是一个普通的数字，亦即该点的切线斜率。你要怎么计算斜率呢？看接近切线的直线斜率数字是否趋近极限。这个极限就是我们漫长追寻的“圣杯”。

251

以伽利略的落石实验为例，牛顿和莱布尼茨发现，落石下坠 1 秒钟那瞬间的速度正好是每秒 32 英尺。他们发现一组决窍，只要有一套公式就能轻松进行计算。就像是一直以来的状况，你跟着做就好了。（我将省略过程，但伽利略实验结果所得出的数据提示我们恰好相符之处——32 可以写成 16 ×2，他们一开始提出的曲线方程式 $d = 16t^2$ 中就藏有 16 和 2。）

更棒的是，计算落石在某一瞬间的速度也告诉我们落石在每个瞬间的速度。无须提笔计算或是绘制另一条直线（更不用说一步步趋近切线的无限直线序列），只需先前的一次计算就能知道落石在任意时刻 t 的速度是正好是 $32t$。速度总是不断地变化，但一个简单的公式就能捕捉所有的变化。当石头落下 2 秒时，其速度是每秒 64（32 ×2）英尺；在 2 又 1/2 秒时，落石的速度是每秒 80（32 ×2 又 1/2）英尺；石头落下 3 秒时，速度是每秒 96（32 ×3）英尺；以此类推。

252

用于描述移动与不断变化中的世界的这个新工具被称为微积分。这项发现让世界上的每位科学家像是突然掌握了神奇的机器。提出一个多远、多快、多高的问题，接着按下按钮，机器就会吐出答案。微积分轻易地发挥拍摄快照的效用——冻结任何特定时刻的动作——接着我们便能在空闲时进行检验，不管是停在半空中的箭头或是飞跃盘旋的运动员。

先前永远无法企及的问题现在弹指间就可以解决。高空跳水运动员落水瞬间的速度是多少？以特定角度射出的子弹行经路径有多远？子弹抵达目标时速度又是多少？醉汉向空中鸣枪助兴时，子弹会到达何等高度？更重要的一点，子弹返回到地面时的速度是多少？

微积分是“点石成金的哲人之石”，一位历史学家写道，他似乎不满这新工具的威力，“阿基米德的难题现在连画图都省了就能解决了”。[1]

253

42. 当电梯的电缆断裂

如果不是无限向来引发人们的恐惧，就像某些神话中的龙阻挡人们进入城堡一样，早在牛顿和莱布尼茨之前就会有人发现微积分。他们并未屠龙——微积分的关键概念与无限挂钩——而是设法捕捉并驯服这条龙。他们的继任者更利用它来犁田耕作。在接下来的两个世纪，科学很大部分的工作就是找出方式利用微积分提供的新力量。曾经光凭肉眼无法看出的模式现在展现出鲜艳的色彩。比方说，伽利略花费大量精力得出落体法则，但他的公式 $d=16t^2$ 包含的信息远超过他所知。没有微积分，他无法看见这些信息。微积分保证我们不会错失这些信息。

伽利略只知道他发现的法则可以描述位置的改变，却不知道法则本身隐含了描述速度变化的定律。更妙的是，描述位置改变的法则很复杂，描述速度改变的定律却简单得多。换句话说，伽利略的物体移动法则指出，经过 t 秒后，物体从起点移动行经的距离是 $16t^2$ 英尺。就是因为公式中用了 t^2 而非单纯的 t 让事情变得复杂。正如我们已经看到的，微积分只是用最 254 简单的计算过程就从这条法则中提取出一条描述下落物速度的新定律。也就是说，物体落下 t 秒时，它的速度会正好是每秒 $32t$ 英尺。以符号表示（以 v 表示速度）就是 $v=32t$。

这个整齐的速度公式中包含三个惊喜。首先，这是个简单的公式，不需要担心任何像是 t^2 带来的杂乱数字，寻常的 t 就行了。其次，它适用于包含卵石和陨石在内的每个下落物。最后，一个简单的公式就能告诉你每个时刻的下落物的速度，无

论 t 代表的是 1 秒、5.3 秒或 50 秒。从不需要修改或切换新公式。要完整地描述下落物，这是你唯一需要的公式。

我们从描述下落物位置的法则开始，发现当中隐藏了一条更为简单的定律可用以描述速度。如果我们好好看看这条速度定律，可以看到在此之中也掩盖着一条还要更简单的定律。而这条定律，好比宝藏中的珍品，能真正从根本上洞察世界运行的方式。

什么是速度？速度指的是位置改变的快慢。用更一般的方式表示，就是变化率。（在高速公路上以每小时 80 英里高速前进意味着你以每小时 80 英里的速率改变位置。）如果我们重复同样的过程，从速度着手找出其变化率——换句话说，如果我们计算落石的加速度——我们将发现什么呢？

我们会发现好消息。[1] 微积分告诉我们，落石的加速度一目了然从未改变。落石的位置以复杂的方式随时间改变，落石的速度则以稍微简单的方式随时间改变，但落石的加速度与时间全然无涉。无论落石是否已落下 1 秒钟或是 10 秒钟，它的加速度永远相同，都是 32 英尺每二次方秒。换句话说，落石持续落下的每 1 秒，速度都增加 32 英尺每秒。这是大自然重重隐藏下的秘密。

255

时间 （以秒计算）	位置 （英尺）	速度 （英尺/秒）	加速度 （英尺/二次方秒）
1	16	32	32
2	64	64	32
3	144	96	32

当石头落下，它的位置改变是复杂的，但速度改变相形之下却很简单，而落石的加速度则是最简单的。

位置这栏的规律很难看出。速度这栏的规律比较清楚。而加速度一栏中的规律则显而易见。所有下落物共同的特征是什么？既不是重量、颜色或大小，也不是它们掉落时的高度、落地的时间、落地的速度或是最大速度。对所有下落物而言——无论是电缆断裂的电梯、从厨师手中滑落的鸡蛋、蜡制翅膀融化的伊卡洛斯①——它们的加速度都是完全相同的。

“加速度”是我们熟悉的字眼（“我那辆旧车的加速度真是可怜”），但它其实是一个非常抽象的概念。“这不是诸如长度或质量那般的基本特性，”数学家伊恩·史都华（Ian Stewart）②写道，“这是个变化率。事实上，它是一个‘二阶’的变化率——也就是说，是变化率的变化率。”

256 换句话说，加速度衡量速度变化的快慢，这很棘手，因为速度衡量位置变化的快慢。“你可以用卷尺测量距离，”史都华继续写道，“但要测量距离变化率的变化率却困难得多。这就是为什么人类要花费很长时间，还需要加上牛顿这样的天才，才能发现运动定律。如果加速度模式具有像距离这样明显的特征，我们早就能确定运动物体的研究了。”[2]

加速度被证明是世界的基本特征——除非我们能够理解加速度，不然整个相关区域对我们来说都是禁地——但它不对应任何有形的事物。我们可以用手指碰触菠萝多刺的表面、称重砖块或是感觉一杯咖啡的热度，即使是戴着手套也无所谓。我

① 译者注：根据希腊神话，代达罗斯为克里特岛的国王米诺斯建造迷宫，用来关住米诺斯牛头人身的儿子米诺塔。为了防止迷宫的秘密走漏，国王下令将代达罗斯及其儿子伊卡洛斯关进迷宫的高塔中。代达罗斯设计出蜡制的翅膀脱逃。逃离过程中，伊卡洛斯无视父亲告诫，过于接近太阳而使蜡翼融化，坠海身亡。

② 译者注：伊恩·史都华，英国数学家、科普作家。

们可以把砖块放在磅秤上或拿把尺测量它。加速度似乎与诸如菠萝的纹理和砖块的重量这类基本特征不同，我们只能用间接和烦琐的方式，而无法直接测量它。

牛顿和莱布尼茨发现，正是这种难以捉摸与抽象的特性，告诉我们物体如何落下。要能看穿大自然的秘密，我们需要再一次运用数学。

微积分还能提供给我们更多的东西。例如，它不仅揭示出距离、速度和加速度之间密切相关，还展示了三者之间如何切换。这一点在实际运用和概念上都很重要——比方说你只有测量时间和距离的工具，但是你想知道速度，你仍然可以轻易地找到你想要的所有信息。伽利略投入大量时间展示无论你射箭或是丢球，其都会以抛物线的方式前进。牛顿和莱布尼茨几乎不费吹灰之力就得出了同样的结论。他们只需知道下落物的加速度是 32 英尺每二次方秒。在微积分的帮助下，这个简单的数字几乎能立刻告诉你，炮弹、箭镞和跳跃的袋鼠都是以抛物线的方式前进。

257

一次又一次，简单的观察或司空见惯的公式自行转化成不可思议的洞见，就像是数学版本的普鲁斯特名言："小小的纸片浸入水中展开成形，颜色分化成为花、房子、人物，具体而可辨认。"[3]

微积分是分析事情如何随着时间而变化的工具。至于这些事情如何形成并不构成差异——全球人口要多长的时间才会翻倍？这具木乃伊被密封在墓中是在几千年前发生的？切萨皮克湾（Chesapeake Bay）① 的牡蛎产量何时会跌落谷底？

---

① 译者注：切萨皮克湾是美国面积最大的河湾，位于美国大西洋海岸中部，其名来自印第安语，意指"大贝壳湾"。

有关最好与最坏的问题、何时数量会达到最高点或最低点，都可以轻易地回答。在所有由高峰冲落谷底的云霄飞车中，哪一辆最快？射向山顶堡垒的大炮中，哪一门造成的损害最大？[4]（这是哈雷①的贡献，他几乎一听说微积分就做出了这类计算。事实证明，他还发现了将篮球嗖的一声投进篮筐的最佳角度。）在人们所能想象得到的各式各样不同形状的肥皂泡泡中，哪一个的表面积最小体积却最大？（自然会选择理想的解决方案，球形泡泡。）剧院收取何种票价最赚钱？

258 不是每一种情况都可以使用微积分技巧分析。如果在很短的时间内微积分的曲线只有一点改变，那么微积分能完美解决问题。比方说，在 1 毫秒内，火箭或短跑选手仅仅前进一小段距离，那微积分可以告诉我们关于这段路径的一切。但在事物突然转移的奇怪情况下，如世界突然从一个状态跳到另一个状态，中间完全没有通过任何阶段，那么微积分便派不上用场。（比方说，如果你计算口袋里的零钱，因为没有硬币的币值小于 1 分钱，所以你计数时从“12 美分”直接跳到“13 美分”“14 美分”，彼此之间没有任何其他中介。）正如 20 世纪惊人的科学发现指出的，亚原子的世界就处于这种不稳定的状态。电子从这里跳到那里，中间不存有其他可能性。在这种情况下微积分就只能举手投降。

但我们可以看到，世界上大部分的变化都是稳定而连续的。而每当变化呈现平稳状态时——船划过水面、子弹穿过空中、彗星加速横跨天际、电流通过、咖啡冷却、河流蜿蜒或小

---

① 译者注：作者此指埃德蒙·哈雷（Edmond Halley，1656 ~ 1742 年），英国著名科学家，最著名的成就是计算出哈雷彗星的轨道并预言其回归的周期。

提琴颤抖的高音飘荡在整个房间——微积分便可以作为工具探索这类变化。

采用新技术的科学家们谈论此事犹如亲见巫术。一名茫然的天文学家惊呼，旧有的方式与新技术相比，“就像是黎明时的昏暗对比正午的光亮”[5]。

259

43. 最大的争议

有很长一段时间，牛顿和莱布尼茨彼此极为恭维对方。1693 年，在距莱布尼茨声称自己发明微积分近十年后，牛顿写了一封友好的信件给莱布尼茨，称赞他说“正如我在所有场合中所提到的，是本世纪主要的几何学家之一”。[1] 当然，牛顿继续说，两人没有必要争吵。“我重视我的朋友甚于数学发现”[2]，这位没有朋友的天才如此宣称。

莱布尼茨更加热情。1701 年，在柏林皇宫的晚宴上，普鲁士女王询问莱布尼茨有关牛顿的成就。莱布尼茨回答说：“自从上帝创世以来，超过一半的数学成就在艾萨克爵士手中完成。”[3]

但这些场面话都是假的。多年来，彼此对立的两人极富心机地表面称赞、私下诋毁对方。两人都以匿名发表的方式详细

260

而恶意地攻击对方，也都向同侪低语辱骂和指责对方，并在听到自己造谣的内容时佯装震惊和失望。

两位天才在意识到彼此的竞争立场前，或多或少都钦佩对方。牛顿一直认为多才多艺的莱布尼茨在数学上的表现只是半吊子，是一名兴趣在哲学和法律上的聪明的初学者。莱布尼茨毫不怀疑牛顿的数学实力，但他认为，牛顿专注在一个特定而受限的领域。这让莱布尼茨得以自由地独立追求微积分，至少他自己是这么相信的。

到 18 世纪初，冲突公开爆发。在接下来的 15 年间，冲突越发激烈。两名该时代最伟大的思想家，紧抓着同一座金色奖

杯不放，大声叫嚷着“这是我的！”两人都大发雷霆、愤怒且不愿放弃。他们不仅确信对方剽窃，更以诋毁造谣的方式加剧这项臭名。两人都深信敌人这么做的动机不过是出于想要获得赞誉的盲目欲望。

因为微积分是研究自然界的理想工具，两人的争辩便一路从数学延伸到科学，再从科学到神学。什么是宇宙本质？设计宇宙的上帝，他的本质又是什么？几乎没有人能理解微积分的技巧问题，但每个人都享受知识巨擘像泥浆摔跤手般厮杀的景象。咖啡馆的哲学家加入战局；晚宴上的八卦像吹泡泡般四起，谣言伴着美食下肚；欧洲各地的王公贵族们嬉笑着谈论难听至极的侮辱之辞；英国皇室甚至加入火线，检讨策略并怂恿开战。一开始是哲学家之间的争议，后来便形成了历史学家丹尼尔·布尔斯廷所说的“世纪奇观”[4]。

* * *

因为欧洲复杂的王朝政治，皇室也来搅局，这让牛顿和莱布尼茨更受瞩目。1714 年，英国无嗣的安妮女王驾崩，出于对天主教权力复辟的巨大恐惧，王位并没有传给与安妮关系最亲近的亲戚，而是有新教背景的近亲。这就是 54 岁的德国贵族，名为乔治·路德维希（Georg Ludwig）的汉诺威公爵，曾经从军的他勇敢、两眼凸出，并不特别出色。他将成为统治英国的英王乔治一世。 261

这位未来的国王除了女人和打牌没有其他兴趣，连他的母亲都说：“他的脑袋被一层硬壳包覆，我敢说没人曾发现里面的东西。”[5] 无论如何，乔治·路德维希自己没有大脑不要紧。他手下有欧洲最负盛名的知识分子，戈特弗里德·威廉·莱布尼茨，永远准备好要表现自己。

莱布尼茨在乔治·路德维希手下做事将近40年（在此之前则是为他的父亲与他父亲的兄弟服务），身份是历史学家、顾问、负责分类和扩大公爵书籍收藏的图书馆馆长。除了这些工作，莱布尼茨也使劲将这位汉诺威主子推上英国王位。现在，随着他的靠山突然从德国的穷乡僻壤被拱上王位肥缺，莱布尼茨看到重返世界首都的机会。他的愿景是伴随他长期的雇主，在灯火辉煌的舞台上找到属于他的位置，与英国最伟大的思想家们交换理念。乔治·路德维希却有不同的看法。

乔治一世加冕的时候，艾萨克·牛顿的地位早已因自身成就获得耀眼提升。牛顿在1704年出版他的第二本伟大作品《光学》（*Opticks*），谈论光的特性。曾经是农场少年的他于2621705年成为艾萨克·牛顿爵士，成为有史以来第一位封爵的科学家。（封爵仪式由安妮女王主持。安妮并非学者——“安妮女王心情好时蠢得很温和，心情不好时则绷着脸发傻”，[6] 历史学家麦考利做出这番观察——但她精明的谋士看见了尊重英国最伟大思想家带来的政治利益。）

封爵时，62岁的牛顿基本上已经放弃了科学研究。在此之前几年，他离开剑桥前往伦敦担任铸币厂主管的政府职位。大约在同一时间，他接任英国皇家学会的主席，然后担任此职务直到他去世为止。年长、有气势、可畏，牛顿被普遍誉为天才的化身，尤其是英语世界的天才。很多分不清楚鹦鹉（parrot）跟抛物线（parabola）的人得意于能向伟大的英国之子致敬。像是俄国的彼得大帝这样的权贵造访伦敦时，除了首都的奇景，他们也特别想看看牛顿。

牛顿在伦敦并未转性为夜夜笙歌，但他的新交际圈确实包括像威尔士王妃卡罗琳这样的名流。乔治一世本人密切观察牛顿-莱布尼茨事件。他的动机不是出于求知欲——国王的文艺爱好脱离不了歌剧和剪纸娃娃[7]手工——而是带着恶意的喜悦对两位时代巨擘说三道四。乔治一世似乎不是主持哲学辩论的合适人选。他的德国宫廷不仅深陷丑闻，还可能涉及谋杀。

问题还因复杂的感情纠结恶化。[8]汉诺威宫廷所有有头有脸的人经常同时拥有数名情妇，将这些情事绘图表示会显现出众多交叉与循环的关系。（更让人混淆的是几乎所有参与其中的女性当事人都叫作索菲娅，或是与这名字近似的变形。）汉诺威的贵族公主或王妃涉及这些关系复杂的韵事还说得过去，但是乔治·路德维希的妻子索菲娅·多萝西娅（Sophia Dorothea）也有自己的情夫，这点就让人不能接受。皇室探子发现这对恋人计划私奔。这是难以想象的。一队受雇的刺客伏击了公爵夫人的情夫，不仅用剑刺伤了他，还用斧头割开他的身体，并丢下他使他流血过多死亡。索菲娅·多萝西娅被放逐到家族的城堡，永远不得见到她的孩子。她被一直软禁到32年后去世为止。

263

莱布尼茨多年来吸引乔治·路德维希注意的企图获得了期望中的成功，但在汉诺威宫廷，女人的聪明正如男人的残忍。当公爵们忙着收集情妇和计划谋杀时，公爵夫人们则投身哲学。斯宾诺莎争议性的著作一出版，乔治·路德维希的母亲，索菲娅，立刻拜读并花了很长的时间追问莱布尼茨这位荷兰异议分子的观点。

索菲娅只是莱布尼茨的第一位皇室赞助人。索菲娅的女儿索菲娅·夏洛特（未来的英王乔治一世的妹妹）与莱布尼茨的关系更紧密。而第三位出身高贵的女性与莱布尼茨更是亲近，那就是索菲娅·夏洛特的朋友，21 岁的卡罗琳公主。莱布尼茨成为她的朋友和导师。不久后，卡罗琳嫁给乔治·路德264 维希唯一的儿子。1714 年，她被护送到英国，成为威尔士王妃，之后作为乔治二世的妻子成为英国王后。莱布尼茨在最高的权力圈里是有盟友的。

但他被困在德国，他的皇室友人似乎没人想要邀请他到英国。人在远方的他试图争取卡罗琳在他与牛顿的抗争中站在他这边。莱布尼茨坚持，他们的战争代表的是两个国家而非仅是两个男人之间的对抗。德国的荣誉危在旦夕。莱布尼茨写信给卡罗琳："我敢说，如果国王让我与牛顿先生至少在所有事务与方面都是平等的，那么在这种情况下，我的名字将荣耀汉诺威和德国。"[9]

诉诸民族荣誉这一招被证明是无效的。正如我们已经指出的，牛顿在英国备受推崇，卡罗琳在各种隆重的宫廷场合中都会遇见他。新上任的国王并不想为了抚慰手底下哲学家受伤害的情感而挑战英国人的自尊。无论如何，乔治一世对莱布尼茨有他自己的打算，而这当中并不包括科学。国王提醒莱布尼茨，他的主要职责是继续编写汉诺威议院的历史。他已经陷在公元 1000 年左右的某个地方。

国王一点都不在意微积分的神奇和牛顿剽窃的不公。莱布尼茨视为生死攸关的事，对国王而言仅好比一项运动。"国王不止一次拿我与牛顿先生的争议开玩笑。"莱布尼茨感叹道。[10]

从他被放逐到汉诺威起，莱布尼茨就写信给卡罗琳，攻击牛顿对科学和神学的看法。卡罗琳目不转睛地研究这些信件——信中提到的问题主要是上帝是否让世界自行运作，还是上帝仍插手世事进行微调——并以塞缪尔·克拉克的化名将信转给牛顿。针对某些问题，卡罗琳则是直接写信给牛顿本人。265（在牛顿的帮助下）克拉克也回信给莱布尼茨。这些被称为莱布尼茨-克拉克论文的书信往来很快就被出版，有位历史学家判定其“也许是最著名和最有影响力的哲学书信”[11]。

但令卡罗琳恼怒的是莱布尼茨坚持要先处理他和牛顿之间的争斗，不停在上面打转，而将深刻的神学问题搁置一旁。王妃责备她的前任导师此举是出于“虚荣”[12]。卡罗琳写道，他和牛顿是“本世纪的伟人，都服侍赏识你们的国王”[13]。为什么要这样无止境地争执呢？卡罗琳问道：“是你或牛顿骑士发明了微积分有什么区别吗？”[14]

这是个好问题。毕竟无论是谁发明微积分，世界都获益于这项精彩的新工具。但是对牛顿和莱布尼茨莱来说，要回答卡罗琳的问题很简单：它让世界上的一切都变得不同。

266

44. 争斗结局

从一开始，科学就是争个你死我活的领域。因为好的想法并非凭空冒出，而是就在那里等人发现，争议因而自不可少。几乎每项突破——望远镜、微积分、进化论、电话、双螺旋——都有许多自称“发明者”的人彼此激烈争夺，为的就是发明者的地位；想到有人因剽窃见解而赢得荣耀就让科学家们争得面红耳赤。伟人们激烈争斗起来也与常人无异。伽利略愤怒地写道，竞争对手声称是他们，而非伽利略，首度见到太阳黑子。伽利略愤愤不平地说，他们“试图从我手中抢走属于我的荣耀”。[1] 即使生性平和的达尔文也承认，在给同僚的一封信中，他催促对方在消息走漏前写下进化论的研究成果，因为“如果任何人在我之前发表我的学说，我当然会生气”。[2]

让温和的达尔文生气的原因，也让牛顿和莱布尼茨十分恼火。理由有部分出在数学本身。所有的科学恩怨都很丑陋，数学家之间的争斗更是格外恶毒。高等数学是一个特别令人沮丧的领域，因为它如此困难，即使是最优秀的数学家也常常觉得 267 挑战实在太多，这仿佛是要一头金毛猎犬了解内燃机如何运作。有助其他科学研究的要素，像是更大的实验室、更高的预算、更优秀的伙伴，在数学领域都起不了作用。财富、人脉、魅力都不造成区别。脑力才是一切。

“几乎没有人有能力处理重要的数学议题，”几十年前美国数学家阿尔弗雷德·W. 阿德勒（Alfred W. Adler）写道，

“没有所谓的能力尚堪接受的数学家。每个世代都有少数几位伟大的数学家，数学界甚至不会注意到其他人存在与否。他们可以作为教师，他们的研究虽无害但一点也不重要。数学家如果不够优秀便一无是处。”[3]

这可能是言过其实的一种浪漫说法，但数学家对伟人的理论过度自豪，往往倾向于将这些学说视为纯粹的事实。结果，数学家的自尊心虽强，却又好似瓷器一般脆弱。所有的差异来自他们专注的焦点。如果有人将自己与邻居相比，那么他可能扬扬得意自己是某个神秘教士组织的一员。但是，如果他评断自己的标准不是比大多数人知道更多的数学，而是在探索巨大黑暗的数学树林中取得的真正进展，那么，所有虚荣的想法都会远去，只感到自己的渺小。

在微积分的例子中，牛顿和莱布尼茨之间的对立迟来了一段时间，这点基本上是不可思议的。两位天才都不太相信会有人和自己一样有远见。牛顿享受他的发现很大部分是因为他爱好孤独，仿佛自己是离群索居的艺术收藏家，闭门欣赏杰作。但牛顿并未完全断绝社会联系。他接受他人奉承，但不对抗；他将部分数学成就与少数赞赏他的圈内人分享。他忽视他们的请求，不愿意将发现公之于世。如果世人知道他的发现，科学将加速进展的这一观点，一直都未能动摇他。 268

另一方面，对莱布尼茨来说，这项发现的价值正是来自他能借以一展长才。他从来不曾厌倦接受他人的恭维，但他渴望称赞也有其实际上的理由。每一项能让履历更加辉煌的新成就都有助莱布尼茨在可能的赞助人面前表现一番。

牛顿认为，公开发现会让不够格的人有机可乘。莱布尼茨则认为，宣布这项发现意味着让世人为他摇旗呐喊。

从历史的长远角度来看，争议在僵持中结束。数学史家搜罗两人的私人文件，找到明确的证据显示牛顿和莱布尼茨各自独立地发现了微积分。牛顿在1666年首度发现微积分，但过了几十年后才在1704年出版。莱布尼茨在牛顿之后9年发现微积分，但他首先在1684年发表他的研究结果。莱布尼茨具有制定有用符号的天赋，他书写发现的方式让其他数学家容易理解并做出进一步的发展。（找到合适的符号传达新观念听起来微不足道，就像为一本书选择合适的字体一样，但数学符号的选择可以拯救一个想法或搞砸它。孩童都懂得如何算出17乘以19，但罗马最伟大的学者得努力计算XVII乘以XIX。）①

269 今日学生们学习的是莱布尼茨发明的符号和语言。牛顿的发现的核心与其是一致的，在他的巧手打造下，几乎可以用来处理所有问题。但牛顿的微积分在今日已成为博物馆的收藏，而莱布尼茨千锤百炼的版本仍广为使用。牛顿坚持认为，因为他比别人更早发现微积分，因此没有什么好争辩的。莱布尼茨则反驳说，他是以别人能够理解的方式形塑他的想法，所以将他的发现公之于世是打开通往新学术王国的一扇门。

他的确做到了，整个18世纪一直到进入19世纪，莱布尼茨启发的欧洲数学家将他们的英国同侪远远甩在后头。但在两人的一生中，牛顿似乎赢得了胜利。要挺身对抗声势如日中天的牛顿几乎是无望的事。诗人亚历山大·蒲柏后来用几句话总结了人们对牛顿的敬畏——“自然和自然的法则隐身在夜

---

① 作者注：正确的符号有时甚至可以提示我们位于深处的、令人惊讶的见解。简单地用十进制法，一列加上一列，像是 $1 + 0.1 + 0.01 + 0.001 + \cdots = 1.11111\cdots$，而非无限大。

里，/上帝说‘让牛顿诞生!’则一切有了光明”——已经成为众所周知的名言。

两人之间的争斗闷烧多年后终于浮上台面。经过十年左右的互相毁谤，1711 年，莱布尼茨犯下关键性的策略失误。他在寄给英国皇家学会——他和牛顿都是学会成员——的一封信中抱怨他所遭受到的侮辱，并要求学会一劳永逸地厘清微积分的争议。“我相信学会的公平处置。”[4] 他写道。

他应该选择一个更大的目标。英国皇家学会主席——正是牛顿本人——任命了一个由“来自各国的有能力的多位绅士组成”[5] 的调查委员会。但事实上，该委员会仅是牛顿自己的橡皮图章，执行他单方面的调查，然后以委员会的名义发布。 270 报告完全偏向牛顿。有了英国皇家学会的认可，这份又长又臭的报告散布到欧洲知识界所有知名人士手中。“我们要问的不是这个或那个方法，而是找出第一个发明者。”牛顿代表委员会发言道。

这份报告还不只如此，它还指控在多年前，莱布尼茨曾私下窥见牛顿的数学论文。在那篇论文中，微积分被“充分描述”使得“任何聪明的人”都能掌握它的奥秘。换句话说，莱布尼茨不仅落后牛顿多年时间才发现微积分，他还是一名偷偷摸摸的剽窃者。

接着，在英国皇家学会的科学期刊《哲学学报》中，有篇很长的文章评论了委员会的报告，并重申了对莱布尼茨的指控。这篇文章虽然匿名，但牛顿就是作者。通篇文章详列“莱布尼茨先生”如何利用“牛顿先生”。莱布尼茨当然有他自己的说辞，但这位匿名作者只字不提。“莱布尼茨先生不能为自己做证。”[6]

最后，这份委员会报告在重新付梓时附上了牛顿的匿名评论。书中还多了一篇匿名序言——也是牛顿所写——“给读者”。[7]

牛顿临终前与朋友叙旧时提到了这段长期的争斗。他满意地提到自己“让莱布尼茨心碎”。[8]

45. 苹果和月球

271

牛顿的引力理论是17世纪最伟大的科学胜利。在某种意义上，这项理论可说是牛顿和莱布尼茨争相主张的数学技巧的强力展示。他们两人都发现了微积分，但只有牛顿显现了微积分的用处。

一直到1687年，认识牛顿的人都只知道他是遗世独立的杰出数学家。没有遁世者能用比他更大胆的方式打破沉默。

他在出版《数学原理》一书后开始成名。牛顿在剑桥大学教书二十年，依照规定需要教授一或两门课。无论是对牛顿还是其他任何人而言，这都不算是很大的负担。“听他讲课的人很少，理解他的人更少，”一位同时代的人指出，“因为没有听众，他常常对着墙壁讲课。”[1]

要等到牛顿提出苹果落地的故事，他才真正开始出名。牛顿晚年偶尔回顾他的职业生涯时，热切的听众们记下了每一个字。崇拜者中包括牛顿外甥女的丈夫，一位名叫约翰·康杜特（John Conduitt）的年轻男子，他亲闻牛顿提到苹果落地的故事。“他在1666年再次离开剑桥……回到位于林肯郡的母亲家中，”康杜特写道，“当他在花园沉思时，他认为引力的力量（这力量使苹果从树上落地）并不限于与地表的特定距离，这种力量延伸得必定要比通常认定的更远。他想说，为什么不可能远至月球，那么引力必定影响月球的运行，也许还让它停留在轨道上，接着他开始计算……”[2]

272

这则人尽皆知的牛顿轶事①可能是杜撰的。[3] 尽管牛顿注重隐私，他还是敏锐地意识到自己将成为传奇，而他所做的不过是在各处平添几分光泽。[4] 历史学家仔细审阅他的私人文件后相信他花费了好几年的时间才慢慢地理解引力，而非只靠灵光一现。[5] 有些人怀疑他提到苹果的故事不过是为了点缀传奇而已。

无论如何，牛顿不需要苹果提醒他物体会落下。每个人都知道这个道理。关键在于这个现象背后隐藏的问题。如果苹果落地是受到某种力量吸引，这力量是否也会从树枝延伸到树顶？甚至超越树顶到某处？到山顶？到云端？到月球？很少有人会触及这些问题。问题还不止于此。尚未落下的苹果呢？树273上的苹果因为连着树枝不致落下，所以这现象并不奇怪。但是月球呢？什么力量支持月球悬挂在半空中？

在牛顿之前，这类问题的答案包含两个部分。月球在天际停留，因为天空是月球自然的居所，因为月球是由空灵的物质组成，这点与地球上沉重的物体完全不同。但现在这类答案不再被人们接受了。如果月球像是望远镜中看到的，似乎只是一块大石头，为什么它不像其他石头一般向下坠落呢？

牛顿认为，答案是月球确实会向下坠落。他的突破是看出这种情况是如何可能发生的。怎能有物体不断落下却永远不会触地呢？牛顿的解答是，以月球的情况而言，它就像是天然卫星。月球的运行之道就像我们在本书中稍早提及的人造卫星。

我们往往忘记牛顿这番解释的大胆之处，而牛顿平淡的语气则让我们持续这个错误印象。“我开始思考延伸到月球这个

---

① 作者注：在众人所“听闻”的故事中，苹果不仅落下，还打中了牛顿的头。

天体的引力”,[6] 他回忆道，好像没有什么比这更自然的事了。换句话说，牛顿开始认真思考让苹果落地的力量是否也将月球拉向地球。但是，这样平淡的叙述低估了牛顿在智识上两点大胆的创见。首先，怎么会有人想到静挂在天空中、远超出任何人或事可以触及的月球正在落下呢？其次，即使我们跨出一大步认定它在落下，这和苹果落地怎么会有任何关联呢？怎么会有人假设同一定律掌管天与地这么不同的两个领域呢？

但出于美学和哲学的原因以及科学的原因，牛顿确实提出了这样的假设。牛顿一生深信上帝用可以想到的最单纯、最巧妙、最有效的方式操控着宇宙。无论研究的对象是《圣经》还是自然世界，他都从这个原则出发。（我们已经注意到他坚持“上帝完美的成就让一切以最简单的方式完成”。）宇宙没有多余的部分或力量，理由完全如同时钟没有多余的齿轮或弹簧。正因如此，当牛顿转而思考引力时，他不可避免地会好奇单一的力量可以解释的领域有多广。 274

牛顿的首要任务是找到一种方法，能将他直觉认定的全面而简单的自然法则转换成具体可试验的预测。引力确实在地球上起着作用，但如果它的影响范围真的一路达到月球，我们要如何得知呢？引力如何彰显自身呢？首先，事情似乎很清楚，如果月球确实受到引力影响，经过这么长的距离，力量必定削减。但削减的程度为何？牛顿用两种方式解答这个问题。幸运的是，两者给出了相同的答案。

首先，他可以尝试直觉和类推。比方说，如果将距离我们10 码的明亮光源移到两倍远，也就是 20 码的地方，光源的亮度将有何变化？答案众所周知。我们与光源的距离增为两倍，并不代表光线亮度刚好减半，你可能已经猜到，光线亮度将只有原本的1/4。如果将距离增为10倍，则光线亮度将只有原本的1/100。（答案与光线传递的方式有关。声音的传递方式也是如此。20码之遥的钢琴音量听起来只有距离10码处钢琴的1/4。）

所以牛顿可能被引导推测，引力就像是光线亮度一样，随距离增加而减弱。今日的物理学家提到“平方反比定律”，指的是某些力量并不随着距离成比例衰退，而是与距离的平方成反比。（稍后人们将证实电力和磁力也遵循平方反比定律。）

275

第二种观看引力的方式也给出了相同的答案。通过结合开普勒有关行星轨道的尺寸和速度的第三定律，以及他自己对物体呈圆形运行的观察所得，牛顿计算出引力的强度。[7] 他同样发现引力遵循平方反比定律。

现在来进行测试。如果引力确实影响月球，它的强度怎么样呢？牛顿开始进行计算。他知道月球沿着圆形轨道绕行地球，换句话说，月球并非直线前进。（若是要严格精确地说，月球的轨道非常接近但不是真正的圆形，而是椭圆形，但这当中的区别在这里并不造成影响。）他也知道之后一代又一代的学生们所学习的“牛顿第一定律”——用现代的术语来说，就是运动中的物体会以稳定的速度直线前进，除非有某种力量改变它的运动状态（而静止的物体也会保持静止，除非有外力作用其上）。

所以，有某种力量作用在月球上，改变它的直线运动状态。它偏离原本运动状态的程度为何？这点很容易计算。首先，牛顿知道月球轨道的尺寸，他也知道月球绕行圆形轨道一周需时一个月。综合这两点事实，他得出月球运行的速度。接下来上场的是思维实验。如果引力神奇地关闭 1 秒钟，月球会有何变化呢？根据牛顿第一定律得出的答案是——它会沿着切线直线射向太空。（如果你在石头上绑一根绳子，拿来在头顶挥舞，石头将沿着圆形摆动直到绳子松脱，然后直线飞出。）

但月球停留在圆形轨道上，牛顿知道这意味着什么。这意味着有种力量拉住月球。现在，他需要一些数据找出月球受影响的程度，他只需计算月球实际的位置与它原本该沿着直线运行的位置中间的距离差异。这就是牛顿所要找的月球“落下”的距离——月球从假设中的直线“落下”到它实际的位置。 276

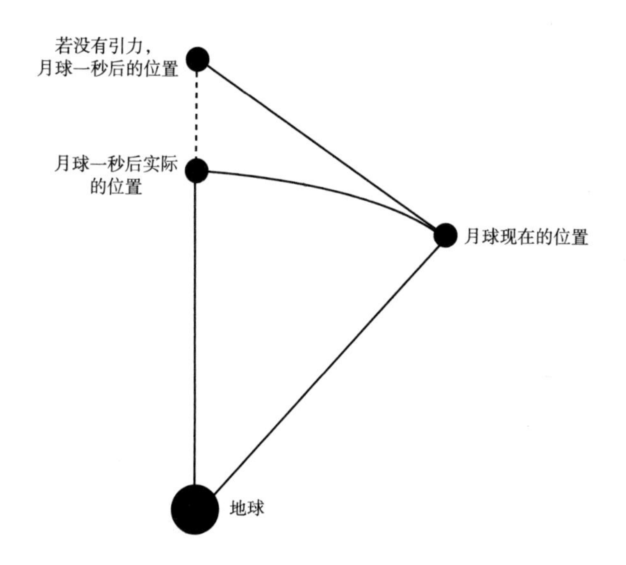

牛顿计算月球在 1 秒钟内落下的距离，在上图中以虚线表示。

牛顿比较地球引力作用在月球和苹果上的历程即将来到尾声。他知道月球 1 秒钟落下的距离。他刚刚计算出结果。答案是约 1/20 英寸。他也知道苹果 1 秒钟落下的距离。伽利略的斜坡实验已经找出答案：16 英尺。

剩下的是看看这两者落下距离的比例，也就是 1/20 英寸与 16 英尺的比率。解开谜团的最后一步是求得地球到月球的距离。为什么这一点很重要呢？因为从地球到月球的距离大约是从地心到地表距离的 60 倍。这也就是说，月球到地心的距离是苹果到地心的距离的 60 倍。如果地心引力真的遵循平方反比定律，那么作用在月球上的力量强度只有在苹果上的 1/3600（60×60）。

277

接下来只剩下最后一道关键的计算。月球 1 秒钟落下 1/20 英寸，苹果 1 秒钟落下 16 英尺。1/20 英寸与 16 英尺间的比率是否如同牛顿曾预示的与 1∶3600 的比率相同呢？月球与苹果落下的情况相比结果如何？

正如同或者十分接近牛顿希望的结果，这两个比率几乎相符。“比较月球保持在轨道上所需的力量与引力，”牛顿自豪地写道，“发现它们相当接近。”[8] 在今日，使用远比牛顿所能取得的更佳的数据进行同样的计算，甚至会得出更接近的结果。但这并不必要，当中包含的主要信息已经很清楚了。引力的影响从地球直到月球，影响苹果和月球的是同一种力量。我们所处的地球与天际运行着相同的法则。上帝的确是以“最简单”的方式设计了他的宇宙。

46. 造访剑桥

[278]

牛顿针对月球进行的计算着眼于他对简单法则的信仰，但他要证明这一点还有很长的路要走。月球并不代表全宇宙。就拿开普勒定律来说，这位伟大的天文学家毕生致力于证明行星绕行太阳的轨道是椭圆形。椭圆形也是上帝建造的宇宙的一部分吗？

也许是因为牛顿陷入厘清引力的困境中，又或者其他领域的问题更吸引他，牛顿搁置了引力的议题。他在 20 多岁的时候就计算出引力对苹果和月球的作用。接下来的 20 年中，他绝大部分的注意力转向光学、炼金术和神学。

1684 年 1 月的一个下午，克里斯托弗·雷恩、罗伯特·胡克和埃德蒙·哈雷离开英国皇家学会的会议室，漫步到咖啡馆继续他们持续一整天的谈话。咖啡传到英国不过是上一代的事，但咖啡馆到处可见。① 喧闹的气氛中胡克似乎特别有精神。[279] 人声鼎沸加上咖啡、巧克力与烟草的气味，人们在拥挤的房间内一坐数小时争辩着商业、政治，以及晚近加入的科学议题。[1]（就像是今天的网络，传闻和“假新闻”迅速传播，连国王都企图关闭咖啡馆，但尝试未果。）

热腾腾的咖啡在手，3 名男子继续他们有关天文学的谈话。这 3 个人都已经猜到，或者是被牛顿采用开普勒第三定律

---

① 作者注：咖啡虽然先传入，但另一种充满异国情调的进口货，茶，也在大约相同的时间来到。1660 年 9 月 25 日，皮普斯在日记中写道：“我确实点了一杯之前从来没有喝过的茶（一种中国饮料）。”

做出的推论所说服，亦即引力遵循距离平方反比定律。现在他们想要知道一个相关问题的答案——如果行星确实遵循距离平方反比定律，这将如何影响它们的轨道？这个问题实际上就是追问开普勒定律从何而来？而这是当时所有科学家们遭遇到的主要谜团之一。

娴熟的数学家哈雷向他的同伴坦承，他试图找出答案但未果。雷恩更是一名杰出的数学家，也承认自己多年尝试遭遇的失败。[2] 每当有新的观点出现，胡克总是坚持这些他老早就想到了，因而有时会被嘲笑“什么都说是他先发明的”，这回他也说这问题他已经解决了。他蜻蜓点水地说，他想暂时保留答案。哈雷后来回忆说：“胡克先生说他找到答案，但他要将之保留一段时间，如此一来，其他尝试未果的人才知道它的价值所在，届时他才会将答案公开。”[3]

雷恩半信半疑地提供了 40 先令的奖赏——大约相当于今日的 400 美元——给可以在两个月内找到答案的人。遗憾的是，没有人办到。1684 年 8 月，哈雷向牛顿提出这问题。哈雷是英国皇家学会内少数杰出又迷人的伟大人物，除了牛顿在数学领域的声誉，哈雷对牛顿几乎一无所知。但哈雷跟谁都处得来，他是名完美的外交官。虽然只有 28 岁，他已经在数学和天文学领域做出了不俗成绩。另一点同样重要的是，他对所有事情都感兴趣。接下来几年，他会在彼得大帝造访伦敦时与之相偕踏遍伦敦的小酒馆[4]；他会发明潜水钟（目的是希望能打捞沉船宝藏），并潜入深水中亲自测试[5]；他会攀上山峰比较山顶和平地的气压；在木造船只的年代，他会调查世界上包括热带与“冰冷的岛屿”在内的广阔海洋。

现在，他的任务是拉拢牛顿。“在他们相处一段时间之

280

后”，牛顿后来把这件事告诉一位同事道，哈雷解释了自己造访的原因：他需要牛顿的帮助。这位年轻的天文学家倾诉了难倒他、雷恩和胡克的问题。如果太阳吸引行星的力量遵循距离平方反比定律，那么行星的轨道该是什么形状呢？

“艾萨克爵士马上回答说形状会是椭圆形。”哈雷感到很讶异。“在喜悦和惊奇的冲击下，哈雷询问他如何得知，他说因为我计算出来了。”[6]

哈雷要求参阅计算过程，牛顿翻遍论文才发现已经“遗失”。哈雷设法让牛顿承诺会再次演算并让他知道结果。

281

47. 牛顿胜出

该篇论文并非真的遗失。生性极为谨慎的牛顿想要在向任何人公开自己的研究成果之前对其进行重新审视。牛顿在哈雷造访后检验了演算过程，确实发现了一处错误。他纠正错误并扩充了笔记，三个月后，寄给哈雷一份长达9页、正式的拉丁文论文，题名为《论星体的轨道运行》(On the Motion of Bodies in an Orbit)。这篇论文的成就远远超过解答哈雷的问题。

例如，开普勒发现行星运行的轨道是椭圆形，这点从来没有道理。这是一个“定律”，因为它符合事实，但它似乎是令人沮丧的随意结果。为什么是椭圆形而非圆形或其他任何形状呢？没有人知道。开普勒长年在天文数据中挣扎。最后，出于完全神秘不可知的原因，椭圆形被证明是符合观测所得的曲线。现在牛顿提出解释说明了何以是椭圆形。他利用以微积分为基础的参数表示，如果行星运行的轨道是椭圆形，那么吸引它的力量必定遵循平方反比定律，反之亦然。如果行星遵循平方反比 282 定律绕行一个固定的点，那么它的轨道一定是椭圆形。[①] 这是一项严格的数学事实。椭圆形和平方反比定律紧密相连，但只

---

① 作者注：“如果行星运行的轨道是椭圆形，则它遵循平方反比定律”，这项陈述不同于“如果行星遵循平方反比定律，则它的轨道是椭圆形”。情况可能是其中一项陈述为真，另一项则否。如果有人拥有一条狗，那么他拥有宠物这点为真；如果有人拥有一只宠物，那么他拥有一条狗这一点并不为真。在这种情况下，牛顿清楚地知道（虽然对其他人而言是一阵眼花缭乱、晦涩难懂），如果其中一项陈述为真，则另一项必定也为真。Bruce Pourciau, “Reading the Master: Newton and the Birth of Celestial Mechanics,” and Curtis Wilson, “Newton's Orbit Problem.”

有牛顿这样的天才才能看得出这层关系，就好像只有毕达哥拉斯点出直角三角形与某些正方形之间隐藏的关联一样。

牛顿也解开了开普勒第二定律背后的奥秘。这项定律同样将无数的天文观测结果总结成一条简洁而神秘的规则——行星在相同的时间内扫过相同的面积。牛顿在一篇短文中推导出第二定律，就像他推导出第一定律一样，他使用的工具不是望远镜和六分仪，而是笔墨。他所做的只是假设某种力量将行星拉向太阳。牛顿就从这样简洁的陈述着手（没有提到任何有关行星轨道的形状，或是太阳的引力是否遵循平方反比定律），证明开普勒定律是正确的。宇宙的奥秘现在有了秩序。

牛顿的发现让哈雷大为震惊，他匆匆赶回剑桥再次与牛顿讨论。世界需要听闻他的发现。值得注意的是，牛顿同意了。但是，他需要先润饰他的原稿。

思想史上最极致的研究之一就这样展开。牛顿早年在剑桥大体上已经放弃数学。现在，他对数学的狂热再次蹿升。牛顿投注所有心力在引力的问题上达 17 个月之久。他不停地工作，就像二十年前他创造奇迹岁月时那样全神贯注。

283

爱因斯坦的床头有张牛顿的照片，就像青少年保有勒布朗·詹姆斯的海报一样。[1] 虽然爱因斯坦知道得更多，但当他谈到牛顿多么轻易地做出发现时，他说："自然对他而言像是一本打开的书，他阅读起来毫不费力。"[2] 不过，牛顿真正的风格不是轻松容易，而是全力投入。牛顿集中心力在新近让他着迷的任何问题上，然后他拒绝分心，直到他看出问题的核心所在。

"现在我在处理这个主题，"牛顿在研究引力之初告诉一位同事说，"我会很高兴能在我发表论文前知道它的底线。"[3]

描述事实般的平淡语气掩盖了牛顿的冲劲。一名助手回忆说："我从来不知道他有任何娱乐活动或消遣，无论是骑马外出透气、散步、打保龄球或是任何其他运动。他只想到会浪费多少时间不能专注研究。"[4] 牛顿会忘记离开房间吃饭直到有人提醒，然后他"靴子脱到脚踝处、袜子乱七八糟、头发几乎没梳……非常心不在焉地走出房间"。

这种以心神恍惚的教授为故事标准轴线的叙述方式，在17世纪①就已经是老生常谈了，除了牛顿并不是在做不切实际的白日梦，而是集中心力在单一事物上。"有时候，当牛顿在房间外踱步时，突然闪出一个念头。（说他从来不曾散步整理思路并不真的正确。）他会顿时停下脚步，转身冲向楼梯，像是阿基米德等人的'我发现了！'的时刻到来，就这样站在书桌前弯身书写，连拉张椅子坐下的时间都没有。"[5]

284

即使是牛顿也需要耗费巨大的努力才能攻克引力问题，关键在于找出方法将理想化的数学世界应用于混乱的现实世界。牛顿寄给哈雷的《论星体的轨道运行》论文中那些描绘着点和曲线的图，你可能会在任何一本几何书籍中看到。但是，这些点代表的是诸如太阳和地球这般巨大而复杂的对象，并不是抽象的圆形和三角形。解答教科书例题的规则是否适用于现实世界中的对象呢？

牛顿所探索的概念，是所有的物体彼此吸引，吸引力量的

---

① 作者注：早在牛顿之前1600年，普鲁塔克（Plutarch）就写道，阿基米德全神贯注地思考，使得他"经常忘记他的食物并忽略他的人"，必须要在"他人大力胁迫下才去洗澡"。译者注：普鲁塔克（约46～125年），生活于罗马时代的希腊作家，以《希腊罗马名人传》一书闻名，启发后世包括莎士比亚在内的诸多文学创作。

强弱取决于它们的质量和彼此间的距离。简单来说应该就是如此，但这种说法也意味着巨大的困难。苹果与地球之间的距离是多少？对于像地球和月球这样距离极为遥远的两个物体，这似乎不成问题。在那种情况下，你从何处开始测量确实无关紧要。为简单起见，牛顿所说的“距离”指的是两个对象中心之间的距离。但是当我们讨论苹果和地球之间的引力问题时，地球的中心起着什么作用呢？树上的苹果距离地球中心数千英里。地球中心以外的部分呢？如果万事万物彼此吸引，树下的土地所施予的引力是否也要纳入考虑？[6] 你要如何总结这些数以百万计的引力，难道它们结合起来不能克服来自像地球中心那般遥远的某一点的引力？

质量的问题也同样棘手。地球无疑只是一个点，尽管牛顿是以这种方式表示。地球甚至不是一个真正的球体。它的性质也不统一。这里有高山，那里有大海，以及地层深处陌生和未知的结构。而这仅仅是地球的情况。太阳和其他行星的情况又是如何呢？还有它们同时产生的引力呢？牛顿在着手写作《数学原理》一书时写信给哈雷说：“要正确处理这个议题，远比我先前意识到的困难得多。”[7]

但牛顿以惊人的速度做到了。1686 年 4 月，在哈雷首次造访后不到两年的时间，牛顿寄给了哈雷完整的手稿。他将 9 页的论文扩充成为 500 页的《数学原理》一书和 200 余项定理、命题与推论。每项论点都是厚实、简洁而朴素的，没有一个多余的字、任何叮咛警语或鼓励捉襟见肘的读者的话语。现代物理学家钱德拉塞卡仔细地研究当中的每项定理和证明。如此贴近牛顿的阅读，让他的赞叹之情只有增加未曾减少。“所有这些问题在 17 个月的时间内被阐明、解决并依照逻辑顺序处理是超乎人所能理解的。它之所以被接受只因为这就是事实。”[8]

《数学原理》包括导论和三个部分，亦即第一卷、第二卷和

286 第三卷。牛顿的导论从我们所知的牛顿定律三项命题开始。不同于开普勒定律是根据数以千计的具体事实所做的摘要，这些命题是有关自然行为总体的权威声明。例如，牛顿第三定律是著名的“每一项运动，都有相等但方向相反的反作用力”。第一卷主要处理抽象的数学，主题集中在诸如行星轨道和平方反比定律。牛顿讨论的不是坑坑洼洼的月球或富含水分的地球，而是移动的一点 P 受到固定的点 S 吸引，往 AB 方向移动，诸如此类。

在第二卷中牛顿回到物理学并拆解主要包括笛卡儿在内的科学家的论点，笛卡儿曾试图描述某个机制造成了行星和其他天体运行。笛卡儿将太空描绘成弥漫着某种空灵液体，当中的涡流形成“漩涡”带动行星就像溪流中的树枝。类似的情形也发生在地球上。石头落下是因为小型漩涡将之冲向地面。

笛卡儿坚持这类的“机械论”解释是真实的，因为其他可供选择的答案是相信魔术、相信物体可以自行移动，或是在距离遥远的物体隔空指挥下运作。这都是不可能的。科学不信鬼神。物体只有彼此接触才会发生互动。接触的方式可以像是撞球之间的碰撞，或由无数布满宇宙的微小不可见的颗粒充作介质碰触。（笛卡儿坚信不可能有真空这样的事。）

牛顿在第二卷中所写的内容大部分是表明笛卡儿模型的错

287 误之处。涡流最终会不了了之。任何漩涡不但不能承载行星永恒运行，而且迟早会“被吞噬和消失”。[9] 在任何情况下，这类描绘都不符合开普勒定律。

然后就是注定让《数学原理》一书不朽的第三卷。

48. 与胡克先生之间的纷争

288

如果不是哈雷默默相助，《数学原理》第三卷可能永远不会问世。当哈雷好言相劝牛顿写下《数学原理》一书时，前者尚无正式地位可言。虽然他是一名杰出的科学家，但在英国皇家学会内他只是接下牛顿出书任务的一名小干事，这还是因为似乎没有其他人关注到这一点。尽管有着出色的会员，但英国皇家学会时常陷入混乱，没有人能主掌事务，聚会也经常被取消。

所以出版那将会成为科学史上最重要作品的任务完全落在了哈雷肩上。是哈雷联络印刷商并帮助他们厘清令人费解的内文及无数深奥的图表，是哈雷将校样寄给牛顿并取得他的首肯，也是哈雷居中协调更改和修正。最重要的，是哈雷让喜怒无常的作者感到满意。

约翰·洛克曾经观察认为牛顿是“一个容易相处的好人”[1]——在 17 世纪，“好人”指的是“挑剔”——这是真的，但这种说法显然低估了牛顿的脾气。任何与牛顿交手的人都需要拆弹专家般的细腻手法和高度警觉。哈雷从来不敢有丝毫放松警惕，直到他从印刷商手中取得《数学原理》一书，并将印出的初稿交给牛顿。

289

1686 年 5 月 22 日，在牛顿交出第一卷和第二卷的手稿后，哈雷鼓起勇气寄信给牛顿，告诉他一项让人不快的消息。“还有一件事我应该知会你，”他写道，“那就是胡克先生主张引力减弱的法则有部分是他的发明……他说你的想法是由他而来的。”[2] 哈雷试图减轻这种说法对牛顿的打击，强调胡克的要求有限。胡克认为平方反比定律是他想出来的。他承认，他没有看出平方反比定律和椭圆形轨道之间的关联；这是牛顿一人的洞见。即便如此，哈雷写道：“胡克先生似乎期待你应该提到他的贡献。”[3]

结果正好相反，牛顿一页页审阅《数学原理》，一见到胡克的名字便勤快地删去。“他什么也没做!”[4] 牛顿对哈雷咆哮道。牛顿哀叹自己犯下了错误，那就是揭示自己的想法却因此遭受攻击。他早就该知道这类事情会发生。“哲学（即科学）就是这么一位无礼而好争辩的女士，想要跟她在一起就会惹上麻烦，”牛顿写道，“我早就发现这回事，而她现在也警告我不要再次靠近她。”[5]

牛顿越想越生气，认为删除胡克名字的响应方式不够强硬，于是告诉哈雷他决定不出版第三卷。哈雷赶紧安抚牛顿。无论是他本人、皇家学会还是知识界都不能少了牛顿的见解。

290

* * *

牛顿可以优雅地向胡克致意以化解争端，因为胡克确实帮了他的忙。正如我们先前看到的，1684 年，哈雷曾向牛顿提出一个有关平方反比定律的问题，牛顿立刻给了他答案。

牛顿知道答案是因为胡克在四年前写给他的一封信中提出过相同的问题。如果行星遵循平方反比定律，它的轨道该是什么样的形状呢？胡克在给牛顿的信中写道：“我毫不怀疑你能用绝佳的方式轻易地找出这条必然的曲线及其属性，并推论这项属性的物理因素。”

牛顿在解决问题后将它搁置一旁，他从来没有回信给胡克。[6] 这也许是不可避免的状况，因为胡克和牛顿多年来一直在明争暗斗。早在1671年，皇家学会就听到传言，据称有位年轻的剑桥数学家发明了一种新的望远镜。传言是真的。牛顿设计的望远镜仅有6英寸长，却比传统6英尺长的望远镜功能更强大。[7] 皇家学会要求和他见面，牛顿送来的望远镜让学会成员讶异不已。

牛顿的声誉从此建立。这是牛顿第一次与皇家学会接触，学会立刻邀请他加入。他接受了。在这架望远镜得到新的改良之前，胡克一直都是英国光学和镜片的权威，也只有他拒绝加入众人称赞的行列。

即使是脾气好过胡克的人也可能被吸引众人注意力的新人所激怒（胡克比牛顿年长7岁），更别提胡克骄傲带刺的个性与牛顿如出一辙了。1671年，胡克已经在科学界建立声望，牛顿则是默默无闻。胡克倾注心力制造像望远镜这般的仪器，而牛顿新设计的功能却大幅超前。牛顿的兴趣非常广泛。胡克虽然未曾预见，但更多的麻烦还在后头。牛顿写信给皇家学会感谢他们留意他的望远镜，并提到一句撩拨人心的话：他是在“独自努力”[8] 的过程中做出了卓越的发现。

在望远镜成功引起注意之后不到一个月的时间，牛顿接着又送交皇家学会有关白光的开创性论文。光的本质是胡克另一个特别感兴趣的领域。牛顿这名外人再一次闯入他眼皮底下的领土，并留下了自己的标记。牛顿曾经公开表示，他对自己的发现当之无愧地感到骄傲。关于他对白光是由所有颜色组成这一现象的示范，牛顿写道：“如果这称不上是大自然的运作到目前为止最可观的检测结果，至少也是最奇特的。”[9]

这篇论文被后世誉为科学界空前的里程碑之一，但在一开始却遭遇到主要是来自胡克的大力阻拦。胡克声称，他做过所有相同的实验，与牛顿的不同之处在于他提出的是正确的解释。他轻蔑、絮叨而又轻率地这么说。（牛顿就是在此时致信给驼背的胡克，信中有个假意亲切的段落提到牛顿是如何“站在巨人的肩膀上”。）一直要到30年之后——也就是1704年，胡克去世后1年——世人才得以更多地了解牛顿的光学实验。

回到1686年，现在哈雷手中握有《数学原理》一书的前两卷，胡克又突然跳出来搅局。胡克再度放胆批评，这一次针对的是牛顿至高无上的研究成果，不容宽待。在牛顿眼中，胡克对于引力理论毫无贡献，只是盲目猜测却不知如何着手。任何人都能推测出平方反比定律可能值得深究，但挑战在于遵循该定律运作的宇宙会是什么样子。

292

胡克甚至不知道从何开始着手，但他轻描淡写地驳斥牛顿的披露，就好像这不过是胡克一直以来努力研究的部分细节。“现在这情况是不是很棒？”牛顿厉声斥责道，“有所发现、动手解决并处理一切的数学家只能用乏味的计算工作满足自己，另一个人只会假装却什么也不做，就将所有东西一把抓，并取走所有的发明……”[10]

胡克是一个真正的天才，如果将牛顿比作莫扎特，胡克的能力远远超过莫扎特的竞争对手萨列里（Salieri），但他还比不上牛顿。胡克的不幸是他与注定将赢得每一场比赛的人共享众多的研究兴趣。这一点困住了两人。牛顿无法忍受批评，胡克也不甘落后。两人从来未能和平共处。当他们发现彼此罕见地被安排在一起时，胡克会大步走出房间。[11]牛顿也抱持相同的敌意。甚至在胡克去世二十年后，牛顿听到他的名字还会发脾气。[12]

在胡克于英国皇家学会之中仍然维持举足轻重地位的那些年，牛顿与学会保持了距离。等到胡克终于在 1703 年过世，牛顿立刻接受了学会主席一职。大约在同一时间，学会搬迁到新址。搬家过程中已知的唯一一幅胡克肖像消失了。[13]

293

49. 世界体系

哈雷在胡克事件白热化时写信给牛顿说：“我现在必须再度请求你，不要让你的不满情绪高涨，剥夺我们阅读第三卷的机会。”[1] 如果牛顿先前就坦白告知哈雷他保留在第三卷中公布的丰富内容，哈雷的恳求会更加热切。在哈雷的请求下，牛顿交出了第三卷。虽然牛顿很少会在发过脾气后不了了之，但也许他本来就打算公布第三卷。

第三卷的关键是一项惊人的定理。在牛顿解开的奥秘中，这是最深刻的一项——他如何能证明他的假设：无论多么微小或巨大、无论形状多么奇怪、无论组成成分多么复杂的任何对象，在数学上都可以被视为单一的一个点来对待？牛顿别无选择，只能以这种方式简化，不然的话他无法着手，但这似乎是不太可能的虚构。

然后，在第三卷中，牛顿根据微积分发表了一项非常微妙的证明，使得复杂的对象可以合法地被视为单一的点。在现实 294 世界中，地球的直径为 8000 英里，重达数千亿吨；在数学上，它可以被当作一个拥有同样难以想象质量的点来看待。在简化的假设基础上进行计算——比方说，月球的轨道是什么形状的？——结果与实际状况会紧密相关。

一切都取决于平方反比定律。牛顿表示，如果宇宙是由不同的定律支配，那么他将物体视为一点的论点将不会成立，行星也不会稳定地沿着轨道运行。[2] 对于牛顿而言，这是上帝运用数学设计宇宙的另一个证据。

《数学原理》一书似乎大力放送这个信息。牛顿证明现实生活中的对象可以被视为理想化的抽象一点的意义到底在哪里呢？这意味着所有牛顿曾在第一卷中提及的数学论证，都被证明能用以描述世界实际运作的状况。就像是世界上最奇妙的立体书，第一卷中的几何内容就如第三卷描绘的真实世界般跃然纸上。牛顿大张旗鼓地介绍他的主要发现。“我现在揭露的是世界体系的架构，”他写道，这也就是说，“现在我将展示宇宙的结构。”

他的确做到了。牛顿从自己的三大定律和少数命题开始，推导出开普勒的三项定律，处理行星绕行太阳的问题；他推导出伽利略的自由落体定律，处理地球上物体的运动方式；他解释月球的运行、彗星的路径以及潮汐现象；他推导出地球确切的形状。

《数学原理》一书的核心是惊人的概化。从滑下斜坡的物体到空中落下的物体，伽利略已经有过一次跃进。牛顿则是从地球对苹果的引力一跃到宇宙中所有物体彼此吸引。牛顿写道：“引力涉及所有物体，与其所含物质的量成正比。”所有物体都受到引力影响，引力无处不在。

295

这就是“万有引力”理论，延伸到浩瀚无垠的宇宙的单一力量与定律。此刻，万事万物横跨空荡荡的太空数十亿英里彼此吸引，整个宇宙被巨大的抽象网络结合在一起。太阳拉着地球，蚂蚁拉着月球，距离地球数千光年之遥的星球与我们彼此拉扯。“拾起地球上的一朵花，”物理学家保罗·狄拉克说，“你拉动了最遥远的星星。”[3]

世界随着牛顿的魔杖到位。万有引力定律——只消一项单一的定律——就解释了镇纸落向书桌的路径、炮弹划过战场的弧线、行星环绕太阳的轨道或是彗星绵延远远超越太阳系范围的旅程。一个苹果落下几英尺的距离后抵达地面，中间短短不过几秒钟的时间也遵循万有引力定律。行经数百万英里，每75年才靠近地球一次的彗星也是如此。

牛顿所做的不仅是解释天际和地球的运作。他用最为人所熟悉、可说是最朴实的力量解释一切。所有的婴儿在尚未学会说话之前就已经知道，丢出的手摇铃会落向地面。牛顿证明，如果你具有足够的洞察力，你可以从这项观察中推导出宇宙运行的方式。

296 《数学原理》在1687年7月5日以精美的皮革外装首度亮相。[4]科学界搜寻足堪匹配牛顿成就的最高级形容词。在与《数学原理》一书同时出版的赞美诗中，哈雷写道："没有凡人比他更接近上帝。"[5]一个世纪后人们对牛顿的崇敬丝毫未曾止息。法国天文学家拉格朗日（Lagrange）宣称牛顿不仅是最伟大的科学家，也是最幸运的科学家，因为宇宙只有一个，而牛顿发现了它。[6]

哈雷一路盯着《数学原理》直到出版。英国皇家学会曾有过一次插手出版的经验。1685年它曾出版一本大部头的《鱼类的历史》，并赔了钱。现在学会指示哈雷自费出版《数学原理》，因为一开始是他承诺要出版此书的。虽然哈雷远称不上有钱人，但他同意了。此书广受好评，但学会的财政状况却进一步陷入混乱。学会开始用未售出的《鱼类的历史》支付哈雷的薪水。[7]

50. 只有三个人

297

从一开始，《数学原理》就被认定是本困难的书。某天牛顿在街上与几个学生擦肩而过，他听到其中一人嘟囔道："那人写的书无论是他本人还是其他任何人都无法理解。"[1] 这几乎可说是实话。《数学原理》最早出版时，即便是最有能力的科学家和数学家也百思不得其解。（首次印刷的数量非常少，约三四百本。[2]）C. C. 吉利思俾写道："我怀疑是否有其他具有同样影响力的作品能仅有如此小众的读者。"[3]

历史学家 A. 鲁伯特·霍尔为吉利思俾的评论提供了具体数字。根据霍尔计算，刚拜读《数学原理》就能充分掌握牛顿所提供信息的科学家人数大约只有半打。[4] 他们大感惊讶发出的赞誉，加上重新塑造牛顿论点的努力，迅速吸引了新的崇拜者。随着时间过去，通俗书籍也帮助散布牛顿的信息。当中最成功的包括伏尔泰所写的《牛顿的哲学原理》，该书的角色就像是后来罗素所写的《相对论ABC》。一名意大利作家针对女性读者写了《牛顿主义》，另一名英国作家则用"汤姆望远镜"的笔名写出广受欢迎的儿童书。

但是无法悟透的奥秘只会增加物理学理论的魅力。1919年，《纽约时报》刊登了爱因斯坦和相对论的报道，副标题就是"一本只有12位智者能懂的书"[5]。另外还有一个小标题是"全世界没有其他人能理解"。几年后，有记者访问天文学家

298

亚瑟·爱丁顿（Arthur Eddington）①，世界上是否真的只有三个人理解广义相对论。爱丁顿想了一会儿后回答说：“我正试图去想谁是那第三个人。”[6]

《数学原理》如此难以掌握的原因，除了其数学论证上的难度，还有另外两个特点。首先，牛顿既是中世纪的天才，也是现代的科学家。牛顿利用他在二十年前发明的微积分概念贯穿厚重的书页——无限小、极限、越来越趋近曲线的直线。但他很少明确提及微积分或解释他论证背后的策略，[7] 他并不直接使用微积分这套省力的机器。

相反地，他使用老式工具进行现代的论证。古典几何看上去变成了某种半人半马的奇特数学野兽，就算是欧几里得也搞不懂。“古老的数学被迫为看似不相称的主题服务，”一位现代物理学家写道，“牛顿的几何学好似在压力下尖叫和呻吟，但它却完美地发挥功用。”[8]

历史上几乎找不到其他例子像是牛顿使用或不使用微积分这般奇怪。我们必须牵强附会设想一个情境来理解这当中的含意。比方说，想象一位从小使用罗马数字的天才发明了阿拉伯数字；再想象一下，他大量倚重阿拉伯数字的特殊性质——比如容易计算——构思出令人难以置信的复杂理论；最后，想象当他向世人公开这一理论时完全不使用阿拉伯数字，只用让人难以理解的罗马数字并且从未对之进行解释。

299

在《数学原理》出版几十年后，牛顿对此现象提出了解

---

① 译者注：亚瑟·爱丁顿（1882～1944年），英国天文学家、物理学家与数学家，是第一位用英文介绍相对论的科学家。所著《相对论的数学理论》获爱因斯坦认可为“所有语言中表达这个主题最好的版本”。爱丁顿针对日全食的观测证实了爱因斯坦的理论。

释。他提到，他在自己的研究过程中运用了微积分。然后，出于对传统的尊重，以及有利于他人跟进他的推理，他用古典的几何语言转译他的研究结果。“在新的分析方式（即微积分）的帮助下，牛顿先生解决了他《数学原理》一书中绝大多数的命题”，他用第三人称的方式提到自己这样写道，但后来他改写了他的数学论证，以便“人们可以根据良好的几何学找到天际的系统”。[9]

牛顿的解释有道理，几个世纪以来，学者们也信以为真。他知道他正提出一项革命性的理论。声称自己利用自行发明的一套奇怪新技术获得惊人的结论会引来麻烦和疑虑。革命要一步一步慢慢来。

但现在的结果却证实牛顿并未先采用微积分这项快捷方式，然后再重新改写他的研究成果。最杰出的牛顿专家 I. 伯纳德·科恩声称：“没有一个字、命题草稿或是任何的内容——甚至一张废纸——显示他个人私下构思的方式与我们所知道的公布的《数学原理》有所不同。”[10]牛顿这套说辞显然是针对莱布尼茨的，科恩写道：“他希望表现出他早在莱布尼茨之前就已理解和使用微积分。”

这点令人好奇，因为牛顿理解微积分远在莱布尼茨之前，他利用这项十分强大的技术完全合理。但他并没有这么做。究其原因，显然是因为作为几何学高手的他，少了一股冲动要使 300 用他本人打造的强大的新军火库。19 世纪的科学家威廉·惠威尔（William Whewell，又译作胡威立）写道：“当我们读《数学原理》时，我们感觉仿佛置身于布满巨大武器的古老军火库；我们看着这些几乎抬不动的武器，好奇有谁能把它们作为武器使用。”[11]

301

51. 恰到好处的疯狂

《数学原理》如此令人费解的第二个理由比较容易说明——牛顿提出的理论毫无意义。这并不是否认万有引力理论“行得通”。这项理论起着惊人的良好作用。当美国太空总署派人登陆月球时，过程中涉及的每项计算都准确应验了数百年前牛顿原本的预测。牛顿的模型也能应用到宇宙最遥远的角落甚至更大范围的结构。牛顿沉思太阳系与当中唯一的太阳所构想出的理论，证实能被应用到由数不清的太阳所构成的银河系，而在牛顿生存的年代，人们尚不知道银河系的存在。

但即便如此，早期科学家们仍旧发现自己迷惑不解。问题在于牛顿的理论虽能用以预测，却未提供解释。为什么石头会落下？“由于引力的作用”，这是牛顿之后的标准答案，但这个答案只是让我们的无知有个名字。很久以前，莫里哀嘲笑医生解释鸦片使人昏昏欲睡，是因为它具有“安眠的效果”[1]。当牛顿出版《数学原理》时，许多科学家称赞他的数学功力，302 但谴责“引力”提供同样的空洞解释。他们要求知道太阳吸引行星的说法代表什么意思。太阳如何吸引行星？是什么造成这种引力？

另一个困难切得更深。今日我们已经习惯于认定现代科学思维既荒谬又深不可测，谈论黑洞、时间旅行和到处都看不到的粒子。“我们都同意你的理论很疯狂，”[2]20 世纪最重要的物理学家之一尼尔斯·玻尔曾经这么对一位同事说道，“我们的分歧在于这份疯狂是否恰到好处，刚好是正确的。”相反地，我们认为古典科学重视秩序和结构。但牛顿的宇宙观点就像是现代科学所构想的理论，冲击着当时的人的常识；因此之故，与牛顿同时代的人也觉得他的理论很疯狂。

现代科学最大的奥秘之一是意识来自何处。三磅重的灰色肉块①如何能即兴创作一首诗或做梦？在牛顿的时代，引力的议题就和意识一样扑朔迷离。② 万事万物如何可能彼此吸引？牛顿的系统似乎精致得令人难以置信——阿尔卑斯山与大西洋相互吸引，同时又吸引着伦敦塔与牛顿的笔以及万里长城。这些吸引的力量如何能延伸到太空最遥远的角落，而且是在瞬间发生的呢？引力如何阻挠彗星向最远处的行星飞驰而去并将它拉向我们呢？

303

这幅画面中的每个环节都令人大惑不解。引力如何穿越横亘数百万英里、空无一物的太空？这股力量如何能不借助物质进行传输？莱布尼茨是称赞牛顿优秀的数学成就，但对他的物理观点嗤之以鼻的杰出思想家之一。莱布尼茨讥笑牛顿说：“他声称无论彼此的距离为何，物体相互吸引；无须任何媒介或手段，地球上的一粒沙子也能吸引着遥远的太阳。”[3]

牛顿“远距离作用”的观点特别惹恼了莱布尼茨和其他许多人。牛顿同意，至少在当时他无法解开这个谜团，于是他搁置不理。一个现代的历史学家总结牛顿的观点写道：“上帝让这股力量远距离作用这一点虽然神秘——但否定它就是否定

---

① 译者注：此指大脑。

② 随着时间流逝，这个困惑逐渐消失了。达尔文不耐烦地写道，他的批评者一直让他解释智慧和意识来自哪里，但是从来没有人对引力提出如此的要求。“为什么作为大脑分泌物的想法要比物质之间具有引力更让人好奇呢？”他如此问道。J. J. MacIntosh, “Locke and Bolye on Miracles and God's Existence,” p. 196.

上帝的全能。”[4]

怀疑者不那么容易感到满意。他们坚持认为，如果缺乏某种机制解释物体如何彼此吸引，这个新的万有引力理论就不是向前迈进一步，而是退回到中世纪的“神秘力量”学说。妥当的科学解释涉及的是有形物体彼此间的物理交互作用，而非神秘力量抛出无形而不可测的套索跨越无穷的太空。莱布尼茨说，诉诸上帝仍不足够，上帝“不使用任何可理解的方式”带来引力的说法没有道理，“不要说是上帝本人，即使是天使这么做也应该试图解释原因”[5]。

引力跨越遥远的距离运作并非唯一让人感到不解的地方。举例来说，引力与光的性质不同，它不能被阻挡或以任何方式影响。举手遮住双眼，你就看不见从房间另一头传来的灯光。304 但想想日食的例子。月亮经过地球和太阳之间遮住阳光，但它肯定无法阻挡地球和太阳之间的引力——地球并未因此偏离轨道。引力似乎穿过月球，就好像它并不存在。

你越仔细检验牛顿的理论，它似乎越显得荒谬。举个例子来说，地球沿着轨道运行。它以大约每小时 65000 英里的惊人速度绕行太阳。根据牛顿的理论，太阳的引力使地球不致偏离轨道飞入太空。现在想象有个巨人站在太阳之上，抓起地球同样以每小时 65000 英里的速度在头顶摆动。即便巨人是用与地球本身一样粗大的钢索拉着地球，这条钢索也会立即断裂，地球将被抛向虚无。然而，即便完全不见类似的锁链，引力仍旧牢牢抓着地球。

如此看来，引力的强大似乎难以置信。但是与自然界的其他力量相比，比方说电力和磁力，引力又微弱到令人讶异的地步。如果你拿着一块冰箱磁铁靠近冰箱，磁铁会略略跃起黏住冰箱门。也就是说，光是冰箱门产生的磁吸力就大过整个地球的引力。

引力如何可能瞬间穿越整个宇宙运作，这一点同样很难理解。牛顿认为引力的运作无须费时，即便跨越遥远距离也无须花费哪怕不到1秒钟的时间。一位当今的物理学家提到，如果太阳突然发生爆炸，根据牛顿的理论，地球将在瞬间改变它的轨道。[6]（按照爱因斯坦的说法，一切在劫难逃，除了我们会有最后8分钟的宽限期，漫不经心地不知厄运即将临头。）

这没有道理。开普勒和伽利略是17世纪首批伟大的科学家，他们颠覆了处理日常世界的旧理论，在这个世界中，推车摩擦地面嘎嘎作响后会停下，炮弹发射之后也会落地。在此之上，他们开始建立新的、抽象的数学体系结构。然后，牛顿加入并完成了数学殿堂的建造。

到目前为止，一切都还说得过去。同时代其他伟大的思想家如莱布尼茨和惠更斯，在数学领域也有着同样的雄心壮志。但当牛顿的同侪和竞争对手们仔细翻阅《数学原理》时，引发的震惊和反感让他们却步。牛顿在数学殿堂的心脏地带设置的不是什么闪闪发光的新核心，而是古老、陈旧、超自然力量的圣坛。

奇怪的是，牛顿对于引力的运作方式也有着完全相同的疑虑。关于引力可以跨越辽阔的空无一物太空的观点，他写道："是如此荒谬，我相信任何在哲学方面达到一定程度的学者都不会这样想。"[7]针对这一点他反复思索多年。"所有物种都被赋予某种神秘的特质（就像地心引力），据以运作并产生显著的影响，这种说法并未告诉我们任何东西。"[8]

只除了……除了这套理论起了辉煌的作用。牛顿的数学定律针对长久以来无人能解的问题给出了正确答案——精彩而准确的答案，这些定律也预测到了从来没有人预料得到的发现。在牛顿之前，无人能解释潮汐的成因，或是为什么每天有两次潮起潮落，为什么地球会膨胀，为什么月球在绕行地球的过程中会摇晃。

这些定律可以用来描述现象和进行预测，却未提供解释。

306 牛顿并未声称他知道宇宙如何遵循他所发现的定律运作，亦即引力如何发生作用。他也不愿猜测原因。

他将自己描绘成脚踏实地的人，而莱布尼茨则轻率地随意推测。当莱布尼茨斥责他提出这样一个不完整的理论时，牛顿坚持克制才是唯一正确的态度。他坚守自己所知，即使莱布尼茨说“自满于确定的部分，而对不确定的部分不加理会如同犯罪”[9]。牛顿选择谨慎面对。他在 1693 年写道：“我不愿假装知道造成引力的原因为何，因此需要更多的时间思索它。”[10]

经过二十年，他仍旧未能取得进展。牛顿在 1713 年写道：“我一直没能发现造成引力那些性质的原因，我也提不出假设。”[11]要再过了两个世纪，爱因斯坦才建构出新的假设。

在此期间，牛顿满意于他自身可观的成就。“对我们来说，知道引力确实存在，并根据我们已经解释的定律运作，可以充分解释天体与海洋的所有运动，这就已经足够了。”他这样写道，像是与自己的理论隆重道别。

52. 寻找上帝

307

牛顿引力理论的另一个特点引发了最令人头疼的问题。这个问题就是——上帝在牛顿的宇宙观中占据何等地位？无论是就17世纪的思想家们整体而言，还是特别针对牛顿本人来说，没有比这更重要的问题了。今日的科学研究论及上帝似乎文不对题。《数学原理》不是宗教文本，而是提出具体量化预测的科学作品。预测的结果可能是真或假，但都与宗教观点无涉。① 仅仅用预测的准确性评判《数学原理》，这只看到它部分的价值。类似的观点，就好像无论你是否具有宗教信仰，都能赞赏米开朗基罗的《哀悼基督》是绝佳的艺术作品。但要知道牛顿或者米开朗基罗如何看待他们自己的所为，你需要考虑到他们的宗教动机。

对于自己的发现，牛顿抱持的野心远远超出科学领域。他相信自己的研究所得并不仅仅是技术上的观察，而是能够改造人类生命的见解。这项转变在他心中非比寻常。他对制造飞行机器或省力的设备毫无兴趣。他也不赞同日后盛行的观点，亦即认为科学探索的新时代将能杜绝迷信、解放人类的心灵。牛顿所有的研究都试图要让人类更加虔诚，恭敬地面对上帝的创造。他的目的不是使人类迈向自由，而是让他们敬畏地跪下。

308

---

① 作者注：我们是否应该着眼科学家的人品和动机，还是仅仅关注他们的发现，这项争议一直延续到今天。2009年11月，美国太空总署的气候学家在全球暖化的争议中宣称：“科学的效用与研究者的人品无关。牛顿可能是个混账，但引力理论仍然有用。” “Hacked E-Mail is New Fodder for Climate Change Dispute,” *New York Times*, November 21, 2009.

因此，对于牛顿自己而言，上帝在宇宙中占据何等地位的答案很清楚。上帝的宝座就在创作的中心。牛顿向来都知道这一点；他一直视自己的研究是以曲线和方程代替音符讴歌上帝的荣耀。现在《数学原理》耀眼的成功，为上帝美妙的设计提供了进一步的证据。

综观牛顿一生，非常讽刺的是很多人在了解他的研究后，采取完全与他相左的立场。他们坚持牛顿并未尊崇上帝，反而使上帝显得无关紧要。宇宙越是遵循着无处无时不在的定律运作，上帝得以行使主权的空间就越少。这种批评很少直接冲着牛顿个人而来（莱布尼茨除外）。没有人质疑他虔诚的宗教信仰。在他的两部主要作品《数学原理》和《光学》中，都可见到他发自内心、滔滔不绝赞美造物主的长篇大论。牛顿在《数学原理》中写道："他是永恒而无限的，既无所不能又无所不知。也就是说，他持续到永恒；他的存在是无限的；他主宰着一切，并知道所有过去与未来的作为。"[1]

309 尽管如此，虔诚的信徒们还是坚持认为，牛顿在不经意间给予敌人协助与方便。他巩固了科学的根据，科学已经证明自己是降低上帝地位的事业。但是，任何人都看见宗教历史上充满了上帝插手的神迹——洪水、燃烧的灌木、治愈的病人、死而复生。上帝不只在一旁观看他的创作，他介入无数场合并直接改变了事件的过程。而现在看来，科学扬言要抛开上帝。

这一点让引力的争议在某些方面预见了19世纪关于进化论的争议。这些争执看似引发了晦涩难懂的议题讨论——有关行星和数学法则、化石和猿类——但在学术史上，思想巨擘间的争战战场十分狭窄。真正的议题始终是人类在宇宙中的定位。

如同进化论，引力引发的问题纠结了科学、政治和神学。宗教思想家抱怨，科学借由包围限制上帝促成无神论。“无神论者”在 17 世纪是用以指责持有各式可疑信念者的通用辱骂之词，就像是美国冷战期间的“共产党员”或“左派”一样。但它暴露出的恐惧是真实的，因为挑战宗教就是质疑社会整体秩序。“还有什么是神圣的吗?”这个问题不是空洞的修辞，而是痛苦的哀号。一旦宗教的根基遭到侵蚀，性的放纵和政治上的无政府状态必然接踵而至。

科学的目的不只是推翻古老的信仰。更糟的是，在反对者的眼中，新兴思想家们意图用自己可疑的替代品取代历史悠久的学说。“就像是糟蹋耶路撒冷和巴比伦，科学家们已经背离了上帝，取而代之的是自己的体系和解释，”一名现代历史学家总结反科学的个案后写道，“下面这些是他们崇拜的偶像：不是上帝创造的世界，而是机械论的陈述——如同偶像一般缺乏灵性——是他们自身疯狂想象的结果。”[2] 310

科学似乎教导人们，宇宙像是台机器，如果真是如此，那么人类就只是另一种徒具形式的物质，灵魂、选择或责任都不复存在。在这样一个世界中，道德将不具有任何意义，而且每个人都知道，就像是一名感到震惊的作家所说的：“他们可以做任何他们想做的事情。”[3]

因此，牛顿和莱布尼茨最后一次开打，针对上帝和引力的议题进行思想交锋。战场是上帝干预世界与否的议题。两人都指责对方诋毁上帝和攻击基督教。牛顿一开始就坚持上帝在他的引力理论中扮演明确的角色。上帝在创造宇宙时不仅仅是让整个太阳系运行起来那么简单。从那时起，他就更进一步持续微调着他的创造物。牛顿的计算显示行星不能自行其是；它们之间不断变化、彼此拉扯的引力意味着它们的轨道是不太稳定的。若是无人看管，太阳系将失衡并最终陷入混乱。

所以世界并非无人看管。牛顿坚信这一点进一步证明了上帝的智慧。如果上帝设计宇宙在无人监督的情况下自行运作，愚人和多疑者就有机会争辩上帝在当下是否缺席，又或者他是否总是缺席。上帝有先见之明。

311 上帝是否忽略他的创造物的问题如此棘手，使得牛顿的追随者提出第二个论点以证明他一直都在场。《圣经》中记载的奇迹发生在多年以前。如何才能显示奇迹的年代尚未过去呢？

方法之一是更新“奇迹”的定义。神学家威廉·惠斯顿（William Whiston）代替牛顿发言，认为上帝持续插手干预世事，尽管他可能改变风格。我们生活的面貌与引力相似，“完全取决于全能上帝恒定和有效的影响，以及如果你愿意接受的话，上帝的影响还包括超自然和奇迹”。让石头落下的并非其固有的性质，是上帝让石头落下。如果你停下来仔细想想，惠斯顿写道，石头掉落地面与悬停在半空中一样神奇。[4]

莱布尼茨抓住这点加以利用。牛顿曾致力于异端。莱布尼茨和牛顿都认为宇宙运作的方式好比是上了发条的钟表，但现在莱布尼茨援引类似的比喻来嘲笑他的老敌人。“关于上帝的工作，艾萨克·牛顿爵士及其追随者的看法也非常奇怪。根据他们的学说，全能的神要不时上紧钟表发条，不然表就不动了。上帝似乎没有足够的先见之明，让钟表能永恒运转。”[5]

牛顿愤怒地反击。他不是亵渎上帝的那个人。寻求像是莱布尼茨所提及的那种永远自行运转的时钟等于是抽离上帝。"如果上帝并不关心自己掌管世界的角色，"牛顿的另一位盟友塞缪尔·克拉克宣称，"……结果就是他并非无所不在、无所不能、聪明而有智慧，因此，他就什么都不是。"[6]

牛顿和克拉克的论点还有一箩筐。莱布尼茨危险的学说不仅危及基督教，也威胁到政治的稳定。莱布尼茨有这么一个说法，宇宙之王完全称不上统治者而只是一个傀儡。要想想这意味着什么！"如果王国之中所有事务都持续自行其是，无须国王的治理或干预"，克拉克写道，那么国王就配不上"所有国王或统治者的头衔"[7]。谁会需要这样一个无所作为的国王呢？支持莱布尼茨的都是那些"引发合理怀疑非常想要架空国王"的坏蛋。 312

莱布尼茨也不肯示弱。如果宇宙如同牛顿所言，需要不断修补，那么上帝并未完全理解他自己的设计。这是中伤上帝，指控我们完美的造物主不够完美。

虽然牛顿和莱布尼茨同样都具有深刻的宗教思想，他们之间却没有交集。问题在于他们侧重伟大上帝的不同面向。牛顿强调上帝的旨意，他有能力在他选择的任何时间做出任何举动。[8]莱布尼茨则聚焦在上帝的智慧，他能够准确预见每一件可能事件经过漫长时间后将如何收场。

这些杰出而虔诚的人都被自己制作的陷阱困住了。从某种意义上说，每个人都过度解释了。牛顿最想做的是将上帝描绘成世界的参与者而非旁观者。但牛顿的学说让宇宙看似自行运转，尽管他的抗议与此相左。在他的学说中，上帝像是缺席的领主。另一方面，莱布尼茨则将全知全能的上帝这样的概念当作牢不可破的原则。当中隐藏的陷阱使拥有这些特质的上帝别无选择，只能打开开关让我们的世界精准运作。

313

问题是，两人都被指控有罪，也都不肯认罪。坚持捍卫站不住脚的立场，至死方休。

53. 结论

314

1600年，布鲁诺（Giordano Bruno）因为主张地球是数量无限多的行星中的一颗，被裁定有罪而活活烧死。布鲁诺是意大利的一位哲学家和神秘主义者，因为意见与宗教裁判所相抵触，被控为异端，从监狱牢房中架出，游行通过罗马街头后被绑在火刑柱上烧死。为了确保他在最后几分钟的时间内保持沉默，他的舌头被钢钉刺穿。

几乎整整一个世纪之后，艾萨克·牛顿在1705年获得英国女王赐予的爵位。牛顿赢得举世钦佩的成就中包括这一点：他说服世界相信曾让布鲁诺失去生命的学说。

这两个事件之间的某个时候，在17世纪的某个时间点上，现代世界诞生了。即使事后追溯，人们也不可能标示出确切的时间。尽管如此，如果生活在新世界的我们，不知何故地发现自己回到牛顿时代的伦敦，我们会有机会正确航向现代。但若是回到布鲁诺所在的罗马，就只有沉船淹没的下场。自古以来，变化的步伐只能不断加快。随着科学和科技占据最显眼的重要地位，世界加速向前不断迈进。

315

牛顿的名声在他去世后的几十年间持续高涨。虽然引力仍旧神秘一如往常，新一代科学家根据牛顿的理论打造出更加详细准确的宇宙图像。每一次进步都提供更多的证据，证明牛顿理解了上帝的想法。

也许最引人注目的确证发生在1846年，法国数学家勒维耶①一直盯着牛顿定律并坐下来计算，接着发现了一颗新行星。[1]这就是以推论方式发现的海王星。勒维耶和当时其他天文学家知道天王星的轨道并不完全符合理论预测。他们推测原因出在有未见的行星将天王星拉离轨道。利用牛顿定律，勒维耶着手计算这颗假设的行星的重要统计数据，包括质量、位置和路径。他将研究结果寄给德国天文学家约翰·格弗里恩·伽勒(Johann Gottfried Galle)②。1846年9月23日，勒维耶的信件送达伽勒手中。当天晚上，伽勒将他的望远镜转向天空，瞄准勒维耶所指之处。在那里，他发现了只能隐约看见的海王星。

早在勒维耶之前，牛顿的追随者所累积的成功启发各个领域寻求类似突破的希望。正如牛顿发现无生命的自然规律，一些新兴思想家也期待找到人类本性的规律。只需少数的规则就能解释历史学、心理学和政治上所有明显的偶发事件。更棒的是，一旦理解这些规则，将可用合理的方式重塑社会。

美国的开国元勋明确指出科学方法的成功预见了他们自身的成功。自由的心灵将使世界焕然一新。新兴思想家们无须遵从传统和权威，而是从牛顿的第一定律出发，在其坚实的基础上打造新世界。国王和其他因意外产生的暴君将被推翻，理智和自我调节的机制各司其职。在本杰明·富兰克林最喜欢的自

316

① 译者注：这里指的是奥本·尚·约瑟夫·勒维耶（Urbain Jean Joseph Le Verrier，1811～1877年），法国数学家与天文学家。他在35岁那年根据牛顿的万有引力理论，推测出天王星出现摄动现象，进而发现海王星的存在。

② 译者注：约翰·格弗里恩·伽勒（1812～1910年）根据勒维耶的预测，只花了1个小时就发现了后来被命名为海王星的新行星。

画像中，他坐在牛顿的半身像前方沉思，接受对方赞许得意门生的眼光。[2] 托马斯·杰斐逊在蒙蒂塞洛的家中装设牛顿画像供人景仰。

这些开国元勋在阐述美国的政治机构设计时，坚持依照平顺运行、自我调节的宇宙模型。在这群打下美国江山的人的眼中，确保政治稳定的平衡状态可直接模拟维持太阳系平衡的自然引力。伍德罗·威尔逊稍后会写道："美国宪法臣服于牛顿的理论。"[3] 他还会继续提到，如果你读了《联邦党人文集》，证据就存在于当中的"每一页"。宪法类似于科学的理论，而宪法修正案发挥着实验的作用，帮助定义和测试这项理论。

牛顿对后世的影响巨大，但他的胜利在某一方面也被证实是太过头了。牛顿如果知道他的科学传人们用一生的时间得出结论，证明宇宙像是钟表式机械装置的观点比他曾经以为的运作更加顺畅，他会非常生气。事实上，牛顿的理论惊人地顺利运作，很快引发新的共识——就像牛顿的敌人们曾经声称的，牛顿建造的宇宙观中没有上帝立足的地方。

18 世纪天文学的至高荣耀证明了这一点。法国数学家皮埃尔－西蒙·拉普拉斯（Pierre-Simon Laplace）① 发现虽然行星绕行太阳时会稍稍摇晃，但摆动仍维持在狭窄可预见的范围内。如同牛顿所相信的，由于摆动幅度并未随着时间扩大，这 317

① 译者注：皮埃尔－西蒙·拉普拉斯（1749～1827 年），法国著名的天文学家和数学家。他提出拉普拉斯定理，以数学方法证明行星的轨道大小只有周期性变化。在其著名作品《天体力学》一书中首次提出了"天体力学"的学科名称，是天体力学的集大成者。他在数学和物理学领域也提出拉普拉斯转换和拉普拉斯方程式，享有"法国的牛顿"称号。

就无须上帝干预改善。拉普拉斯将他的杰作，一本称为《天体力学》（*Celestial Mechanics*）的巨著献给拿破仑。

拿破仑质疑说，拉普拉斯在厚达数百页的书中何以一次也未提及上帝？

“我没有必要提出如此假设。”[4] 拉普拉斯这样告诉皇帝。

牛顿比世仇莱布尼茨长寿。1716 年，牛顿的一位同事在给他的信中写道：“莱布尼茨先生过世了，争议也就结束了。”[5] 但即使少了敌人，争议亦未因此告终；牛顿尚需为此抗争额外六年。有很长一段时间，后世并不关切莱布尼茨的研究成果。亚历山大·蒲柏颂扬牛顿的成就，威廉·华兹华斯（William Wordsworth）① 也做赞美诗颂扬牛顿。莱布尼茨则不幸激起当时最伟大才子伏尔泰的怒意，以致在一本我们今天仍旧阅读的书中依然被讽刺。

不过，至少在科学界，莱布尼茨的声誉在过去几百年间向上提升了。逻辑或计算机的历史更是少不了他，他领先时代的见解今日依然让人钦佩得目瞪口呆。虽然他的物理学观点早已被抛弃，他雄心勃勃的梦想却依然活跃。今天物理学家们反复讨论的议题诸如“万有理论”（theory of everything），会让莱布尼茨感到特别的熟悉。

莱布尼茨在生命的尾声收到来自当年的学生、卡罗琳王妃的来信。她捎话提及国王可能终于会要他来英国了。莱布尼茨回信说：“没有什么可以比殿下的善意带给我更大

---

① 译者注：威廉·华兹华斯（1770～1850 年），英国桂冠诗人，与雪莱、拜伦齐名的浪漫主义诗人。

的渴望了，但既然我不希望立刻出发，我不知道自己是否能期盼稍后再去；因为我已经没有太多稍后可以期盼了。”[6] 318

饱受疾病折磨的莱布尼茨在被忽视、几近孤独的情况下在德国去世。安葬的坟墓上没有任何记号（最终还是添加了标示）。参加葬礼的少数客人中的一位写道：“你会以为他们埋葬的是名重罪犯，而非不断为国增光的人。”[7]

牛顿的遗体埋葬在威斯敏斯特教堂的大理石雕像下方。两相比较之下，两人所受待遇的差距也许正显示了牛顿几乎被神化的地位，而莱布尼茨不过是寻常凡人。最近有位传记作家写道：“我知道越多莱布尼茨的生平，他对我来说就越像是个普通人，让我想跟他吵架。”[8] 从来没有人曾针对牛顿有过相同的抱怨。莱布尼茨太像是一般人了，而牛顿则似乎完全非常人可比拟。

正如我们先前提到的，1980 年代，极负盛名的天体物理学家钱德拉塞卡逐行审阅《数学原理》一书，试图探知前辈的想法。在 1987 年的采访中，钱德拉塞卡告诉我：“过去这一年，我自行证明书中一个接着一个的命题，再将结果与牛顿的证明相比。无论在任何情况下，他的证明都是令人难以置信的简洁，没有一个多余的字。他的解题方式特别优秀，仿佛他写下的是来自奥林匹斯山的见解。”

钱德拉塞卡接着说：“所谓伟大科学家的发现，常人虽然难以企及，但不难想象自己也能做到——人们会说‘我也可以做到，只是我比较笨’。一般的科学家也会认为，并不难想象自己获得伟人的成就。但我想任何科学家都无法想象自己能够做到像牛顿一样。” 319

他在生活情趣方面与常人相比差距之巨大不下于智力方

面。包括友谊和性在内，生活中常见的慰藉几乎都吸引不了牛顿。艺术、文学和音乐也无法诱动他。他轻蔑地称彭布罗克伯爵（The Earl of Pembroke）著名的古典雕塑收藏不过是“石头娃娃”。[9] 他说诗是“一种别出心裁的废话”，将之推到一旁。他在观看过一回歌剧后就拒绝再去看了。“第一幕时我还能愉快地聆听，第二幕时我耐心用尽，到了第三幕我只能落荒而逃。”

“如果有艾萨克·牛顿这个种族，它在演化上不会有进步，”赫胥黎（Aldous Leonard Huxley）① 曾经夹杂着惊奇和恐怖之情这么说道，“牛顿身为至高天才的代价就是他无法发展出友情、爱情、父爱和许多其他值得拥有的事物。他是一流的怪物，却是失败的男人。”[10]

赫胥黎这个浮士德式交易的概念有点酸葡萄的味道，仿佛向我们这些人再三保证，天才这回事并非全如我们想象的那样。但是，赫胥黎强调牛顿和其他人之间的鸿沟是正确的。最优秀的牛顿传记作者理查德·韦斯特福尔多年前曾告诉我，他投入钻研牛顿生平长达二十年。韦斯特福尔的代表作《永不止息》（*Never of Rest*）是部洞察力和同理心的典范佳作，但韦斯特福尔感叹说，他从来未曾觉得自己了解牛顿。相反地，牛顿似乎越来越显得神秘，不仅是他的智力表现，还包括他的动机和希望、恐惧和野心。韦斯特福尔回忆说：“我越研究越发了解他在各方面与我们之间的差距。”[11] 韦斯特福尔宣称，牛顿“与我们不同”。

---

① 译者注：阿道司·列奥纳多·赫胥黎（1894～1963 年），英国作家，作品以探讨科技对人性的负面影响而著名，如《美丽新世界》。其祖父是著名进化论生物学家托马斯·亨利·赫胥黎。

与牛顿同时代的人也察觉到了相同的差距。当《数学原理》问世时，一个娴熟的数学家洛必达（Marquis de L'Hôpital）① 便抱持着令人难以置信的态度进行阅读。洛必达一直思索着流线型物体如何穿过液体的技术问题，有位英国数学家向他表示，牛顿已经在《数学原理》一书中提供了答案。“他为了那本书中丰富的知识大喊着我的上帝。然后他询问博士有关艾萨克爵士的每项特征，甚至包括他的发色和吃、喝乃至睡觉的习性。他是否与常人无异？”[12]

320

牛顿在所有重要面向上都与一般人不同。也许我们承认彼此间的鸿沟会要胜过试图跨越之。在剑桥，人们偶尔见到牛顿站在庭院中，盯着地面，用一根棍子在碎石子路上绘制图表。最终，他退回室内。他的教授同僚并不知道这些线条代表着什么，但他们小心翼翼地绕行，以避免阻碍孤独的天才奋力破译上帝的密码。[13]

① 译者注：洛必达（1661～1704 年），他在数学上的成就主要在微积分领域，集合牛顿、莱布尼茨及其师约翰·伯努利的研究成果加以分析。以他命名的洛必达法则可以降低微积分运算的难度。

321

致　谢

多年前，我的职业生涯规划一直都是成为职业篮球选手。但是，这个计划并没有持续太久。紧接着的另一项选择虽然较为持久，但可能同样有点傻气，我花了一辈子的时间研究理论数学。在多年徘徊于无限维空间研究领域后，我将它留给了更适合的研究者们。但我要感谢数位带领我的导师，特别是弗雷德·所罗门（Fred Solomon）和吉恩·多尼克（Gene Dolnick），他们首度打开我的眼界，让我看见数学之美。

在撰写本书的过程中，我长期打扰多位物理、历史和哲学方面的专家，询问从旋涡星系到莱布尼茨对独角兽的看法等大大小小的问题。我要特别感谢丽贝卡·格罗斯曼（Rebecca Grossman）、迈克·布里利（Mike Briley）和科尔·米勒（Cole Miller），特别是只为我一人开设绝佳哲学课程的拉里·卡林（Larry Carlin）。著名的科学史家史蒂文·夏平（Steven Shapin），慷慨地与我分享他对科学和17世纪的深刻见解。欧文·金格里奇（Owen Gingerich）和西蒙·谢弗（Simon Schaffer）解决了困扰我的历史难题。这些导师共同的领悟就是，没有问题该被视作愚蠢的。

米歇尔·米斯娜（Michele Missner）再次为我追查了无数越晦涩越好的文章。卡特琳娜·巴里（Katerina Barry），身为

322

一名临危不乱的研究者，同时也是位艺术家和网页设计师，搜集了来自欧洲和美国的图书馆与博物馆的图像。罗布·克劳福德（Rob Crawford）优雅而富于技巧地解决了大大小小的危

机。我的朋友和我的编辑休·范·杜森（Hugh Van Dusen）则再次证明了他是位理想的盟友。

我的作家儿子山姆（Sam）和本（Ben），阅读了我的全部草稿并衡量了编辑的每个决定。他俩是不可多得的好伙伴。

我对琳恩的感谢溢于言表。

323

注　释

书中可能有些难懂的引文或者断言的来源能够在本部分找到。为了能够让注释看起来更齐整，我没有按照标准的文献来源格式标引注释。此外，注释中列出了出版信息的文献在参考文献中不再赘述。

前　言

1. Manuel Eisner, "Modernization, Self-Control, and Lethal Violence. The Long-Term Dynamics of European Homicide Rates in Theoretical Perspective," *British Journal of Criminology* 41, no. 4 (2001).
2. Barbara Freese, *Coal: A Human History* (New York: Penguin, 2004), p. 35, quoting John Evelyn.
3. J. H. Plumb, *The First Four Georges* (London: Fontana, 1981), p. 17.
4. Emily Cockayne, *Hubbub: Filth, Noise, and Stench in England*, p. 93.
5. Gregory Clark, *A Farewell to Alms: A Brief Economic History of the World* (Princeton, NJ: Princeton University Press, 2007), p. 107.
6. Katherine Ashenburg, *The Dirt on Clean*, p. 116.
7. Alfred North Whitehead, *Science and the Modern World*, p. 5.

324

1. 伦敦，1660年

1. Steven Shapin, *A Social History of Truth*. Shapin devotes a fascinating chapter to the riddle of "Who Was Robert Boyle?"
2. Lisa Jardine, *On a Grander Scale*, p. 194.
3. Leo Hollis, *London Rising*, p. 48.
4. Jardine, *On a Grander Scale*, p. 236, quoting John Evelyn.
5. John Maynard Keynes, "Newton, the Man," p.278, quoting the Cambridge mathematician William Whiston.

2. 撒旦的魔爪

1. Peter Earle, *The Making of the English Middle Class: Business, Society and Family Life in London 1660–1730*(Berkeley: University of California Press, 1989), p. 302.
2. Keith Thomas, *Religion and the Decline of Magic,* p. 5.
3. A. Lloyd Moote and Dorothy Moote, *The Great Plague,* p. 26.
4. Anna Beer, *Milton,* p. 386.
5. Earle, *The Making of the English Middle Class,* p. 302.
6. T. B. Macaulay, *History of England,* ch. 4, "James the Second," available at http://www.strecorsoc.org/macaulay/m04a. html. I drew details from Macaulay's *History;* Antonia Fraser's *Royal Charles,* p. 446; and an account by the king's chief physician, Sir Charles Scarburgh, at http://tinyurl. com/y3wgtom.
7. Adam Nicolson, *God's Secretaries* (New York: Harper, 2005), p. 25.
8. Morris Kline, *Mathematics in Western Culture,* p. 235.
9. Eugen Weber, *Apocalypses,* p. 100.
10. Richard Westfall includes the entire list in his "Writing and the State of Newton's Conscience."
11. Roy Porter, *The Creation of the Modern World,* p. 157.

3. 世界末日

1. Perry Miller, "The End of the World," p. 171.
2. Frank Manuel, *A Portrait of Isaac Newton,* p. 129.
3. Richard Westfall, *Never at Rest,* p. 321.
4. Matthew 24:3, King James Bible.
5. Lawrence Stone, *The Family, Sex, and Marriage,* p. 328.
6. *David Levy's Guide to Observing and Discovering Comets* (New York: Cambridge University Press, 2003), p. 9, quoting Ambroise Pare.
7. Tinniswood, *His Invention So Fertile,* p. 10, quoting Andreas Celichius.
8. Ibid., p. 11.
9. Moote and Moote, *The Great Plague,* p. 20.
10. J. Fitzgerald Molloy, *Royalty Restored* (London: Downey, 1897), p. 167.
11. Neil Hanson, *The Great Fire of London,* p. 28.
12. Westfall, *Science and Religion in Seventeenth-Century England,* p. 124. The historian Frank Manuel discusses Boyle's belief in the imminence of the apocalypse in *Portrait of Isaac Newton,* p. 129.
13. Isaac Newton, *Observations upon the Prophecies of Daniel, and the Apocalypse of St. John,* part 1, ch. 4, "Of the vision of the four Beasts." This posthumous

work by Newton can be found, along with seemingly everything else Newtonrelated, at the indispensable Newton Project website, http://www.newtonproject.sussex.ac.uk/prism.php?id=1. This essay is at http://www.newtonproject.sussex.ac.uk/view/texts/normalized/THEM00198.

4. 死亡包围着街道

1. Norman Cantor, *In the Wake of the Plague*, p. 8.
2. Barbara Tuchman, *A Distant Mirror* (New York: Ballantine, 1978), p. 99.
3. Samuel Pepys's diary entry for April 30, 1665, available at www.pepysdiary.com.
4. Margaret Healy, "Defoe's *Journal* and the English Plague Writing Tradition," quoting the seventeenth-century pamphleteer Thomas Dekker.
5. 这句引文以及之后几句关于瘟疫症状的引文，引自Richelle Munkhoff, "Searchers of the Dead: Authority, Marginality, and the Interpretation of Plague in England, 1574–1665," *Gender and History* 11, no. 1 (April 1999).

326

6. Ibid.
7. Nathaniel Hodge, *Loimolgia*, or *An Historical Account of the Plague in London in 1665*. See http://rbsche.people.wm.edu/ H111_doc_loimolgia.html.
8. Pepys's diary, August 8, 1665.

5. 忧郁的街道

1. Roger Lund, "Infectious Wit: Metaphor, Atheism, and the Plague in Eighteenth-Century London," *Literature and Medicine* 22, no. 1 (Spring 2003), p.51.
2. Moote and Moote, *The Great Plague*, p. 177.
3. Tinniswood, *His Invention So Fertile*, p. 115, quoting Henry Oldenburg, secretary of the Royal Society.
4. Letter written September 4, 1664, by Pepys to Lady Carteret, in *Correspondence of Samuel Pepys*, vol. 5, p. 286. See http://tinyurl.com/y2aqoze.
5. John Kelly, *The Great Mortality*, p. xv.
6. Pepys's diary, October 16, 1665.
7. Raymond Williamson, "The Plague in Cambridge," *Medical History* 1, no.1 (January 1957), p.51.

6. 伦敦大火

1. Hanson, *The Great Fire of London*, p. 165, quoting John Evelyn.
2. Moote and Moote, *The Great Plague*, p. 69.
3. Christopher Hibbert, *London* (London: Penguin, 1977), p. 67, and Hanson, *The Great Fire of London*, p. 49.

4. G. M. Trevelyan, *English Social History* (New York:Penguin,1967), p. 305.
5. Antonia Fraser, *Royal Charles*, p. 245.
6. Pepys's diary, September 2, 1666.
7. Hollis, *London Rising*, p. 121.
8. John Evelyn, *The Diary of John Evelyn*, vol. 2, p. 12. This is from Evelyn's diary entry for September 3, 1666, available at http./www.pepysdiary.com/indepth/archive/2009/09/02/evelyns–fire.php.
9. *People wandered in search*: Hollis, *London Rising*, p. 122.
10. Hanson, *The Great Fire of London*, p. 163.
11. Ibid., p. xv, quoting from a pamphlet by Thomas Vincent, *God's Terrible Voice in the City*.

327

7. 上帝的创作

1. 哲学家们依旧在讨论莱布尼茨如何协调他的这两个信条：一个是“最好的可能的世界”，另一个是“在一天的判断之内”。一种见解是，神明的惩罚是一个还要更好的可能的世界的特征之一，因为和谐不仅需要能得到奖励的美德，也需要能被惩罚的罪恶。
2. J. E. McGuire and P. M. Rattansi, "Newton and the 'Pipes of Pan,'" p.135. See also Piyo Rattansi, "Newton and the Wisdom of the Ancients," in John Fauvel et al., eds., *Let Newton Be!*, p. 187; Force and Popkin, *Newton and Religion*, p. xvi; Steven Shapin, *The Scientific Revolution*, p. 74.
3. The only challenges to the mainstream view came from the much-feared, much-reviled Thomas Hobbes and Baruch Spinoza.
4. Pope, "An Essay on Man."
5. Thomas, *Religion and the Decline of Magic*, p. 79.
6. Lorraine Daston and Katharine Park, *Wonders and the Order of Nature, 1150–1750*, p. 296, quoting Walter Charleton, *The Darkness of Atheism Dispelled by the Light of Nature*.
7. Jacques Barzun, *From Dawn to Decadence*, p. 24.
8. 人们称呼他们的敌人为“无神论者”，但理由通常是与冒犯上帝的坏的行为有关，而不是否认上帝的存在。“无神论者”是一个针对不道德和自我放纵行为的万能的诋毁之词。
9. Arthur Lovejoy, *The Great Chain of Being*, p.153.
10. Morris Kline, *Mathematics: The Loss of Certainty*, p. 22. See Plato's *Laws*, book 11.那些从事任何种类的吝啬的零售贸易的人都可能犯有使其种族蒙羞的罪行……假如他通过不正当的职业而使得他父亲的名誉受损，他应该被判处一年监禁并被勒令放弃这门职业；假如他重复这种冒犯，那就判两年；此后每再多犯一次，监禁的时间就延长至此前的两倍。See http://classics.mit.edu/Plato/laws.11.xi.html.
11. Richard Westfall, *Never at Rest*, p. 327.

328

8. 解放世界的想法

1. John Carey, *John Donne*, p. 128.
2. Pepys's diary, July 4, 1662.
3. Ernst Cassirer, "Newton and Leibniz," p.381. See also Karen Armstrong, *A History of God*, p. 35.
4. I. Bernard Cohen, *Revolution in Science*, p. 90.
5. 汉娜·牛顿（Hannah Newton）的出生日期不详。牛顿传记的作者弗兰克·曼纽尔（Frank Manuel）认为她二婚的时候大概是30岁，艾萨克·牛顿出生三年之后。See Manuel, *A Portrait of Isaac Newton*, p. 24.
6. Matthew Stewart, *The Courtier and the Heretic*, p. 12.
7. Daniel Boorstin, *The Discoverers*, p. 414.
8. Stewart, *The Courtier and the Heretic*, p. 43.
9. Bertrand Russell, *A History of Western Philosophy* (New York: Simon & Schuster, 1945), p. 582.
10. Gale Christianson, *Isaac Newton*, p. 65.
11. Peter Ackroyd, *Newton*, p. 98.
12. Milo Keynes, "The Personality of Isaac Newton," p. 27.
13. Stewart, *The Courtier and the Heretic*, p. 12.
14. 这张图画来自德国数学家、发明家丹尼尔·斯温特（Daniel Schwenter）1637年发表的一篇名为《精确的物理数学》（Deliciae physic-mathematicae）的文章。几十年之后，莱布尼茨见证了一个相似的示范，并且留下了深刻印象。
15. Ibid., p. 53.
16. Philip Wiener, "Leibniz's Project," p. 234.
17. Westfall, *Never at Rest*, p. 103.
18. John Maynard Keynes, "Newton, the Man," p. 278.
19. Westfall, *Never at Rest*, p. 94.

9. 欧几里得和独角兽

1. Liza Picard, *Restoration London*, p. 78.
2. Charles Richard Weld, *History of the Royal Society* (London: John W. Parker, 1848), v. 1, p.114.
3. Ibid., p. 113.
4. Robert Crease, *The Prism and the Pendulum*, p. 72.
5. Christopher Hibbert, *London*, p. 100.
6. Stone, *The Family, Sex, and Marriage*, p. 65.

329

7. Marjorie Nicolson and Nora Mohler, "Swift's 'Flying Island' in the *Voyage to Laputa*," p. 422.
8. John Henry, "Occult Qualities and the Experimental Philosophy," p. 359.

这位备受尊敬的皇家学会成员是约瑟夫·格兰维尔。

9. John Locke, *An Essay Concerning Human Understanding,* book 3, ch.6, "Of the Names of Substances" (London: Thomas Tegg, 1841), p. 315.
10. Daston and Park, *Wonders and the Order of Nature,* p. 231.
11. 这个绞刑架竖立的地方现在是海德公园的演说角。
12. Simon Devereaux,"Recasting the Theater of Execution," *Past & Present* 202, no. 1 (February 2009).
13. Hanson, *The Great Fire of London,* p. 216, and Thomas, *Religion and the Decline of Magic,* p. 204.
14. Daston and Park, *Wonders and the Order of Nature,* p. 241.
15. Thomas, *Religion and the Decline of Magic,* p. 644.
16. Christianson, *Isaac Newton,* p. 55.
17. Rattansi, "Newton and the Wisdom of the Ancients," p. 193.
18. Stewart, *The Courtier and the Heretic,* p. 48.
19. Christianson, *Isaac Newton,* p. 55.
20. Westfall, *Never at Rest,* p. 298.
21. William Newman, Indiana University historian of science, speaking on PBS in a *Nova* program, *Newton's Dark Secrets,* broadcast November 15, 2005.
22. Jan Golinski, "The Secret Life of an Alchemist," in *Let Newton Be!,* p. 160.
23. For an excellent, detailed history of Newton's papers, see http: //www.newtonproject.sussex.ac.uk/prism.php?id=23.
24. John Maynard Keynes, "Newton, the Man," p. 277.

10. 少年俱乐部

330

1. Tinniswood, *His Invention So Fertile,* p. 79.
2. Marjorie Nicolson and Nora Mohler,"The Scientific Background of Swift's *Voyage to Laputa,*" in Nicolson, *Science and Imagination,* p. 328.
3. Lisa Jardine, *Ingenious Pursuits,* p. 114.
4. Lisa Jardine, *The Curious Life of Robert Hooke,* p. 105. 她写道，这位匿名的将手臂放入真空泵的人"几乎可以肯定就是胡克"。
5. Weld, *History of the Royal Society,* vol. 1, p. 220.
6. I owe this insight to Steven Shapin, "The House of Experiment in Seventeenth-Century England," p. 376.
7. Boorstin, *The Discoverers,* p. 409, quoting Thomas Sprat, *History of the Royal Society,* (London: 1734), p. 322.
8. Cohen, *Revolution in Science,* p. 87.
9. Boorstin, *The Discoverers,* p. 409.
10. John Barrow, *Pi in the Sky* (New York: Oxford University Press, 1992), p. 205.

11. Daston and Park, *Wonders and the Order of Nature*, p. 61.
12. Ibid., p. 39.
13. William Eamon, *Science and the Secrets of Nature*, p. 60.
14. Ecclesiastes 3:22–23, quoted in Eamon, *Science and the Secrets of Nature*, p.60.
15. Westfall, *Science and Religion in Seventeenth-Century England*, p. 22.
16. Shapin, *The Scientific Revolution*, p. 82.
17. Allan Chapman, *England's Leonardo: Robert Hooke and the Seventeenth-Century Scientific Revolution*, p. 40.
18. Ibid., p. 40.
19. Jardine, *Ingenious Pursuits*, p. 56.

11. 突围！

1. David Berlinski, *Infinite Ascent*, p. 66.
2. Eamon, *Science and the Secrets of Nature*, p. 330.
3. Simon Singh, *Big Bang* (New York: Harper, 2004), p. 302. Richard Feynman tells the story in its classic, romantic form in his *Feynman Lectures on Physics* (Reading, MA: Addison-Wesley, 1963), pp. 3–7, almost as soon as he begins.
4. Eamon, *Science and the Secrets of Nature*, p. 347.
5. Ibid., p. 347.
6. Paolo Rossi, *The Birth of Modern Science*, p. 18.
7. Eamon, *Science and the Secrets of Nature*, p. 348.
8. Ibid., p. 25, quoting Sprat, *History of the Royal Society*, pp. 62–63.
9. Sprat, *History of the Royal Society*, p. 113.
10. Carey, *John Donne*, p. 58.

12. 狗和无赖

1. Rossi, *The Birth of Modern Science*, p. 24.
2. 这位现代物理学家是苏布拉马尼扬・钱德拉塞卡（Subrahmanyan Chandrasekhar），这句话出自他1975年4月在芝加哥大学的一次演讲。标题是 “Shakespeare, Newton, and Beethoven, or Patterns of Creativity,” http://www.sawf.org/newedit/edit02192001/musicarts.asp。
3. James Boswell, *Life of Johnson* (London: Henry Frowde, 1904), vol. 2, p.566.

331

4. Westfall, *Never at Rest*, p. 459.
5. Merton, *On the Shoulders of Giants*, p.11, quoting I.Bernard Cohen, *Franklin and Newton*.
6. Steven Shapin, "Rough Trade," *London Review of Books*, March 6, 2003, reviewing *The Man Who Knew Too Much: The Strange and Inventive Life of Robert Hooke*, by Stephen Inwood.

7. Manuel, *A Portrait of Isaac Newton*, p. 145, and Mordechai Feingold, *The Newtonian Moment*, pp. 23–24.

13. 一剂毒药

1. Terence Hawkes, *London Review of Books*, December 11, 1997, reviewing *Issues of Death: Mortality and Identity in English Renaissance Tragedy*, by Michael Neill.
2. Ibid.
3. Beer, *Milton*, p. 301.
4. Picard, *Restoration London*.皮普斯当然也是以这种休闲的方式来理解死刑的。1660年10月13日的时候，他发现自己拥有了一些意料之外的空余时间。"我来到了查令十字，" 皮普斯在日记中写道，"去那里观看哈里森少将被处以绞刑、挖出内脏和分尸。在那种条件下，他看起来就和其他人一样高兴。之后他就被砍了头，他的头和心脏还向众人进行了展示，人群中爆发出巨大的欢呼声。"一两个句子之后，皮普斯接着写道他去吃了牡蛎当晚餐。

332

5. Picard, *Restoration London*, p. 211.
6. Beer, *Milton*, p. 302.
7. The account of London Bridge (and the reference to Thomas More) comes from Picard, *Restoration London*, p. 23. See also Aubrey, *Brief Lives*, "Sir Thomas More," and Paul Hentzner, *Travels in England During the Reign of Queen Elizabeth*, available at http://ebooks. adelaide.edu. au/h/ hentzner/ paul/travels/chapter1.html.
8. Pepys's diary entry for February 17, 1663.
9. Steven Shapin, "Vegetable Love," *New Yorker*, January 22, 2007, reviewing *The Bloodless Revolution: A Cultural History of Vegetarianism from 1600 to Modern Times*, by Tristram Stuart.
10. Thomas Hankins and Robert Silverman, *Instruments and the Imagination* (Princeton, NJ: Princeton University Press, 1999), pp. 73, 247.
11. Keith Thomas, *Man and the Natural World*, p. 147.
12. Tinniswood, *His Invention So Fertile*, p. 1.
13. Ibid., p. 34.
14. Robert Boyle, "Trial proposed to be made for the Improvement of the Experiment of Transfusing Blood out of one Live Animal into Another," *Philosophical Transactions*, February 11, 1666, available at http://rstl.royalsocietypublishing.org/content/1/1-22/385.
15. The ambassador intended to test the effects of a substance called Crocus metallorum, sometimes used as a medicine to induce vomiting.
16. Tinniswood, *His Invention So Fertile*, p. 37.
17. Pepys's diary, November 14 and 16, 1666.

14. 螨虫和人

1. Claire Tomalin, *Samuel Pepys*, p. 248.
2. Pepys's diary, August 13, 1664.
3. Pepys's diary, June 4, 1667.
4. Pepys's diary, June 10, 1667.

333

5. Michael Hunter, *Science and Society in Restoration England*, p. 131. See also Pepys's diary, February 1, 1664.
6. Hunter, *Science and Society in Restoration England*, pp. 91–92.
7. Hunter, *Science and Society in Restoration England*, pp. 91–92.
8. Manuel, *A Portrait of Isaac Newton*, p. 130, quoting Joseph Glanvill. Glanvill's remark is from his *Vanity of Dogmatizing*, written in 1661.
9. Claude Lloyd, "Shadwell and the Virtuosi." The Shadwell quotes come from Lloyd's essay.
10. Shapin, "Rough Trade."
11. In his poem *Hudibras*, part 2, canto 3.
12. Nicolson and Mohler, "The Scientific Background of Swift's *Voyage to Laputa*," p. 320.
13. Jonathan Swift, *Gulliver's Travels*, part 3, ch. 5.
14. Ibid., part 3, ch. 4.
15. Ibid., part 3, ch. 2.
16. Marcia Bartusiak, "Einstein and Beyond," *National Geographic*, May 2005, available at http://science.nationalgeo graphic.com/science/space/universe/beyond-einstein.html.
17. John Redwood, *Reason, Ridicule, and Religion*, p.119, and Roy Porter, *The Creation of the Modern World*, p. 130.
18. Hunter, *Science and Society in Restoration England*, p. 175.

15. 没有观众的一出戏

1. Herbert Butterfield, *The Origins of Modern Science*, p. 6.

334

2. The passage is from Galileo's *Assayer* (1623), available at http://www.princeton.edu/~hos/h291/assayer. htm.
3. Quoted in Joe Sachs, "Aristotle: Motion and Its Place in Nature," at http://www.iep.utm.edu/aris-mot/. The remark is quoted in slightly different form in Oded Balaban, "The Modern Misunderstanding of Aristotle's Theory of Motion," at http://tinyurl.com/y24yvwo.
4. Galileo, *The Assayer.*
5. Charles Coulston Gillispie, *The Edge of Objectivity*, p. 43.
6. John Keats, *Lamia*, part 2.
7. Walt Whitman, "When I Heard the Learn'd Astronomer."

8. The remark is nearly always attributed to Feynman, it seems to have been coined by the physicist David Mermin. See David Mermin, "Could Fey nman Have Said This?," *Physics Today*, May 2004, p.10, available at http://tinyurl.com/yz5qxhp.
9. Steven Nadler, "Doctrines of explanation in late scholasticism and in the mechanical philosophy," in Daniel Garber and Michael Ayers, eds., *The Cambridge History of Seventeenth-Century Philosophy* (New York:Cambridge University Press, 1998).
10. Kline, *Mathematics: The Loss of Certainty*, p. 47, quoting Galileo, *Two New Sciences*.

16. 将一切拆解成碎片

1. Richard Westfall, "Newton and the Scientific Revolution," in Stayer, ed., *Newton's Dream*, p. 10.
2. 最近有一些学者认为这种说法过时了。“老的意大利史学著作倾向于展示17世纪晚期的科学被伽利略审判的黑洞洗回到过去”，马里奥·比亚焦利（Mario Biagioli）写道，但是“最近的研究显示如此简单的解释是不正确的”。See Roy Porter and Mikulas Teich, eds., *The Scientific Revolution in National Context* (New York: Cambridge University Press, 1992), p. 12.
3. Thomas Kuhn, *The Copernican Revolution*, p. 190, quoting Jean Bodin.
4. Ibid., p. 193.
5. Kline, *Mathematics in Western Culture*, p. 117.
6. Richard Westfall, "Newton and the Scientific Revolution," pp. 6–7.
7. Arthur Koestler, *The Sleepwalkers*, p. 498.
8. John Donne, "An Anatomy of the World."

335

17. 前所未见

1. Virginia Woolf, "Character in Fiction." Woolf had in mind how writers like James Joyce portrayed their characters' inner lives.
2. Nicolson, "The 'New Astronomy' and English Imagination," p. 35.
3. Kitty Ferguson, *Tycho and Kepler*, p. 46.
4. Ibid., p. 47.
5. Nicolson, "The Telescope and Imagination," p. 8.
6. New-York Historical Society Collections, 2nd ser. (1841), vol.1, pp.71–74. This is from an excerpt online at http://historymatters.gmu.edu/d/5829.
7. *The breakthrough that made the telescope*: Albert Van Helden, ed., in his "Introduction" to *Sidereal Nuncius* (The Sidereal Messenger), by Galileo Galilei (Chicago: University of Chicago Press, 1989), pp. 2–3.
8. Ibid., p. 6.

9. Nicolson, "The Telescope and Imagination," p. 12.
10. Van Helden, "Introduction," p. 7.
11. Shapin, *The Scientific Revolution*, p. 72. 这要归功于夏平对证明望远镜可信度的观察。夏平还指出了许多使得望远镜很难使用和难以评估的其他因素。
12. Van Helden, "Introduction," p. 9.
13. 本段引用的伽利略的话，引自Nicolson, "The Telescope and Imagination," pp. 14–15。
14. Kuhn, *The Copernican Revolution*, p. 222.
15. Lovejoy, *The Great Chain of Being*, p. 126.
16. Ibid., p. 133.
17. Ibid., p. 127.
18. Ibid., p. 102. E. M. W. Tillyard, in *The Elizabethan World Picture*, 其写道："托勒密体系之中的地球是宇宙的污水坑。"（p.39）

336

19. Karen Armstrong, *A History of God*, p. 290.

18. 像羊一样大的苍蝇

1. 1683年9月17日，列文虎克描述了他刷牙的过程以及他在嘴巴里发现的"微生物"。这封信的摘录以及与列文虎克的发现相关的更多材料，可参阅http://ucmp.berkely.edu/history/leeuwen hoek.htm。
2. Marjorie Nicolson "The Microscope and English Imagination," p. 167.
3. Ibid., p. 167.
4. *The Collected Letters of Antoni van Leeuwenhoek*, edited by a Committee of Dutch Scientists(Amsterdam:Swets & Zeitlinger, 1941), vol.2, pp. 283–95. 这封信是1677年11月时写给皇家学会主席威廉·布朗克的。
5. Clara Pinto-Correia, *The Ovary of Eve* (Chicago: University of Chicago Press, 1997), p. 69.
6. Nicolson, "The Microscope and English Imagination," p. 210.
7. Michael White, *Isaac Newton: The Last Sorcerer*, p.149, quoting a notebook entry of Newton's headed "Of God."
8. Robert Hooke, *Micrographia*. See http://www.roberthooke.org.uk/rest5a.htm.
9. "Commentary on Galileo Galilei," in James Newman, ed., *The World of Mathematics*, vol.2, p. 732fn.
10. Lisa Jardine, *The Curious Life of Robert Hooke*, p. 164.
11. Westfall, *Science and Religion in Seventeenth-Century England*, p. 27.
12. Shapin, *The Scientific Revolution*, p. 145.

19. 从蚯蚓到天使

1. Nicolson, "The Microscope and English Imagination," p. 209, quoting Henry

Baker, *Employment for the Microscope*. 贝克写得要比列文虎克晚得多，是在1753年，但是研究显微镜的人基本上都使用了贝克的理念的一些变体。

2. Tillyard, *The Elizabethan World Picture*, p. 26.
3. Ibid., p. 40.
4. John Carey, "Pope's Fallibility," in *Original Copy: Selected Reviews and Journalism 1969–1986*(London: Faber & Faber, 1987), p. 109, and Harold Bloom, *Genius* (New York: Warner, 2002), p. 271.

337

5. Lovejoy, *The Great Chain of Being*, p. 53.
6. Ibid., p. 133.
7. Ibid., p. 224.
8. Ibid., p. 179.
9. Galileo, *The Assayer*.
10. G. A. J. Rogers,"Newton and the Guaranteeing God," in Force and Popkin, eds., *Newton and Religion*, p. 232, quoting Newton's *Principia*.
11. Paolo Rossi, *Logic and the Art of Memory*, p. 193.
12. Peter K. Machamer, *The Cambridge Companion to Galileo* (New York: Cambridge University Press, 1998), p. 193.
13. Robert Nisbet, *History of the Idea of Progress*(New York: Basic Books, 1980), p. 158.
14. Montesquieu, *Persian Letters*, no. 59.
15. Jacob Bronowski, *The Ascent of Man*, p. 256.

20. 畸形动物满街走

1. John Ray, *The Wisdom of God Manifested in the Works of the Creation*, available at http://www.jri.org.uk/ray/wisdom/index.htm.
2. Leonard Huxley, *The Life and Letters of Thomas Henry Huxley*(New York: Appleton, 1916), vol. 1, p. 176.
3. André Maurois cites Voltaire's remark in his introduction to Voltaire's *Candide*, trans. Lowell Blair (New York: Bantam, 1959), p. 5.
4. Michael White, *Isaac Newton*, p. 149.
5. Thomas, *Man and the Natural World*, p. 20.
6. Steve Jones, *Darwin's Ghost* (New York: Random House, 2000), p. 194.
7. David Dobbs, *Reef Madness: Charles Darwin, Alexander Agassiz, and the Meaning of Coral* (New York: Pantheon, 2005), p. 3.

21. 在美景前浑身发抖

1. Kline, *Mathematics: The Loss of Certainty*, p. 12.
2. Chandrasekhar, "Shakespeare, Newton, and Beethoven."

338

3. Barrow, *Pi in the Sky*, p. 256.

4. Kline, *Mathematics: The Loss of Certainty*, p. 66.
5. Chandrasekhar, "Shakespeare, Newton, and Beethoven."
6. Ibid.
7. From a 1933 lecture by Einstein, "About the Origins of General Relativity," at Glasgow University. Matthew Trainer discusses Einstein's lecture in "About the Origins of the General Theory of Relativity: Einstein's Search for the Truth," *European Journal of Physics* 26, no. 6 (November 2005).
8. *The Autobiography of Bertrand Russell* (Boston: Little, Brown, 1967), p. 38.
9. Gian-Carlo Rota, *Indiscrete Thoughts*, p. 70.
10. Ferguson, *Tycho and Kepler*, p. 344. 我引用的关于女巫和开普勒母亲的材料参考了弗格森的著作以及 Max Caspar, *Kepler*。
11. Benson Bobrick, *The Fated Sky* (New York: Simon& Schuster, 2006),p.70.

22. 由想法所创造出的模式

1. 关于数学家眼中的数学与学校教的数学之间的差别的精彩解释，可参见 Paul Lockhart, "A Mathematician's Lament," http://tinyurl.com/y89qbh9。
2. G. H. Hardy, *A Mathematician's Apology*, p.13, available at http://math.boisestate.edu/~holmes/holmes/A%20 Mathematician's%20Apology.pdf.
3. Westfall, *Never at Rest*, p. 192.
4. Bronowski, *The Ascent of Man*, p. 227.

23. 上帝的奇怪密码

1. Mario Livio, *Is God a Mathematician?*, p. 11, quoting Martin Gardner, *Are Universes Thicker than Blackberries?* (New York: Norton, 2004).
2. Nicolson, "The Telescope and Imagination," p. 6,quoting Sir Thomas Browne.

339

3. 在1930年的一篇论文中，爱因斯坦写道："支撑着开普勒和牛顿伏案多年、抽丝剥茧出天体力学原则的，是他们对宇宙理性怀抱的深刻信念和对理解该理性的强烈渴望。只有那些怀抱相似目的并愿意奉献终生的人，才能够切身地理解是什么激发了他们，又是什么给予了他们那种不畏失败、坚持本心的力量。正是宇宙的宗教情怀赐予了他们这种力量。" See Albert Einstein, "Religion and Science," *New York Times Magazine*, November 9, 1930.
4. Eamon, *Science and the Secrets of Nature*, p. 320.

24. 秘密计划

1. Arthur Koestler, *The Sleepwalkers*, p. 279. 在《梦游者》(*The Sleepwalkers*)出版半个多世纪以后，它仍然是关于现代天文学诞生的最好和最生动的描述。我多次提及库斯勒的最好的历史著作。

2. Ibid., p. 231.
3. Ibid., p. 236.
4. 我对木星和土星的探讨参考了如下著作的说法： Christopher M. Linton, *From Eudoxus to Einstein*, p. 170.
5. Koestler, *The Sleepwalkers*, p. 247.
6. Ibid., p. 249.

25. 喜悦的泪水

1. Koestler, *The Sleepwalkers*, p. 250.
2. Ibid., p. 248.
3. 一种验证只存在有限数量的柏拉图立体的方法是，集中关注一个顶点然后想象在那里相交的面。必须至少存在三个这样的面，每一个顶点处的角度都必须相等且必须加起来小于360度。要想一次性满足所有这些条件是不可能的，除非每个面都是三角形、正方形或五边形。（例如，六边形的每个内角都是120度，因此，三个或三个以上的六边形无法在一个顶点处相交。）
4. Marcus du Sautoy, *Symmetry* (New York: Harper, 2008), p. 5.
5. Caspar, *Kepler*, p. 63.
6. Koestler, *The Sleepwalkers*, p. 251.
7. Owen Gingerich, "Johannes Kepler and the New Astronomy," available at http://adsabs.harvard.edu/full/1972QJRAS..13..346G.
8. Koestler, *The Sleepwalkers*, p. 269.
9. Caspar, *Kepler*, p. 71.
10. James Watson, *The Double Helix* (New York: Touchstone, 2001), p. 204. 340
11. Gingerich, "Johannes Kepler and the New Astronomy," p. 350.

26. 金鼻海象

1. Rossi, *The Birth of Modern Science*, p. 70.
2. Koestler, *The Sleepwalkers*, p. 392.
3. Giorgio de Santillana, *The Crime of Galileo*, p. 106fn.
4. Ferguson, *Tycho and Kepler*, pp. 31–32.
5. Gingerich, "Johannes Kepler and the New Astronomy," p. 350.
6. Koestler, *The Sleepwalkers*, p. 278.
7. Ibid., p. 345.

27. 打开宇宙的保险箱

1. 到目前为止，关于数据出入的最佳描述是库斯勒的《梦游者》。
2. Kuhn, *The Copernican Revolution*, pp. 211–12.
3. Koestler, *The Sleepwalkers*, p. 322.
4. Livio, *Is God a Mathematician?*, p. 249.
5. De Santillana, *The Crime of Galileo*, p. 106fn.

6. Koestler, *The Sleepwalkers*, p. 397.
7. Ibid., p. 394.
8. Ferguson, *Tycho and Kepler*, p. 340.
9. Joseph Mazur provides this example in *The Motion Paradox*, p. 91.

28. 桅杆瞭望台的景观

1. Bertrand Russell, *The Scientific Outlook*, p. 34.
2. Quoted in de Santillana, *The Crime of Galileo*, p. 115.
3. Ibid., pp. 106fn., 168.
4. Ibid., p. 112.
5. Galileo, *The Assayer*.
6. Galileo, *Dialogue Concerning the Two Chief World Systems*. 这个讨论发生在第二天。

341

7. Locke, *Essay Concerning Human Understanding*, p. 98.

29. 人造卫星轨道，1687年

1. The passage is from Galileo's *Two New Sciences*, quoted in David Goodstein and Judith Goodstein, *Feynman's Lost Lecture*, p. 38.
2. 牛顿是在1687年画下这幅图画的，但是他死后才第一次公开出版。见于*A Treatise of the System of the World*, a less mathematical treatment of the *Principia*。See John Roche, "Newton's *Principia*," in Fauvel et al.,eds., *Let Newton Be!*, p. 58.

30. 呼之欲出

1. Shapin, *The Scientific Revolution*, p. 33.
2. Gillispie, *The Edge of Objectivity*, p. 42.

31. 两块石头和一根绳子

1. Crease, *The Prism and the Pendulum*, p. 31.
2. Ibid., p. 32.
3. Barry Newman, "Now Diving: Sir Isaac Newton," *Wall Street Journal*, August 13, 2008.

32. 墙上的一只苍蝇

1. Alfred Hooper, *Makers of Mathematics* (Vintage, 1948), p. 209.
2. Livio, *Is God a Mathematician?*, p. 86.

33. 赤裸的美景

1. 笛卡儿的原始表达与后来的标准表达方式有些不同，但是所有未来的变化都隐含在他当时的版本中。

2. E. T. Bell, *The Development of Mathematics*, p. 139. 342
3. Alfred North Whitehead, *Science and the Modern World*, p. 20. 科学家现在已经发现人类婴儿和各种非人类的动物能够算数（例如，他们可以区别出两个或者三个巧克力豆），但是怀特海的观点的意思是，诸如“二”等概念的突破性的提出，是相当值得重视的。
4. Newman, ed., *The World of Mathematics*, vol. 1,p. 442.
5. Helena M. Pycior, *Symbols, Impossible Numbers, and Geometric Entanglements* (New York: Cambridge University Press, 2006), p. 82.
6. Eugene Wigner makes this point in his pathbreaking essay "The Unreasonable Effectiveness of Mathematics in the Natural Sciences."
7. Butterfield, *The Origins of Modern Science*, p. 3.
8. A. Rupert Hall, *From Galileo to Newton* p. 63. 我转引的霍尔引用的伽利略的两段话，来自霍尔对科学中的抽象的精彩探讨，参见该书第63～64页。在本章最后一句话里，我对数学及抽象的评价也是对霍尔在该书63页的论点的演绎。

34. 这里有怪物！

1. My discussion follows the one on pp. 52–55 of John Barrow's admirably lucid *The Infinite Book*.

35. 对抗野兽

1. Struik, *A Concise History of Mathematics*, pp. 101–9.

37. 人人生而平等

1. 林肯是在1858年10月15日与道格拉斯的最后一场辩论时说出这些话的。完整文本参见 http://www.bartleby.com/251/72.html。
2. Kline, *Mathematics in Western Culture*, p. 230.
3. Carl Boyer, *The History of the Calculus and Its Conceptual Development*, p.213. 343
4. William Dunham, *The Calculus Gallery*, p. 24.
5. 莱布尼茨的两名困惑的弟子是詹姆斯·伯努利和约翰·伯努利，转引自Kline, *Mathematics: The Loss of Certainty*, p. 137。
6. Ibid., p. 135.
7. Ibid., p. 134.
8. Donald Benson, *A Smoother Pebble: Mathematical Explorations*, p. 167.
9. George Berkeley, *The Analyst: or A Discourse Addressed to an Infidel Mathematician* (London, 1754), p. 34.
10. Dunham, *The Calculus Gallery*, p. 24, and Kline, *Mathematics: The Loss of Certainty*, p. 140.
11. Kline, *Mathematics: The Loss of Certainty*, p. 162.

38. 奇迹岁月

1. 大部分信奉牛顿学说的学者，包括牛顿最谨慎的传记作者理查德·韦斯特福尔（Richard Westfall），以及牛顿数学著作的杰出专家D. T.怀特塞德（D.T. Whiteside）认为，牛顿基本上是仅靠自己的努力实现了数学上的突破。而与此相反的观点，如试图证明艾萨克·巴罗（Issac Barrow）对牛顿的影响，则逐渐淡化了。参见Mordechai Feingold's "Newton, Leibniz, and Barrow, Too: An Attempt at a Reinterpretation," *Isis* 84, no. 2 (June 1993), pp. 310–38。
2. 斯托桥博览会是班扬《天路历程》（*A Pilgrim's Progress*）一书中浮华世界的灵感来源。See Edmund Venables, *Life of JohnBunyan*(London: Walter Scott, 1888), p. 173.
3. Gale Christianson, *In the Presence of the Creator:IsaacNewtonand his Times*, p. 258.
4. D. T. Whiteside, "Isaac Newton: Birth of a Mathematician," p. 58.
5. Westfall, *Never at Rest*, p. 98.
6. Ibid., p. 143.
7. Ibid.
8. Author interview, inEdwardDolnick,"New Ideas and Young Minds,"*Boston Globe*, April 23, 1984.
9. Quoted in Dean Simonton, *Creativity in Science* (New York: Cambridge University Press, 2004), p. 68.
10. Barrow, *Pi in the Sky*, p. 165.

344

11. Author interview, in Dolnick, "New Ideas."
12. Westfall, *Never at Rest*, p. 139.
13. Gale Christianson, "Newton the Man—Again."
14. Christianson, *In the Presence of the Creator*, p. 260.
15. Ackroyd, *Newton*, p. 39.
16. Christianson, *Isaac Newton*, p. 58. The verse is Isaiah 45:3.
17. Westfall, *Never at Rest*, p. 137.
18. Ibid., p. 138.

39. 解开所有奥秘

1. 由于上帝是无限的，他的创造同样也是无限的，这就意味着寻找新事物并对其进行理解的过程不会停止。但是，这是一个优点而不是缺陷，因为人类的幸福就在于不断寻找并欣赏确证上帝完美的新因素。
2. Westfall, *Never at Rest*, p. 863.
3. I. Bernard Cohen's translation of *Principia*(Berkeley: University of California Press, 1999), p. 428.
4. Ernst Cassirer, "Newton and Leibniz," p. 379.

40.会说话的狗和意料之外的权力

1. C. H. Edwards, Jr., *The Historical Development of the Calculus*, p. 231.
2. Leibniz's letter can be found at www.leibniz-translations.com, a marvelous website run by the English philoso pher Lloyd Strickland. See http://www.leibniz-translations.com/dog.htm,"Account of a Letter from Mr. Leibniz to the Abbé de St. Pierre, on a Talking Dog."
3. Wiener, "Leibniz's Project."
4. Stewart, *The Courtier and the Heretic*, p. 256.
5. Umberto Eco, *The Search for the Perfect Language*, p. 281. (See Chapter 14, "From Leibniz to the *Encyclopédie*.")
6. Author interview with Lawrencc Carlin, philosophy department at the University of Wisconsin at Oshkosh, July 15, 2008.
7. Russell, *History of Western Philosophy*, p. 581.

345

8. George Dyson, *Darwin Among the Machines*, p. 37.
9. Joseph E. Hofmann, *Leibniz in Paris 1672–1676: His Growth to Mathematical Maturity*, p.2.
10. Dunham, *The Calculus Gallery*, p. 21.
11. Stewart, *The Courtier and the Heretic*, p. 138.
12. A. Rupert Hall, *Philosophers at War*, p. 54.
13. 这句话和下句话中的建议来自2009年9月27日与西蒙・谢弗的邮件交流，他是剑桥大学一位杰出的科学史学家。
14. Westfall, *Never at Rest*, p. 265.
15. Hall, *Philosophers at War*, p. 77.

41.特写下的世界

1. Bell, *The Development of Mathematics*, p. 134.

42. 当电梯的电缆断裂

1. 我在此处对位置、速度加速度的讨论依赖于：Ian Stewart, *Nature's Numbers*, pp.50–52。
2. Stewart, *Nature's Numbers*, p. 15.
3. Marcel Proust, *Swann's Way*, trans. Lydia Davis (New York: Viking, 2003), p. 51.
4. Paul Nahin, *When Least is Best*, p. 165. 纳欣还讨论了投篮球的物理学。
5. Dunham, *The Calculus Gallery*, p. 19, quoting James Gregory.

43. 最大的争议

1. Hall, *Philosophers at War*, p. 111. 对牛顿与莱布尼茨长期不和感兴趣的人，霍尔的书是必读的。
2. Ibid., p. 112.

3. Westfall, *Never at Rest*, p. 721.
4. Boorstin, *The Discoverers*, p. 413.

346

5. William Henry Wilkins, *The Love of an Uncrowned Queen: Sophia Dorothea, Consort of George I* (New York: Duffield, 1906), p. 72.
6. Macaulay, *History of England*, vol. 5, p. 190.
7. Plumb, *The First Four Georges*, p. 41.
8. The best source for the tangled affairs of the Hanover court is www.gwleibniz.com, a website maintained by the University of Houston philosopher Gregory Brown. See http://www.gwleibniz.com/sophie_dorothea_celle/sophie_dorothea_celle.html.
9. Gregory Brown, "Personal, Political, and Philosophical Dimensions of the Leibniz-Caroline Correspondence," p. 271.
10. Ibid., p. 292.
11. Ibid., p. 262.
12. Ibid., p. 282.
13. Quoted at http://www.gwleibniz.com/caro oline_ansbach/caroline.html.
14. Brown, "Leibniz-Caroline Correspondence," p. 282.

44. 争斗结局

1. Cited in Robert Merton's classic essay "Priorities in Scientific Discovery: A Chapter in the Sociology of Science," p. 635. Galileo's charge comes at the very beginning of *The Assayer*.
2. Merton, "Priorities in Scientific Discovery," p. 648.
3. Alfred Adler, "Mathematics and Creativity," *New Yorker*, February 19, 1972.
4. Westfall, *Never at Rest*, p. 724.
5. Ibid., p. 725.
6. The entire review is reprinted as an appendix to Hall's *Philosophers at War*. The quoted passage appears on p. 298.
7. Charles C. Gillispie, "Isaac Newton," in *Dictionary of Scientific Biography* (New York: Scribner's, 1970–80), vol. 10.
8. William Whiston, *Historical Memoirs of the Life and Writings of Dr. Samuel Clarke* (London, 1748), p. 132.

45. 苹果和月球

1. Westfall, *Never at Rest*, p. 209.
2. Ibid., p. 154.

347

3. Westfall discusses the evidence pro and con in *Never at Rest*, pp. 154–55, and is more inclined than many to give the story some credence.
4. Simon Schaffer, "Somewhat Divine," *London Review of Books*, November 16, 2000, reviewing I. Bernard Cohen's translation of Newton's *Principia*.

5. See Cohen's "Introduction" to his translation of the *Principia*, p. 15,　and Schaffer, "Somewhat Divine."
6. Westfall, *Never at Rest*, p. 143.
7. I. Bernard Cohen, "Newton's Third Law and Universal Gravity," p. 572.
8. Westfall, *Never at Rest*, p. 143.

46. 造访剑桥

1. Steven Shapin, "At the Amsterdam," *London Review of Books*, April 20, 2006, reviewing *The Social Life of Coffee* by Brian Cowan. See also Mark Girouard, *Cities and People* (New Haven, CT: YaleUniversity Press, 1985), p. 207.
2. Merton, "Priorities in Scientific Discovery," p. 636.
3. Roche, "Newton's *Principia*," in Fauvel et al., eds., *Let Newton Be!*, p. 58.
4. Manuel, *A Portrait of Isaac Newton*, p. 318.
5. Alan Cook, *Edmond Halley: Charting the Heavens and the Seas* (New York: Oxford University Press, 1998), pp. 11, 140– 41, 281.
6. Westfall, *Never at Rest*, p. 403.

47. 牛顿胜出

1. Dudley Herschbach, "Einstein as a Student,"available at http://tinyurl.com/yjptcq8.
2. This was from Einstein's foreword to a new edition of Newton's*Opticks*, published in 1931.
3. Westfall, *Never at Rest*, p. 405.
4. Ibid., p. 192.
5. Ibid., p. 406.
6. Kuhn, *The Copernican Revolution*, p. 258.
7. Westfall, *Never at Rest*, p. 409.
8. Chandrasekhar, "Shakespeare, Newton, and Beethoven."

348

9. Westfall, *Never at Rest*, p. 456.

48. 与胡克先生之间的纷争

1. Henry Richard Fox Bourne, *The Life of John Locke*, vol. 2 (New York: Harper Brothers, 1876), p. 514.
2. Westfall, *Never at Rest*, p. 446.
3. Manuel, *A Portrait of Isaac Newton*, p. 154.
4. Ibid., p. 155.
5. Ibid., p. 155.
6. Westfall, *Never at Rest*, pp. 387–88.
7. Ibid., p. 233.

8. Ibid., p. 237.
9. Ibid., p. 237.
10. Ibid., p. 448.
11. Manuel, *A Portrait of Isaac Newton*, p. 159.
12. Ibid., p. 137.
13. Christianson, *Isaac Newton*, p. 106.

49. 世界体系

1. Westfall, *Never at Rest*, p. 450.
2. Martin Rees, *Just Six Numbers*, p. 150. See also Schaffer, "Somewhat Divine."
3. 狄拉克的脑海中可能浮现了弗朗西斯 · 汤普森《视觉的情人》一诗中的句子："因此，你无法只盯着一朵花看，而不打扰一颗星星。" 同样的想法也使得埃德加 · 爱伦 · 坡（Edgar Allan Poe）在面对牛顿无畏的万有引力理论时摇头。"如果我试图擦去——哪怕只是动十亿分之一英寸——手指下面的灰尘，"爱伦·坡在诗集《尤里卡》中写道，"那我就是做了这么一件事，它动摇了月亮的运行路径，使得太阳不再是太阳，并且永远地改变了在伟大的造物主面前环绕和发光的无数星星的命运。"
4. 塞缪尔 · 皮普斯在1687年时是皇家学会的主席，他的名字出现在牛顿后面。
5. Westfall, *Never at Rest*, p. 437.

349

6. Morris Kline, *Mathematics in Western Culture*, p. 209.
7. Westfall, *Never at Rest*, p. 453.

50. 只有三个人

1. Ibid., p. 468.
2. Ackroyd, *Newton*, p. 89.
3. Gillispie, *The Edge of Objectivity*, p. 140.
4. Hall, *Philosophers at War*, p. 52.
5. "Lights All Askew in the Heavens," *New York Times*, November 9, 1919, p.17. See http://tinyurl.com/ygpam73.
6. Stephen Hawking, *A Brief History of Time* (New York: Bantam, 1998), p.85.
7. I.伯纳德 • 科恩在他翻译的《数学原理》的序言部分详细讨论了牛顿对微积分的使用。
8. Roche, "Newton's *Principia*," in Fauvel et al., eds., *Let Newton Be!*, p. 50.
9. Westfall, *Never at Rest*, p. 424.
10. Cohen, "Introduction," p. 123.
11. Chandrasekhar, "Shakespeare, Newton, and Beethoven."

51. 恰到好处的疯狂

1. Thomas Kuhn famously cited Molière in *The Structure of Scientific Revolutions*, p. 104.
2. 这句话是玻尔对沃尔夫冈·泡利说的，然后又加了一句："我自己的感觉是疯狂得还不够。" Dael Wolfle, ed., *Symposium on Basic Research* (Washington, DC: American Association for the Advancement of Science, 1959), p. 66.
3. Brown, "Leibniz-Caroline Correspondence," p. 273.
4. John Henry, "Pray do not Ascribe that Notion to me: God and Newton's Gravity," in Force and Popkin, eds., *The Books of Nature and Scripture*, p.141.
5. Brown, "Leibniz-Caroline Correspondence," p. 291.
6. Brian Greene, *The Elegant Universe* (New York: Norton, 1999), p. 56.
7. Westfall, *Never at Rest*, p. 505.
8. From the end of *Opticks*, quoted in Kuhn, *The Copernican Revolution*, p.259.
9. Westfall, *Never at Rest*, p. 779.
10. Ibid., p. 505.
11. Cohen's translation of the *Principia*, p. 428.

350

52. 寻找上帝

1. Cohen's translation of the *Principia*, p. 427.
2. Dennis Todd, "Laputa, the Whore of Babylon, and the Idols of Science," *Studies in Philology* 75, no. 1 (Winter 1978), p. 113.
3. Quoted in a brilliant, far-ranging essay by Steven Shapin, "Of Gods and Kings: Natural Philosophy and Politics in the Leibniz-Clarke Disputes," p. 211.
4. Todd, "Laputa, the Whore of Babylon, and the Idols of Science," p. 108.
5. Westfall, *Never at Rest*, p. 778.
6. Shapin, "Of Gods and Kings," p. 193.
7. I owe this observation about Leibniz and politics to Martin Tamny, "Newton, Creation, and Perception," p. 54.
8. Shapin, "Of Gods and Kings," p. 194.

53. 结论

1. Kline, *Mathematics: The Loss of Certainty*, pp. 62–63, and Kline, *Mathematics in Western Culture*, p. 210.
2. Bernard Bailyn, *To Begin the World Anew* (New York: Vintage, 2004), pp.71–73.
3. I. Bernard Cohen, *Science and the Founding Fathers*, p. 90.

4. Kline, *Mathematics in Western Culture*, p. 210.
5. Westfall, *Never at Rest*, p. 779.
6. Brown, "Leibniz-Caroline Correspondence," p. 285.
7. Stewart, *The Courtier and the Heretic*, p. 306.

351

8. Ibid., p. 117, quoting Eike Hirsch.
9. Milo Keynes discusses Newton's views on art and literature in"The Personality of Isaac Newton," pp. 26–27.
10. from an interview with Huxley in J. W. N. Sullivan,*Contemporary Mind* (London: Toulmin, 1934), p. 143.
11. 在写作一篇纪念《数学原理》问世300周年的文章中，我采访了韦斯特福尔。See Edward Dolnick,"Sir Isaac Newton," *Boston Globe*, July 27, 1987. 韦斯特福尔在《永不止息》的前言（p.x）中用了"所有其他人"这个短语，同时详细讨论了牛顿的独特性。
12. Westfall, *Never at Rest*, p. 473.
13. Ibid., p. 194.

参考文献

Ackroyd, Peter. *Newton*. New York: Doubleday, 2006.

Adler, Alfred. "Mathematics and Creativity." *New Yorker*, February 19, 1972.

Armstrong, Karen. *A History of God: The 4000-Year Quest of Judaism, Christianity, and Islam*. New York: Ballantine, 1993.

Ashenburg, Katherine. *The Dirt on Clean*. New York: North Point, 1997.

Atkins, Peter. *Galileo's Finger: The Ten Great Ideas of Science*. New York: Oxford University Press, 2003.

Barrow, John. *The Infinite Book: A Short Guide to the Boundless, Timeless, and Endless*. New York: Vintage, 2006.

Barzun, Jacques. *From Dawn to Decadence: 500 Years of Western Cultural Life*. New York: HarperCollins, 2000.

Beer, Anna. *Milton: Poet, Pamphleteer, and Patriot*. London: Bloomsbury, 2009.

Bell, E. T. *The Development of Mathematics*. New York: McGraw-Hill, 1945.

Benson, Donald. *A Smoother Pebble: Mathematical Explorations*. New York: Oxford University Press, 2003.

Berlin, Isaiah. *The Age of Enlightenment*. Boston: Houghton Mifflin, 1956.

Berlinski, David. *Infinite Ascent: A Short History of Mathematics*. New York: Modern Library, 2008.

Blackburn, Simon. *Think*. New York: Oxford University Press, 1999.

Bochner, Salomon. *The Role of Mathematics in the Rise of Science*. Princeton, NJ: Princeton University Press, 1979.

Bondi, Hermann. *Relativity and Common Sense: A New Approach to Einstein*. New York: Dover, 1962.

Boorstin, Daniel. *The Discoverers*. New York: Random House, 1983.

Boyer, Carl. *The History of the Calculus and Its Conceptual Development*. New York: Dover, 1949.

Bronowski, Jacob. *The Ascent of Man*. Boston: Little, Brown, 1973.

Brooke, John. "The God of Isaac Newton." In Fauvel et al., eds., *Let Newton Be!*

Brown, Gregory. "Personal, Political, and Philosophical Dimensions of the

Leibniz-Caroline Correspondence." in Paul Lodge, ed., *Leibniz and His Correspondents*. New York: Cambridge University Press, 2004.

Burtt, E. A. *The Metaphysical Foundations of Modern Science*. New York: Doubleday, 1954.

Butterfield, Herbert. *The Origins of Modern Science*. New York: Macmillan, 1953.

Cantor, Norman. *In the Wake of the Plague*. New York: Simon & Schuster, 2001.

Carey, John. *John Donne: Life, Mind, and Art*. London: Faber & Faber, 1981.

Caspar, Max. *Kepler*. New York: Dover, 1993.

Cassirer, Ernst. "Newton and Leibniz." *Philosophical Review* 52, no. 4 (July 1943), pp. 366–91.

Chandrasekhar, S. "Shakespeare, Newton, and Beethoven, or Patterns in Creativity." http://www.sawf.org/newedit/edit02192001/musicarts.asp.

Chapman, Allan. *England's Leonardo: Robert Hooke and the Seventeenth-Century Scientific Revolution*. New York: Taylor & Francis, 2004.

Christianson, Gale. *In the Presence of the Creator: Isaac Newton and His Times*. New York: Free Press, 1984.

———. *Isaac Newton*. New York: Oxford University Press, 2005.

———. "Newton the Man—Again." In Paul Scheurer and G. Debrock, eds., *Newton's Scientific and Philosophical Legacy*. New York: Springer, 1988.

Cockayne, Emily. *Hubbub: Filth, Noise and Stench in England*. New Haven, CT: Yale University Press, 2007.

Cohen, I. Bernard. "Newton's Third Law and Universal Gravity." *Journal of the History of Ideas* 48, no. 4 (October–December 1987), pp. 571–93.

———. *Revolution in Science*. Cambridge, MA: Harvard University Press, 1985.

———. *Science and the Founding Fathers: Science in the Political Thought of Thomas Jefferson, Benjamin Franklin, John Adams, and James Madison*. New York: Norton, 1997.

Cook, Alan. "Halley and Newton's *Principia*." *Notes and Records of the Royal Society of London* 45, no. 2 (July 1991), pp. 129–38.

Crease, Robert. *The Prism and the Pendulum: The Ten Most Beautiful Experiments in Science*. New York: Random House, 2003.

Dantzig, Tobias. *Number: The Language of Science*. New York: Macmillan, 1954.

Daston, Lorraine, and Katharine Park. *Wonders and the Order of Nature, 1150–1750*. New York: Zone, 2001.

Davis, Martin. *The Universal Computer*. New York: Norton, 2000.

Davis, Philip, and Reuben Hersh. *The Mathematical Experience*. Boston: Birkhauser, 1981.

De Santillana, Giorgio. *The Crime of Galileo*. Chicago: University of Chicago Press, 1955.

Drake, Stillman. "The Role of Music in Galileo's Experiments." *Scientific American*, June 1975.

Dunham, William. *The Calculus Gallery: Masterpieces from Newton to Lebesgue*. Princeton, NJ: Princeton University Press, 2005.

———. *Journey Through Genius: The Great Theorems of Mathematics*. New York: Penguin, 1990.

Dyson, George. *Darwin Among the Machines*. Reading, MA: Perseus, 1997.

Eamon, William. *Science and the Secrets of Nature: Books of Secrets in Medieval and Early Modern Culture*. Princeton, NJ: Princeton University Press, 1994.

Eco, Umberto. *The Search for the Perfect Language*. Waukegan, IL: Fontana, 1997.

Edwards, C. H., Jr. *The Historical Development of the Calculus*. New York: Springer-Verlag, 1979.

Einstein, Albert. "Religion and Science." *New York Times Magazine*, November 9, 1930, pp. 1–4. Reprinted in Einstein's *Ideas and Opinions* and *The World As I See It*.

Eves, Howard. *An Introduction to the History of Mathematics*. New York: Holt, Rinehart & Winston, 1964.

Fauvel, John, Raymond Flood, Michael Shortland, and Robin Wilson, eds. *Let Newton Be!* New York: Oxford University Press, 1988.

Feingold, Mordechai. *The Newtonian Moment: Isaac Newton and the Making of Modern Culture*. New York: Oxford University Press, 2004.

Ferguson, Kitty. *Tycho and Kepler: The Unlikely Partnership That Forever Changed Our Understanding of the Heavens*. New York: Walker, 2002.

Feynman, Richard. *The Character of Physical Law*. Cambridge, MA: MIT Press, 1967.

Force, James. "Newton, the 'Ancients,' and the 'Moderns.'" In Force and Popkin, eds., *Newton and Religion*.

Force, James, and Richard Popkin, eds. *The Books of Nature and Scripture: Recent Essays on Natural Philosophy, Theology, and Biblical Criticism in the Netherlands of Spinoza's Time and the British Isles of Newton's Time*. Dordrecht, Netherlands: Kluwer, 1994.

———, eds. *Newton and Religion: Context, Nature, and Influence*. Dordrecht, Netherlands: Kluwer, 1999.

Fraser, Antonia. *Royal Charles: Charles II and the Restoration*. New York: Delta, 1980.

Gillispie, Charles Coulston. *The Edge of Objectivity*. Princeton, NJ: Princeton University Press, 1960.

Gingerich, Owen. "Johannes Kepler and the New Astronomy." *Quarterly Journal of the Royal Astronomical Society* 13 (1972), pp. 346–73.

Golinski, Jan. "The Secret Life of an Alchemist." In Fauvel et al., eds., *Let Newton Be!*

Goodstein, David, and Judith Goodstein. *Feynman's Lost Lecture: The Motion of Planets Around the Sun*. New York: Norton, 1996.

Hadamard, Jacques. *The Psychology of Invention in the Mathematical Field*. New York: Dover, 1954.

Hahn, Alexander. *Basic Calculus: From Archimedes to Newton to Its Role in Science*. New York: Springer, 1998.

Hall, A. Rupert. *From Galileo to Newton*. New York: Dover, 1981.

———. *Philosophers at War: The Quarrel Between Newton and Leibniz*. New York: Cambridge University Press, 1980.

Hanson, Neil. *The Great Fire of London*. Hoboken, NJ: Wiley, 2001.

Hardy, G. H. *A Mathematician's Apology*. In Newman, ed., *The World of Mathematics*, vol. 4, available at http://math.boisestate.edu/~holmes/holmes/A%20Mathematician's%20Apology.pdf.

Healy, Margaret. "Defoe's *Journal* and the English Plague Writing Tradition." *Literature and Medicine* 22, no. 1 (2003), pp. 25–55.

Henry, John. "Newton, Matter, and Magic." In Fauvel et al., eds., *Let Newton Be!*

———. "Occult Qualities and the Experimental Philosophy: Active Principles in Pre-Newtonian Matter Theory." *History of Science* 24 (1986), pp. 335–81.

———. "Pray do not Ascribe that Notion to me: God and Newton's Gravity." In Force and Popkin, eds., *The Books of Nature and Scripture*.

Hofmann, Joseph. *Leibniz in Paris 1672–1676: His Growth to Mathematical Maturity*. New York: Cambridge University Press, 2008.

Hollis, Leo. *London Rising: The Men Who Made Modern London*. New York: Walker, 2008.

Hoyle, Fred. *Astronomy and Cosmology: A Modern Course*. San Francisco: W. H. Freeman, 1975.

Hunter, Michael, ed. *Robert Boyle Reconsidered*. New York: Cambridge University Press, 1994.

———. *Science and Society in Restoration England*. New York: Cambridge University Press, 1981.

Iliffe, Rob. "Butter for Parsnips: Authorship, Audience, and the Incomprehensibility of the *Principia*." In Mario Biagioli and Peter Galison, eds., *Scientific Authorship: Credit and Intellectual Property in Science*. New York: Routledge, 2003.

———. "'In the Warehouse': Privacy, Property and Priority in the Early Royal Society." *History of Science* 30 (1992), pp. 29–68.

———. "'Is he like other men?' The Meaning of the *Principia Mathematica*, and the author as idol." In Gerald Maclean, ed., *Culture and Society in the Stuart Revolution*. New York: Cambridge University Press, 1995.

Jardine, Lisa. *The Curious Life of Robert Hooke*. New York: HarperCollins, 2004.

———. *Ingenious Pursuits: Building the Scientific Revolution*. New York: Doubleday, 1999.

———. *On a Grander Scale: The Outstanding Life of Sir Christopher Wren*. New York: HarperCollins, 2002.

Johnson, George. *The Ten Most Beautiful Experiments*. New York: Knopf, 2008.

Jolley, Nicholas. *Leibniz*. New York: Routledge, 2005.

Kelly, John. *The Great Mortality: An Intimate History of the Black Death, the Most Devastating Plague of All Time*. New York: HarperCollins, 2005.

Keynes, John Maynard. "Newton, the Man." In Newman, ed., *The World of Mathematics*, vol. 1.

Keynes, Milo. "The Personality of Isaac Newton." *Notes and Records of the Royal Society of London* 49, no. 1 (January 1995), pp. 1–56.

Kline, Morris. *Mathematics: The Loss of Certainty*. New York: Oxford University Press, 1980.

———. *Mathematics in Western Culture*. New York: Oxford University Press, 1953.

Koestler, Arthur. *The Sleepwalkers*. New York: Grosset & Dunlap, 1970.

Koyré, Alexandre. *From the Closed World to the Infinite Universe*. Baltimore: Johns Hopkins University Press, 1957.

Kubrin, David. "Newton and the Cyclical Cosmos: Providence and the Mechanical Philosophy." *Journal of the History of Ideas* 28, no. 3 (July–September 1967), pp. 325–46.

Kuhn, Thomas. *The Copernican Revolution*. Cambridge, MA: Harvard University Press, 1957.

———. *The Structure of Scientific Revolutions*. Chicago: University of Chicago Press, 1996.

Linton, Christopher. *From Eudoxus to Einstein: A History of Mathematical Astronomy*. New York: Cambridge University Press, 2004.

Livio, Mario. *Is God a Mathematician?* New York: Simon & Schuster, 2009.

Lloyd, Claude. "Shadwell and the Virtuosi." *Proceedings of the Modern Language Association* 44, no. 2 (June 1929), pp. 472–94.

Lockhart, Paul. "A Mathematician's Lament." http://tinyurl.com/y89qbh9.

Lovejoy, Arthur. *The Great Chain of Being*. New York: Harper, 1960.

Lund, Roger. "Infectious Wit: Metaphor, Atheism, and the Plague in Eighteenth-Century London." *Literature and Medicine* 22, no. 1 (Spring 2003), pp. 45–64.

MacIntosh, J. J. "Locke and Boyle on Miracles and God's Existence." In Hunter, ed., *Robert Boyle Reconsidered*.

Manuel, Frank. *A Portrait of Isaac Newton*. Cambridge, MA: Belknap, 1968.
———. *The Changing of the Gods*. Hanover, NH: University Press of New England for Brown University Press, 1983.
Mazur, Joseph. *The Motion Paradox*. New York: Dutton, 2007.
McGuire, J. E., and P. M. Rattansi. "Newton and the 'Pipes of Pan.'" *Notes and Records of the Royal Society of London* 21, no. 2 (December 1966), pp. 108–43.
McNeill, William. *Plagues and Peoples*. New York: Doubleday, 1976.
Merton, Robert. *On the Shoulders of Giants*. New York: Free Press, 1965.
———. "Priorities in Scientific Discovery: A Chapter in the Sociology of Science." *American Sociological Review* 22, no. 6 (December 1957), pp. 635–59.
Merz, John Theodore. *Leibniz*. New York: Hacker, 1948.
Miller, Perry. "The End of the World." *William and Mary Quarterly*, 3rd ser., vol. 8, no. 2 (April 1951), pp. 172–91.
Moote, A. Lloyd, and Dorothy Moote. *The Great Plague*. Baltimore: Johns Hopkins University Press, 2004.
Nadler, Steven. *The Best of All Possible Worlds: A Story of Philosophers, God, and Evil*. New York: Farrar, Straus & Giroux, 2008.
Nahin, Paul. *When Least Is Best: How Mathematicians Discovered Many Clever Ways to Make Things as Small (or as Large) as Possible*. Princeton, NJ: Princeton University Press, 2007.
Newman, James, ed. *The World of Mathematics*. 4 vols. New York: Simon & Schuster, 1956.
Nicolson, Marjorie. "The Telescope and Imagination," "The 'New Astronomy' and English Imagination," "The Scientific Background of Swift's *Voyage to Laputa*" (with Nora Mohler), and "The Microscope and English Imagination." Separate essays reprinted in Marjorie Nicolson, *Science and Imagination*. Ithaca, NY: Cornell University Press, 1962.
Nicolson, Marjorie, and Nora Mohler. "Swift's 'Flying Island' in the *Voyage to Laputa*." *Annals of Science* 2, no. 4 (January 1937), pp. 405–30.
Pepys, Samuel. *The Diary of Samuel Pepys*. http://www.pepysdiary.com.
Pesic, Peter. "Secrets, Symbols, and Systems: Parallels Between Cryptanalysis and Algebra, 1580–1700." In Hunter, ed., *Robert Boyle Reconsidered*.
Picard, Liza. *Restoration London*. New York: Avon, 1997.
Porter, Roy. *The Creation of the Modern World*. New York: Norton, 2000.
———. *English Society in the Eighteenth Century*. New York: Penguin, 1982.
Pourciau, Bruce. "Reading the Master: Newton and the Birth of Celestial Mechanics." *American Mathematical Monthly* 104, no. 1 (January 1997), pp. 1–19.
Rattansi, Piyo. "Newton and the Wisdom of the Ancients." In Fauvel et al., eds., *Let Newton Be!*

Redwood, John. *Reason, Ridicule, and Religion: The Age of Enlightenment in England 1660–1750.* Cambridge, MA: Harvard University Press, 1976.

Rees, Martin. *Just Six Numbers: The Deep Forces That Shape the Universe.* New York: Basic Books, 2001.

Roche, John. "Newton's *Principia.*" In Fauvel et al., eds., *Let Newton Be!*

Rogers, G. A. J. "Newton and the Guaranteeing God." In Force and Popkin, eds., *Newton and Religion.*

Rossi, Paolo. *The Birth of Modern Science.* Malden, MA: Blackwell, 2001.

———. *Logic and the Art of Memory: The Quest for a Universal Language.* New York: Continuum, 2006.

Rota, Gian-Carlo. *Indiscrete Thoughts.* Boston: Birkhauser, 2008.

Russell, Bertrand. *The Scientific Outlook.* New York: Norton, 1962.

Schaffer, Simon. "Somewhat Divine." *London Review of Books,* November 16, 2000.

Seife, Charles. *Zero: The Biography of a Dangerous Idea.* New York: Penguin, 2000.

Shapin, Steven. "Of Gods and Kings: Natural Philosophy and Politics in the Leibniz-Clarke Disputes." *Isis* 72, no. 2 (June 1981), pp. 187–215.

———. "One Peculiar Nut." *London Review of Books,* January 23, 2003. (This is an essay on Descartes.)

———. "Rough Trade." *London Review of Books,* March 6, 2003. (This is an essay on Robert Hooke.)

———. "The House of Experiment in Seventeenth-Century England." *Isis* 79, no. 3 (September, 1988), pp. 373–404.

———. *A Social History of Truth: Civility and Science in Seventeenth Century England.* Chicago: University of Chicago Press, 1995.

———. *The Scientific Revolution.* Chicago: University of Chicago Press, 1996.

Smith, Virginia. *Clean: A History of Personal Hygiene and Purity.* New York: Oxford University Press, 2007.

Smolinski, Reiner. "The Logic of Millennial Thought: Sir Isaac Newton Among His Contemporaries." In Force and Popkin, eds., *Newton and Religion.*

Snobelen, Stephen. "Lust, Pride and Ambition: Isaac Newton and the Devil." In James Force and Sarah Hutton, eds., *Newton and Newtonianism: New Studies.* Dordrecht, Netherlands: Kluwer, 2004, pp. 155–81.

Stayer, Marcia Sweet, ed. *Newton's Dream.* Chicago: University of Chicago Press, 1988.

Stewart, Ian. *Nature's Numbers.* New York: Basic Books, 1995.

Stewart, Matthew. *The Courtier and the Heretic: Leibniz, Spinoza, and the Fate of God in the Modern World.* New York: Norton, 2006.

Stillwell, John. *Mathematics and Its History.* New York: Springer, 1989.

Stone, Lawrence. *The Family, Sex and Marriage in England 1500–1800*. New York: Penguin, 1979.
Struik, Dirk. *A Concise History of Mathematics*. New York: Dover, 1948.
Tamny, Martin. "Newton, Creation, and Perception." *Isis* 70, no. 1 (March 1979), pp. 48–58.
Thomas, Keith. *Man and the Natural World*. New York: Pantheon, 1983.
———. *Religion and the Decline of Magic*. New York: Scribner's, 1971.
Tillyard, E. M. W. *The Elizabethan World Picture*. New York: Vintage, 1961.
Tinniswood, Adrian. *His Invention So Fertile: A Life of Christopher Wren*. New York: Oxford University Press, 2001.
Tomalin, Claire. *Samuel Pepys*. New York: Knopf, 2002.
Weber, Eugen. *Apocalypses: Prophecies, Cults and Millennial Beliefs Through the Ages*. Cambridge, MA: Harvard University Press, 2000.
Weinberg, Steven. "Newton's Dream." In Stayer, ed., *Newton's Dream*.
Westfall, Richard S. *Never at Rest: A Biography of Isaac Newton*. New York: Cambridge University Press, 1980.
———. "Newton and the Scientific Revolution." In Stayer, ed., *Newton's Dream*.
———. *Science and Religion in Seventeenth-Century England*. Ann Arbor: University of Michigan Press, 1973.
———. "Short-Writing and the State of Newton's Conscience, 1662 (1)." *Notes and Records of the Royal Society of London* 18, no. 1 (June 1963), pp. 10–16.
White, Michael. *Isaac Newton: The Last Sorcerer*. Reading, MA: Perseus, 1997.
Whitehead, Alfred North. *Science and the Modern World*. New York: Free Press, 1925.
Whiteside, D. T. "Isaac Newton: Birth of a Mathematician." *Notes and Records of the Royal Society of London* 19, no. 1 (June 1964), pp. 53–62.
——— ed. *The Mathematical Papers of Isaac Newton*. Vol. 1, *1664–1666*. New York: Cambridge University Press, 1967.
Wiener, Philip. "Leibniz's Project of a Public Exhibition of Scientific Inventions." *Journal of the History of Ideas* 1, no. 2 (April 1940), pp. 232–40.
Wigner, Eugene. "The Unreasonable Effectiveness of Mathematics in the Natural Sciences." *Communications in Pure and Applied Mathematics* 13, no. 1 (February 1960), pp. 1–14.
Wilson, Curtis. "Newton's Orbit Problem: A Historian's Response." *College Mathematics Journal* 25, no. 3 (May 1994), pp. 193–200.
Wisan, Winifred. "Galileo and God's Creation." *Isis* 77, no. 3 (September 1986), pp. 473–86.

插图来源

第1页　© Trustees of the Portsmouth Estate. Reproduced by kind permission of the Tenth Earl of Portsmouth. Photo by Jeremy Whitaker.

第2页　Courtesy of the Governors of Christ's Hospital.

第3页　上：Public domain
下：Herzog Anton Ulrich-Museum,Braunschweig. Kunstmuseum des Landes Niedersachsen. Museumsfoto: B. P. Keiser.

第4页　上：Detail from the Bayeux Tapestry—11th Century. By special permission of Bayeux.
下：Public domain.

第5页　All public domain.

第6页　上：Portrait of Samuel Pepys (1633–1703) 1666 (oil on canvas) by John Hayls (fl.1651–76). National Portrait Gallery, London, UK/The Bridgeman Art Library.
下：© Museum of London.

第7页　上：© CORBIS.
下：Bull and bear baiting (woodcut) (b&w photo) by English School.
Private Collection/The Bridgeman Art Library.

第8页　上：Public domain.
下左：SSPL/Science Museum/Getty Images.
下右：Wellcome Library, London.

第9页　All public domain.

第10页　All public domain.

第11页 Public domain.

第12页 上 : Portrait of Galileo Galilei (1564–1642), astronomer and physicist (drawing), by Ottavio Mario Leoni (c.1578–1630). Biblioteca Marucelliana, Florence, Italy/The Bridgeman Art Library.

下 : Gal. 48, fol. 28r, Firenze, Biblioteca Nazionale Centrale. Reproduced by kind permission of the Ministero per i Beni e le Attività Culturali, Italy/Biblioteca Nazionale Centrale, Firenze. This image cannot be reproduced in any form without the authorization of the Library, the owners of the copyright.

第13页 上 : Pythagoras (c.580–500 BC) discovering the consonances of the octave, from "Theorica Musicae" by Franchino Gaffurio, first published in 1480, from 'Revue de l'Histoire du Theatre,' 1959 (engraving) (b/w photo) by French School (20th century). Bibliothèque des Arts Decoratifs, Paris, France/Archives Charmet/The Bridgeman Art Library.

下 : Pythagoras (c.580–500 BC), Greek philosopher and mathematician, Roman copy of Greek original (marble) by Pinacoteca Capitolina, Palazzo Conservatori, Rome, Italy/Index/The Bridgeman Art Library.

第14页 上 : Public domain.

下 : Telescope belonging to Sir Isaac Newton (1642–1727), 1671 by English School.

Royal Society, London, UK/The Bridgeman Art Library.

第15页 上 : Portrait of Edmond Halley, c.1687 (oil on canvas) by Thomas Murray (1663–1734).

Royal Society, London, UK/The Bridgeman Art Library.

下 : Wellcome Library, London.

第16页 © Werner Forman/CORBIS.

索　引

（本索引页码为原书页码，即本书页边码。）

图书在版编目（CIP）数据

机械宇宙：艾萨克·牛顿、皇家学会与现代世界的诞生／（美）多尼克（Dolnick，E.）著；黄珮玲译．--北京：社会科学文献出版社，2016.6（2021.9重印）

书名原文：The clockwork universe：Isaac Newton，the Royal Society，and the birth of the modern world

ISBN 978-7-5097-7375-8

Ⅰ.①机… Ⅱ.①多… ②黄… Ⅲ.①自然科学史-研究-世界 Ⅳ.①N091

中国版本图书馆CIP数据核字（2015）第076211号

机械宇宙

——艾萨克·牛顿、皇家学会与现代世界的诞生

著　　者／［美］爱德华·多尼克（Edward Dolnick）
译　　者／黄珮玲

出 版 人／王利民
项目统筹／段其刚　董风云
责任编辑／张金勇　安　莉

出　　版／社会科学文献出版社·甲骨文工作室（分社）（010）59366527
地址：北京市北三环中路甲29号院华龙大厦　邮编：100029
网址：www.ssap.com.cn
发　　行／市场营销中心（010）59367081　59367083
印　　装／三河市东方印刷有限公司

规　　格／开 本：880mm×1230mm　1/32
印 张：12.5　插 页：1　字 数：278千字
版　　次／2016年6月第1版　2021年9月第9次印刷
书　　号／ISBN 978-7-5097-7375-8
著作权合同登记号／图字01-2014-1570号
定　　价／65.00元